水利水电工程技术与管理措施探析

张翔飞　杨群良　李艳艳　著

吉林科学技术出版社

图书在版编目（CIP）数据

水利水电工程技术与管理措施探析 / 张翔飞，杨群良，李艳艳著. -- 长春：吉林科学技术出版社，2024.8. -- ISBN 978-7-5744-1757-1

Ⅰ．TV5

中国国家版本馆CIP数据核字第2024E8U418号

水利水电工程技术与管理措施探析

著　　　张翔飞　杨群良　李艳艳
出 版 人　宛　霞
责任编辑　李万良
封面设计　南昌德昭文化传媒有限公司
制　　版　南昌德昭文化传媒有限公司
幅面尺寸　185mm×260mm
开　　本　16
字　　数　315千字
印　　张　14.75
印　　数　1~1500册
版　　次　2024年8月第1版
印　　次　2024年12月第1次印刷

出　　版　吉林科学技术出版社
发　　行　吉林科学技术出版社
地　　址　长春市福祉大路5788号出版大厦A座
邮　　编　130118
发行部电话/传真　0431-81629529 81629530 81629531
　　　　　　　　　81629532 81629533 81629534
储运部电话　0431-86059116
编辑部电话　0431-81629510
印　　刷　三河市嵩川印刷有限公司

书　　号　ISBN 978-7-5744-1757-1
定　　价　66.00元

版权所有　翻印必究　举报电话：0431-81629508

前 言

随着我国现代化经济的快速发展，各种水利工程的建设项目日益增多，为人民群众的生活提供了极大的方便。水利工程的质量直接关系到人民的生活，要充分发挥其优势，就必须加强施工过程的监督和管理，从而提高工程的质量。从当前的情况来看，水利水电工程的技术正在不断的革新和完善，工程规模、施工线路、施工环境、施工条件等都日趋复杂，只有紧跟时代步伐，紧跟各种管理措施，才能提高工程质量，确保水利水电工程各工序的质量，从而改善工程的总体质量。

本书立足于水利水电工程技术与管理措施两个方面，首先对水利水电工程基础知识进行简要概述，介绍了水利水电工程的基础知识、水利水电工程建设程序、水利水电工程类型；其次对水利水电工程技术进行梳理，包括施工导流、水闸、渠系建筑物、隧洞开挖以及混凝土工程施工技术，让读者对水利水电工程技术有详细的了解；最后在水利水电工程项目管理、项目控制、安全管理等方面进行探讨，旨在帮助读者全面了解水利水电工程管理措施。本书论述严谨，结构合理，条理清晰，内容丰富，能够为相关工作者以及对此感兴趣的人员提供一定的借鉴。

在本书的策划和写作过程中，曾参阅了国内外有关的大量文献和资料，从中得到启示；同时得到了有关领导、同事、朋友及学生的大力支持与帮助。在此致以衷心的感谢。本书的选材和写作还有一些不尽如人意的地方，加上编者学识水平和时间所限，书中难免存在缺点，敬请同行专家及读者指正，以便进一步完善提高。

《水利水电工程技术与管理措施探析》
审读委员会

叶浩然　刘　朋　朱宜飞
吴　斌　王　磊

目 录

第一章　水利水电工程概述 ·· 1
　第一节　水利的基础知识 ·· 1
　第二节　水利水电工程建设程序 ·· 11
　第三节　水利水电工程类型 ·· 17

第二章　施工导流与施工技术 ·· 27
　第一节　施工导流 ·· 27
　第二节　截　流 ·· 38
　第三节　基坑排水 ·· 50

第三章　水闸和渠系建筑物施工技术 ·· 55
　第一节　水闸施工技术 ·· 55
　第二节　渠系主要建筑物的施工技术 ···································· 63
　第三节　橡胶坝 ·· 72
　第四节　渠道混凝土衬砌机械化施工 ···································· 77
　第五节　生态护坡 ·· 84

第四章　隧洞开挖施工技术 ·· 91
　第一节　钻孔爆破法施工技术 ·· 91
　第二节　盾构法施工技术 ·· 102

第五章　混凝土工程施工技术 ·· 109
　第一节　模板工程 ·· 109
　第二节　碾压混凝土 ·· 115
　第三节　水下混凝土 ·· 131
　第四节　其他混凝土施工技术 ·· 137

第六章　水利水电工程项目管理 ·· 146
　第一节　水利水电工程合同管理 ·· 146
　第二节　水利水电工程招投标管理 ······································· 156
　第三节　水利水电工程档案管理 ·· 161

第七章　水利水电施工项目控制 ·· 173
　第一节　水利水电施工项目成本控制 ···································· 173

第二节 水利水电施工项目安全控制 …………………………………… 178
 第三节 水利水电施工项目质量控制 …………………………………… 181
 第四节 水利水电施工项目资金控制 …………………………………… 187

第八章 水利水电工程安全管理 ……………………………………………… 196
 第一节 水利水电施工用电安全管理 …………………………………… 196
 第二节 水利水电工程安全风险管理 …………………………………… 212

参考文献 …………………………………………………………………………… 225

第一章 水利水电工程概述

第一节 水利的基础知识

一、水文知识

（一）河流和流域

地表上较大的天然水流称为河流。河流是陆地上最重要的水资源和水能资源，是自然界中水文循环的主要通道。我国的主要河流一般发源于山地，最终流入海洋、湖泊或洼地。沿着水流的方向，一条河流可以分为河源、上游、中游、下游和河口几段。我国最长的河流是长江，其河源发源于青海的唐古拉山，湖北宜昌以上河段为上游，长江的上游主要在深山峡谷中，水流湍急，水面坡降大。自湖北宜昌至安徽安庆的河段为中游，河道蜿蜒曲折，水面坡降小，水面明显宽敞。安庆以下河段为下游，长江下游段河流受海潮顶托作用。长江的河口位于上海市。

在水利、枢纽工程中，为了便于工作，习惯上以面向河流下游为准，左手侧河岸称为左岸，右手侧称为右岸。我国的主要河流中，多数流入太平洋，如长江、黄河、珠江等。少数流入印度洋（怒江、雅鲁藏布江等）和北冰洋。沙漠中的少数河流只有在雨季存在，成为季节河。

直接流入海洋或内陆湖的河流称为干流，流入干流的河流为一级支流，流入一级支流的河流为二级支流，依此类推。河流的干流、支流、溪涧和流域内的湖泊彼此连接所形成的庞大脉络系统，称为河系或水系，如长江水系、黄河水系、太湖水系。

一个水系的干流及其支流的全部集水区域称为流域。在同一个流域内的降水，最终通过同一个河口注入海洋，如长江流域、珠江流域。较大的支流或湖泊也能称为流域，如汉水流域、清江流域、洞庭湖流域、太湖流域。两个流域之间的分界线称为分水线，是分隔两个流域的界限。在山区，分水线通常为山岭或山脊，所以又称分水岭，如秦岭为长江和黄河的分水岭。在平原地区，流域的分界线则不甚明显。特殊的情况如黄河下游，其北岸为海河流域，南岸为淮河流域，黄河两岸大堤成为黄河流域与其他流域的分水线。流域的地表分水线与地下分水线有时并不完全重合，一般以地表分水线作为流域分水线。在平原地区，要划分明确的分水线往往是较为困难的。

（二）河川径流

径流是指河川中流动的水流量。在我国，河川径流多由降雨所形成。

河川径流形成的过程是指自降水开始，到河水从海口断面流出的整个过程。这个过程非常复杂，一般要经历降水、蓄渗（入渗）、产流和汇流几个阶段。

降雨初期，雨水降落到地面后，除了一部分被植被的枝叶或洼地截留外，大部分渗入土壤中。如果降雨强度小于土壤入渗率，雨水不断渗入到土壤中，不会产生地表径流。在土壤中的水分达到饱和以后，多余部分在地面形成坡面漫流。当降水强度大于土壤的入渗率时，土壤中的水分来不及被降水完全饱和。一部分雨水在继续不断地渗入土壤的同时，另一部分雨水即开始在坡面形成流动。初始流动沿坡面最大坡降方向漫流。坡面水流顺坡面逐渐汇集到沟槽、溪涧中，形成溪流。从涓涓细流汇流形成小溪、小河，最后归于大江大河。渗入土壤的水分中，一部分将通过土壤和植物蒸发到空中；另一部分通过渗流缓慢地从地下渗出，形成地下径流。相当一部分地下径流将补充注入高程较低的河道内，成为河川径流的一部分。

降雨形成的河川径流与流域的地形、地质、土壤、植被、降雨强度、时间、季节，以及降雨区域在流域中的位置等因素有关。因此，河川径流具有循环性、不重复性和地区性。

表示径流的特征值主要有以下几点：

（1）径流量 Q：单位时间内通过河流某一过水断面的水体体积。

（2）径流总量 W：一定的时段 T 内通过河流某一水断面的水体总量，$W=QT$。

（3）径流模数 M：径流量在流域面积上的平均值，$M=Q/A$。

（4）径流深度 R：流域单位面积上的径流总量，$R=W/F$。

（5）径流系数 α：某时段内的径流深度与降水量之比 $\alpha=R/P$。

（三）河流的洪水

当流域在短时间内较大强度地集中降雨，或地表冰雪迅速融化时，大量水经地表或地下迅速地汇集到河槽，造成河道内径流量急增，河流中发生洪水。

河流的洪水过程是在河道流量较小、较平缓的某一时刻开始，河流的径流量迅速增长，并到达一定的峰值，随后逐渐降落到趋于平缓的过程。与此同时，河道的水位也经历一个上涨、下落的过程。河道洪水流量的变化过程曲线称为洪水流量过程线。洪水流量过程线上的最大值称为洪峰流量 Q_m，起涨点以下流量称为基流。基流由岩石和土壤中的水缓慢外渗或冰雪逐渐融化形成。大江大河的支流众多，各支流的基流汇合，使其基流量也在不断增大。山区性河流，特别是小型山溪，基流非常小，冬天枯水期甚至会断流。

影响洪水过程线的流域条件有河流纵坡降、流域形状系数。一般而言，山区性河流由于山坡和河床较陡，河水汇流时间短，洪水很快形成，又很快消退。洪水陡涨陡落，往往几小时或十几小时就经历一场洪水过程。平原河流或大江大河干流上，一场洪水过程往往需要经历三天、七天甚至半个月。如果第一场降雨形成的洪水过程尚未完成又遇降雨，洪水过程线就会形成双峰或多峰。大流域中，因多条支流相继降水，也会造成双峰或其他组合形态。

影响洪水过程线的暴雨条件有暴雨强度、降雨时间、雨量、降雨面积、雨区在流域中的位置等。洪水过程还与降雨季节、与上一场降雨的间隔时间等有关，如春季第一场降雨，因地表土壤干燥而使其洪峰流量较小。发生在夏季的同样的降雨可能因土壤饱和而使其洪峰流量明显变大。流域内的地形、河流、湖泊、洼地的分布也是影响洪水过程线的重要因素。

由于种种原因，实际发生的每一次洪水过程线都有所不同。但是，同一条河流的洪水过程还是有其基本的规律。研究河流洪水过程及洪峰流量大小，可为防洪、设计等提供理论依据。工程设计中，通过分析诸多洪水过程线，选择其中具有典型特征的一条，称为典型洪水过程线。典型洪水过程线能够代表该流域（或河道断面）的洪水特征，去作为设计依据。

符合设计标准（指定频率）的洪水过程线称为设计洪水过程线。设计洪水过程线由典型洪水过程线按一定的比例放大而得。洪水放大常用方法有同倍比放大法和同频率放大法，其中同倍比放大法又有"以峰控制"和"以量控制"两种。下面以同倍比放大为例介绍放大方法。

收集河流的洪峰流量资料，通过数量统计方法，得到洪峰流量的经验频率曲线。根据水利水电枢纽的设计标准，在经验频率曲线上确定设计洪水的洪峰流量"以峰控制"的同倍比放大倍数 $K_Q = Q_{mp}/Q_m$。其中 Q_{mp}，Q_m 分别为设计标准洪水的洪峰流量和典型洪水过程线的洪峰流量。"以量控制"的同倍比放大倍数 $K_w = W_{tp}/W_t$。其中 W_{tp}，W_t 分别为设计标准洪水过程线在设计时段的洪水总量和典型洪水过程线对应时段的洪水总量。有了放大倍比后，可将典型洪水过程线逐步放大为设计洪水过程线。

（四）河流的泥沙

河流中常挟带着泥沙是水流冲蚀流域地表所形成。这些泥沙随着水流在河槽中运动。河流中的泥沙一部分是随洪水从上游冲蚀带来，一部分是从沉积在原河床冲扬起来的。当随着上游洪水带来的泥沙总量与被洪水带走的泥沙总量相等时，河床处于冲淤平衡状态。冲淤平衡时，河床维持稳定。我国流域的水量大部分是由降雨汇集而成。暴雨是地表侵蚀的主要因素。地表植被情况是影响河流泥沙含量多少的另一主要因素。在我国南方，尽管暴雨强度远大于北方，由于植被情况良好，河流泥沙少含量远小于北方。位于北方植被条件差的黄河流经黄土地区，黄土结构疏松，抗雨水冲蚀能力差，使黄河成为高含泥沙量的河流。影响河流泥沙的另一重要因素是人类活动。近年来，随着部分地区的盲目开发，南方某些河流的泥沙含量也较前有所增多。

  泥沙在河道或渠道中有两种运动方式。颗粒小的泥沙能够被流动的水流扬起，并被带动着随水流运动，称为悬移质。颗粒较大的泥沙只能被水流推动，在河床底部滚动，称为推移质。水流挟带泥沙的能力与河道流速大小相关。流速大，则挟带泥沙的能力大，泥沙在水流中的运动方式也随之变化。在坡度陡、流速高的地方，水流能够将较大粒径的泥沙扬起，成为悬移质。这部分泥沙被带到河势平缓、流速低的地方时，落于河床上转变为推移质，甚至沉积下来，成为河床的一部分。沉积在河床的泥沙称为床沙。悬移质、推移质和床沙在河流中随水流流速的变化相互转化。

  在自然条件下，泥沙运动不断地改变着河床形态。随着人类活动的介入，河流的自然变迁条件受到限制。人类在河床两岸筑堤挡水，使泥沙淤积在受到约束的河床内，从而抬高河床底高程。随着泥沙淤积和河床抬高，人类被迫不断地加高河堤。

  水利水电工程建成以后，破坏了天然河流的水沙条件和河床形态的相对平衡。拦河坝的上游，因为水库水深增加，水流流速大为减少，泥沙因此而沉积在水库内。泥沙淤积的一般规律是：从河流回水末端的库首地区开始，入库水流流速沿程逐渐减小。因此，粗颗粒首先沉积在库首地区，较细颗粒沿程陆续沉积，直至坝前。随着库内泥沙淤积高程的增加，较粗颗粒也会逐渐带至坝前。水库中的泥沙淤积会使水库库容减少，降低工程效益。泥沙淤积在河流进入水库的口门处，抬高口门处的水位及其上游回水水位，增加上游淹没。进入水电站的泥沙会磨损水轮机。在水库下游，因泥沙被水库拦截，下泄水流变清，河床因清水冲刷造成河床刷深下切。

  在多沙河流上建造水利水电枢纽工程时，需要考虑泥沙淤积对水库和水电站的影响。需要在适当的位置设置专门的冲砂建筑物，用以减缓库区淤积速度，阻止泥沙进入发电输水管（渠）道，延长水库和水电站的使用寿命。

  描述河流泥沙的特征值有以下几个：①含沙量：单位水体中所含泥沙重量，单位 kg/m^3。②输沙量：一定时间内通过某一过水断面的泥沙重量，一般以年输沙量衡量一条河流的含沙量。③起动流速量：使泥沙颗粒从静止变为运动的水流流速。

二、地质知识

  地质构造是指由于地壳运动使岩层发生变形或变位后形成的各种构造形态。地质构造有五种基本类型：水平构造、倾斜构造、直立构造、褶皱构造和断裂构造。这些地质构造不仅改变了岩层的原始产状、破坏了岩层的连续性和完整性，甚至降低了岩体的稳定性和增大了岩体的渗透性。因此，研究地质构造对水利水电工程建筑有着非常重要的意义。

（一）地质年代和地层单位

地球形成至今已有46亿年，对整个地质历史时期而言，地球的发展演化及地质事件的记录和描述需要有一套相应的时间概念，即地质年代。同人类社会发展历史分期一样，可将地质年代按时间的长短依次分为宙、代、纪、世不同时期，对应于上述时间段所形成的岩层（即地层）依次称为宇、界、系、统，这便是地层单位。如太古代形成的地层称为太古界，石炭纪形成的地层称为石炭系等。

（二）岩层产状

1. 岩层产状要素

岩层产状指岩层在空间的位置，用走向、倾向和倾角表示，称为岩层产状三要素。

（1）走向。岩层面与水平面的交线叫走向线，走向线两端所指的方向即为岩层的走向。走向有两个方位角数值，且相差180°。

（2）倾向。层面上与走向线垂直并沿倾斜面向下所引的直线叫倾斜线，倾斜线在水平面上的投影所指的方向就是岩层的倾向。对于同一岩层面，倾向与走向垂直，且只有一个方向。岩层的倾向表示岩层的倾斜方向。

（3）倾角。是指岩层面和水平面所夹的最大锐角（或二面角）。

除岩层面外，岩体中其他面（如节理面、断层面等）的空间位置也可以用岩层产状三要素来表示。

2. 岩层产状要素的测量

岩层产状要素须用地质罗盘测量。地质罗盘的主要构件有磁针、刻度环、方向盘、倾角旋钮、水准泡、磁针锁制器等。刻度环和磁针是用来测岩层的走向和倾向的。刻度环按方位角分划，以北为0°，逆时针方向分划为360°。在方向盘上用四个符合代表地理方位，即N（0°）表示北，S（180°）表示南，E（90°）表示东，W（270°）表示西。方向盘和倾角旋钮是用来测倾角的。方向盘的角度变化介于0°~90°。具体测量方法如下：

（1）测量走向。罗盘水平放置，将罗盘与南北方向平行的边与层面贴触（或将罗盘的长边与岩层面贴触），调整圆水准泡居中，此时罗盘边与岩层面的接触线即为走向线，磁针（无论南针或北针）所指刻度环上的度数即为走向。

（2）测量倾向。罗盘水平放置，将方向盘上的N极指向岩层层面的倾斜方向，同时使罗盘平行于东西方向的边（或短边）与岩层面贴触，调整圆水准泡居中，此时北针所指刻度环上的度数即为倾向。

（3）测量倾角。罗盘侧立摆放，将罗盘平行于南北方向的边（或长边）与层面贴触，并垂直于走向线，然后转动罗盘背面的测量旋钮，使长水准泡居中，此时倾角旋钮所指方向盘上的度数即为倾角大小。若是长方形罗盘，此时桃形指针在方向盘上所指的度数，即为所测的倾角度数。

3. 岩层产状的记录方法

岩层产状的记录方法有以下两种：①象限角表示法。一般以北或南的方向为准，记走向、倾向和倾角。②方位角表示法。一般只记录倾向和倾角。

（三）水平构造、倾斜构造和直立构造

1. 水平构造

岩层产状呈水平（倾角 $α=0°$）或近似水平（$α<5°$）。岩层呈水平构造，表明该地区的地壳相对稳定。

2. 倾斜构造（单斜构造）

岩层产状的倾角 $0°<α<90°$，岩层呈倾斜状。

岩层呈倾斜构造说明该地区的地壳不均匀抬升或受到岩浆作用的影响。

3. 直立构造

岩层产状的倾角 $α≈90°$，岩层呈直立状。

（四）褶皱构造

褶皱构造是指岩层受构造应力作用后产生的连续弯曲变形。绝大多数褶皱构造是岩层在水平挤压力作用下形成的。褶皱构造是岩层在地壳中广泛发育的地质构造形态之一，它在层状岩石中最为明显，在块状岩体中则很难见到。褶皱构造的每一个向上或向下弯曲称为褶曲。两个或两个以上的褶曲组合叫褶皱。

1. 褶皱要素

褶皱构造的各组成部分称为褶皱要素。

（1）核部。褶曲中心部位的岩层。

（2）翼部。核部两侧的岩层，一个褶曲有两个翼。

（3）翼角。翼部岩层的倾角。

（4）轴面。对称平分两翼的假象面。轴面可以是平面，也可以是曲面。轴面与水平面的交线称为轴线；轴面与岩层面的交线称为枢纽。

（5）转折端。从一翼转到另一翼的弯曲部分。

2. 褶皱的基本形态

褶皱的基本形态是背斜和向斜。

（1）背斜。岩层向上弯曲，两翼岩层常向外倾斜，核部岩层时代较老，两翼岩层依次变新并呈对称分布。

（2）向斜。岩层向下弯曲，两翼岩层常向内倾斜，核部岩层时代较新，两翼岩层依次变老并呈对称分布。

3. 褶皱的类型

根据轴面产状和两翼岩层的特点,将褶皱分为直立褶皱、倾斜褶皱、倒转褶皱、平卧褶皱、翻卷褶皱。

4. 褶皱构造对工程的影响

(1) 褶皱构造影响着水工建筑物地基岩体的稳定性及渗透性。选择坝址时,应尽量考虑避开褶曲轴部地段。因为轴部节理发育、岩石破碎、易受风化、岩体强度低、渗透性强,所以工程地质条件较差。当坝址选在褶皱翼部时,若坝轴线平行岩层走向,则坝基岩性较均一。另外,从岩层产状考虑,岩层倾向上游、倾角较陡时,对坝基岩体抗滑稳定有利,也不易产生顺层渗漏;当倾角平缓时,虽然不易向下游渗漏,但坝基岩体易于滑动。岩层倾向下游,倾角又缓时,岩层的抗滑稳定性最差,也容易向下游产生顺层渗漏。

(2) 褶皱构造与其蓄水的关系

褶皱构造中的向斜构造是良好的蓄水构造,在这种构造盆地中打井,地下水常较丰富。

(五) 断裂构造

岩层受力后产生变形,当作用力超过岩石的强度时,岩石就会发生破裂,形成断裂构造。断裂构造的产生,必将对岩体的稳定性、透水性及其工程性质产生较大影响。根据破裂之后的岩层有无明显位移,将断裂构造分为节理和断层两种形式。

1. 节理

没有明显位移的断裂称为节理。节理按照成因分为三种类型:

第一种为原生节理:岩石在成岩过程中形成的节理,如玄武岩中的柱状节理;第二种为次生节理:风化、爆破等原因形成的裂隙,如风化裂隙等;第三种为构造节理:由构造应力所形成的节理。其中,构造节理分布最广。构造节理又分为张节理和剪节理。张节理由张应力作用产生,多发育在褶皱的轴部,其主要特征为:节理面粗糙不平,无擦痕,节理多开口,一般被其他物质充填,在砾岩或砂岩中的张节理常常绕过砾石或砂粒,节理一般较稀疏,而且延伸不远。剪节理由剪应力作用产生,其主要特征为:节理面平直光滑,有时可见擦痕,节理面一般是闭合的,没有充填物,在砾岩或砂岩中的剪节理常常切穿砾石或砂粒,产状较稳定,间距小、延伸较远,发育完整的剪节理呈X形。

2. 断层

有明显位移的断裂称为断层。

(1) 断层要素

断层的基本组成部分叫断层要素。断层要素包括断层面、断层线、断层带,断盘及断距。

①断层面。岩层发生断裂并沿其发生位移的破裂面。它的空间位置仍由走向、倾向和倾角表示。它既可以是平面,也可以是曲面。

②断层线。断层面与地面的交线。其方向表示断层的延伸方向。

③断层带。包括断层破碎带和影响带。破碎带是指被断层错动搓碎的部分，常由岩块碎屑、粉末、角砾及黏土颗粒组成，其两侧被断层面所限制。影响带是指靠近破碎带两侧的岩层受断层影响裂隙发育或发生牵引弯曲的部分。

④断盘。断层面两侧相对位移的岩块称为断盘。其中，断层面之上的称为上盘，断层面之下的称为下盘。

⑤断距。断层两盘沿断层面相对移动的距离。

（2）断层的基本类型

按照断层两盘相对位移的方向，将断层分为以下三种类型：

①正断层。上盘相对下降，下盘相对上升的断层。

②逆断层。上盘相对上升，下盘相对下降的断层。

③平移断层。是指两盘沿断层面做相对水平位移的断层。

3. 断裂构造对工程的影响

节理和断层的存在，破坏了岩石的连续性和完整性，降低了岩石的强度，增强了岩石的透水性，给水利工程建设带来很大影响。如节理密集带或断层破碎带，会导致水工建筑物的集中渗漏、不均匀变形，甚至发生滑动破坏。因此在选择坝址、确定渠道及隧洞线路时，尽量避开大的断层和节理密集带，否则必须对其进行开挖、帷幕灌浆等方法处理，甚至调整坝或洞轴线的位置。不过，这些破碎地带，有利于地下水的运动和汇集。因此，断裂构造对于山区找水具有重要意义。

三、水利枢纽知识

为了综合利用和开发水资源，常须在河流适当地段集中修建几种不同类型和多功能的水工建筑物，以控制水流，并便于协调运行和管理。这种由几种水工建筑物组成的综合体，称为水利枢纽。

（一）水利枢纽的分类

水利枢纽的规划、设计、施工和运行管理应尽量遵循综合利用水资源的原则。水利枢纽的类型很多。为实现多种目标而兴建的水利枢纽，建成后能满足国民经济不同部门的需要，称为综合利用水利枢纽。以某一单项目标为主而兴建的水利枢纽，常以主要目标命名，如防洪枢纽、水力发电枢纽、航运枢纽、取水枢纽等。在很多情况下水利枢纽是多目标的综合利用枢纽，如防洪—发电枢纽、防洪—发电—灌溉枢纽、发电—灌溉—航运枢纽等。按拦河坝的型式还可分为重力坝枢纽、拱坝枢纽、土石坝枢纽及水闸枢纽等。根据修建地点的地理条件不同，有山区、丘陵区水利枢纽和平原、滨海区水利枢纽之分。根据枢纽上下游水位差的不同，有高、中、低水头之分，世界各国对此无统一规定。我国一般水头在70m以上的是高水头枢纽，水头在30~70m的是中水头枢纽，水头在30m以下的是低水头枢纽。

（二）水利枢纽工程基本建设程序及设计阶段划分

水利是国民经济的基础设施和基础产业。水利工程建设要严格按建设程序进行。水利工程建设项目的实施，必须通过基本建设程序立项。水利工程建设项目的立项过程包括项目建议书和可行性研究报告阶段。根据目前管理现状，项目建议书、可行性研究报告、初步设计由水行政主管部门或项目法人组织编制。

项目建议书应根据国民经济和社会发展长远规划、流域综合规划、区域综合规划、专业规划，按照国家产业政策和国家有关投资建设方针进行编制，是对拟进行工程项目的初步说明。项目建议书编制一般由政府委托有相应资质的设计单位承担，并按国家现行规定权限向主管部门申报审批。

可行性研究应对项目进行方案比较，对项目在技术上是否可行和经济上是否合理进行科学的分析和论证。经过批准的可行性研究报告，是项目决策和进行初步设计的依据。可行性研究报告，由项目法人（或筹备机构）组织编制。可行性研究报告经批准后，不得随意修改和变更，在主要内容上有重要变动，应经原批准机关复审同意。项目可行性报告批准后，应正式成立项目法人，并按项目法人责任制实行项目管理。

初步设计是根据批准的可行性研究报告和必要而准确地设计资料，对设计对象进行全面研究，阐明拟建工程在技术上的可行性和经济上的合理性，规定项目的各项基本技术参数，编制项目的总概算。初步设计任务应择优选择有相应资质的设计单位承担，依照有关初步设计编制规定进行编制。

建设项目初步设计文件已批准，项目投资来源基本落实，可以进行主体工程招标设计和组织招标工作以及现场施工准备。项目的主体工程在开工之前，必须完成各项施工准备工作，其主要内容包括：第一，施工现场的征地、拆迁；第二，完成施工用水、电、通信、道路和场地平整等工程；第三，必需的生产、生活临时性建筑工程；第四，组织招标设计、工程咨询、设备和物资采购等服务；第五，组织建设监理和主体工程招标投标，并择优选定建设监理单位和施工承包商。

建设实施阶段是指主体工程的建设实施，项目法人按照批准的建设文件，组织工程建设，保证项目建设目标的实现。项目法人或建设单位向主管部门提出主体工程开工申请报告，按审批权限，经批准后，方能正式开工。随着社会主义市场经济机制的建立，工程建设项目实行项目法人责任制后，主体工程开工，必须具备以下条件：第一，前期工程各阶段文件已按规定批准，施工详图设计可以满足初期主体工程施工需要；第二，建设项目已已列入国家年度计划，年度建设资金已落实；第三，主体工程招标已经决标，工程承包合同已经签订，并得到主管部门同意；第四，现场施工准备和征地移民等建设外部条件能够满足主体工程开工需要。

生产准备应根据不同类型的工程要求确定，一般应包括以下内容：第一，生产组织准备，建立生产经营的管理机构及相应管理制度；第二，招收和培训人员；第三，生产技术准备；第四，生产的物资准备；第五，正常的生活福利设施准备。

竣工验收是工程完成建设目标的标志，是全面考核基本建设成果、检验设计和工程质量的重要步骤。竣工验收合格的项目即从基本建设转入生产或使用。

工程项目竣工投产后，一般经过一至两年生产营运后，要进行一次系统的项目后评价，主要内容包括：第一，影响评价——项目投产后对各方面的影响进行评价；第二，经济效益评价——对项目投资、国民经济效益、财务效益、技术进步和规模效益、可行性研究深度等进行评价；第三，过程评价——对项目的立项、设计施工、建设管理、竣工投产、生产营运等全过程进行评价。项目后评价一般按三个层次组织实施，即项目法人的自我评价、项目行业的评价、计划部门（或主要投资方）的评价。

设计工作应遵循分阶段、循序渐进、逐步深入的原则进行。以往大中型水利枢纽工程常按三个阶段进行设计，即可行性研究、初步设计和施工详图设计。对于工程规模大，技术上复杂而又缺乏设计经验的工程，经主管部门指定，可在初步设计和施工详图设计之间，增加技术设计阶段。

（三）水利工程的影响

水利工程是防洪、除涝、灌溉、发电、供水、围垦、水土保持、移民、水资源保护等工程及其配套和附属工程的统称，是人类改造自然、利用自然的工程。修建水利工程，是为了控制水流、防止洪涝灾害，并进行水量的调节和分配，从而满足人民生活和生产对水资源的需要。因此，大型水利工程往往显现出显著的社会效益和经济效益，带动地区经济发展，促进流域以至整个中国经济社会的全面可持续发展。

但是也必须注意到，水利工程的建设可能会破坏河流或河段及其周围地区在天然状态下的相对平衡。特别是具有高坝大库的河川水利枢纽的建成运行，对周围的自然和社会环境都将产生重大影响。

修建水利工程对生态环境的不利影响是：河流中筑坝建库后，上下游水文状态将发生变化。可能出现泥沙淤积、水库水质下降、淹没部分文物古迹和自然景观，还可能会改变库区及河流中下游水生物生态系统的结构和功能，对一些鱼类和植物的生存和繁殖产生不利影响；水库的"沉沙池"作用，使过坝的水流成为"清水"，冲刷能力加大，由于水势和含沙量的变化，还可能改变下游河段的河水流向和冲积程度，造成河床被冲刷侵蚀，也可能影响到河势变化乃至河岸稳定；大面积的水库还会引起小气候的变化，库区蓄水后，水域面积扩大，水的蒸发量上升，因此会造成附近地区日夜温差缩小，改变库区的气候环境，例如可能增加雾天的出现频率；兴建水库可能会增加库区地质灾害发生的频率，例如，兴建水库可能会诱发地震，增加库区及附近地区地震发生的频率；山区的水库由于两岸山体下部未来长期处于浸泡之中，发生山体滑坡、塌方和泥石流的频率可能会有所增加；深水库底孔下放的水，水温会较原天然状态有所变化，可能不如原来情况更适合农作物生长。此外，库水化学成分改变、营养物质浓集导致水的异味或缺氧等，也会对生物带来不利影响。

修建水利工程对生态环境的有利影响是：防洪工程可有效地控制上游洪水，提高河段甚至流域的防洪能力，从而有效地减免洪涝灾害带来的生态环境破坏；水力发电工程利用清洁的水能发电，与燃煤发电相比，可以减少排放大量的二氧化碳、二氧化硫等有害气体，减轻酸雨、温室效应等大气危害，以及燃煤开采、洗选、运输、废渣处理所导致的严重环境污染；能调节工程中下游的枯水期流量，有利于改善枯水期水质；有些水利工程可为调水工程提供水源条件；高坝大库的建设较天然河流大大增加了的水库面积与容积，可以养鱼，对渔业有利；水库调蓄的水量增加了农作物灌溉的机会。

此外，由于水位上升使库区被淹没，需要进行移民，并且由于兴建水库导致库区的风景名胜和文物古迹被淹没，需要进行搬迁、复原等。在国际河流上兴建水利工程，等于重新分配了水资源，间接地影响了水库所在国家与下游国家的关系，还可能会造成外交上的影响。

上述这些水利工程在经济、社会、生态方面的影响，有利有弊，因此兴建水利工程，必须充分考虑其影响，精心研究，针对不利影响应采取有效的对策及措施，促进水利工程所在地区经济、社会和环境的协调发展。

第二节　水利水电工程建设程序

一、基本建设概述

（一）基本建设的概念

基本建设是国家为了扩大再生产而进行的增加固定资产的建设工作。基本建设是发展社会生产、增强国民经济实力的物质基础，是改善和提高人民群众物质生活水平和文化水平的重要手段，是实现社会扩大再生产的必要条件。

基本建设是指国民经济各部门利用国家预算拨款、自筹资金、国内外基本建设贷款以及其他专项基金而进行的以扩大生产能力或增加工程效益为主要目的的新建、扩建、改建、技术改造、更新和恢复工程及其有关工作。例如，建造工厂、矿山、铁路、港口、发电站、水库、学校、医院、商店、住宅，购置机器设备、车辆、船舶等活动，以及与之紧密相连的征用土地、房屋拆迁、移民安置、勘测设计、人员培训等工作。基本建设就是指固定资产的建设，即建筑、安装和购置固定资产的活动以及与之相关的工作。基本建设是通过对建筑产品的施工、拆迁或整修等活动形成固定资产的经济过程，是以建筑产品为过程的产出物。

基本建设不仅需要消耗大量的劳动力、建筑材料、施工机械设备及资金，还需要多个具有独立责任的单位共同参与，需要对时间和资源进行合理有效的安排，是一项复杂的系统工程。在基本建设活动中，以建筑安装工程为主体的工程建设是实现基本建设的关键。

（二）基本建设的主要内容

基本建设包括以下几方面的工作。

1. 建筑安装工程

建筑安装工程是基本建设的重要组成部分，是通过勘测、设计、施工等生产活动创造建筑产品的过程。这部分工作包括建筑工程和设备安装工程两个部分。建筑工程包括各种建筑物和房屋的修建、金属结构的安装、安装设备的基础建造等工作。设备安装工程包括生产、动力、起重、运输、输配电等需要安装的各种机电设备的装配、安装、试车等工作。

2. 设备及工器具的购置

设备及工器具的购置是建设单位为建设项目需要向制造业采购或自制达到标准（使用年限一年以上和单件价值在规定限额以上）的机电设备、工具、器具等的购置工作。

3. 其他基本建设工作

其他基本建设工作是指不属于上述两项的基本建设工作，如勘测、设计、科学试验、淹没及迁移赔偿、水库清理、施工队伍转移、生产准备等工作。

（三）基本建设项目的分类

1. 按性质划分

基本建设项目按其建设性质不同，可划分成基本建设项目和更新改造项目两大类。一个建设项目只有一种性质，在项目按总体设计全部建成之前，其建设性质是始终不变的。

（1）基本建设项目

基本建设项目是投资建设用于进行以扩大生产能力或增加工程效益为主要目的的新建、扩建工程及有关工作。具体包括以下几个方面：

①新建项目。新建项目指以技术、经济和社会发展为目的，从无到有的建设项目，亦即原来没有、现在新开始建设的项目。有的建设项目并非从无到有，但其原有基础薄弱，经过扩大建设规模，新增加的固定资产价值超过原有固定资产价值的3倍以上，也可称为新建项目。

②扩建项目。扩建项目指企业为扩大生产能力或新增效益而增建的生产车间或工程项目，以及事业和行政单位增建业务用房等。

③恢复项目。恢复项目指原有企业、事业和行政单位，因自然灾害或战争，使原有固定资产全部或部分报废，需要进行投资重建来恢复生产能力和业务工作条件、生活福利设施等的建设项目。

④迁建项目。迁建项目指企事业单位由于改变生产布局或环境保护、安全生产以及其他特别需要，迁往外地的建设项目。

（2）更新改造项目

更新改造项目是指建设资金用于对企事业单位原有设施进行技术改造或固定资产更新，以及相应配套的辅助性生产、生活福利等工程和有关工作。更新改造项目包括挖潜工程、节能工程、安全工程、环境工程。更新改造项目应根据专款专用、少搞土建、不搞外延等原则进行。更新改造项目以提高原有企业劳动生产效率、改进产品质量或改变产品方向为目的，而对原有设备或工程进行改造。为了提高综合生产能力，增加的一些附属或辅助车间和非生产性工程，也属于改建项目。

2. 按用途划分

基本建设项目还可按用途划分为生产性建设项目和非生产性建设项目。

（1）生产性建设项目

生产性建设项目指直接用于物质生产或满足物质生产需要的建设项目，如工业、建筑业、农业、水利、气象、运输、邮电、商业、物资供应、地质资源勘探等建设项目，主要包括以下四个方面：工业建设，包括工业、国防和能源建设；农业建设，包括农、林、牧、水利建设；基础设施，包括交通、邮电、通信建设、地质普查、勘探建设、建筑业建设等；商业建设，包括商业、饮食营销、仓储、综合技术服务事业的建设等。

（2）非生产性建设项目

非生产性建设项目指只用于满足人民物质和文化生活需要的建设项目，如在住宅、文教、卫生、科研、公用事业、机关和社会团体等方面的建设项目。

非生产性建设项目包括用于满足人民物质和文化、福利需要的建设和非物质生产部门的建设，主要包括以下几个方面：办公用房，如各级国家党政机关、社会团体、企业管理机关的办公用房；居住建筑、住宅、公寓、别墅等；公共建筑、科学、教育、文化艺术、广播电视、卫生、体育、社会福利事业、公用事业、咨询服务、金融、保险等建设；其他建设，不属于上述各类的其他非生产性建设等。

3. 按规模或投资大小划分

基本建设项目按建设规模或投资大小分为大型项目、中型项目和小型项目。国家对工业建设项目和非工业建设项目均规定有划分大、中、小型的标准，各部委对所属专业建设项目也有相应的划分标准。例如，水利水电工程建设项目就有对水库、水电站、堤防等划分为大、中、小型的标准。划分项目等级的原则是：①按批准的可行性研究报告（或初步设计）所确定的总设计能力或投资总额的大小，依据国家颁布的《基本建设项目大中小型划分标准》进行分类。②凡是生产单一产品的项目，一般按产品的设计生产能力划分；生产多种产品的项目，一般按照其主要产品的设计生产能力划分；产品分类较多，不易分清主次，难以按产品的设计能力划分时，可按投资额划分。③对国民经济和社会发展具有特殊意义的某些项目，虽然设计能力或全部投资不够大、中型项目标准，经国家批准已列入大、中型计划或国家重点建设工程的项目，也按大、中型项目管理。④更新改造项目一般只按投资额分为限额以上和限额以下项目，不再按生产能力或其他标准划分。

4. 按建设阶段划分

基本建设项目按建设阶段可分为预备项目、筹建项目、施工项目、建成投产项目、收尾项目和竣工项目等。

预备项目（或探讨项目），是指按照中长期投资计划拟建而又未立项的建设项目，只作为初步可行性研究或提出设想方案供参考，不进行建设的实际准备工作。

筹建项目（或前期工作项目），是指经批准立项，正在进行前期准备工作而尚未开始施工的项目。

施工项目，是指本年度计划内进行建筑或安装施工活动的项目，包括新开工项目和续建项目。

建成投产项目，是指年内按设计文件规定建成主体工程和相应配套辅助设施，形成生产能力或发挥工程效益，经验收合格并正式投入生产或交付使用的建设项目，包括全部投产项目、部分投产项目和建成投产单项工程。

收尾项目，是指以前年度已经全部建成投产，但尚有少量不影响正常生产使用的辅助工程或非生产性工程，在本年度继续施工的项目。

竣工项目，是指已经全部建成，工程施工结束并通过验收的项目。

国家根据不同时期国民经济发展的目标、结构调整任务和其他一些需要，对以上各类建设项目指定不同的调控和管理政策、法规、办法。因此，系统地了解上述建设项目各种分类对建设项目的管理具有重要意义。

二、基本建设程序

（一）水利水电工程建设项目的分类

根据《水利基本建设投资计划管理暂行办法》的规定，水利水电基本建设项目的类型按以下标准进行划分。

水利水电基本建设项目按其功能和作用分为公益性、准公益性和经营性。公益性项目是指具有防洪、排涝、抗旱和水资源管理等社会公益性管理和服务功能，自身无法得到相应经济回报的水利水电项目，如堤防工程、河道整治工程、蓄滞洪区安全建设工程、除涝、水土保持、生态建设、水资源保护、贫困地区人畜饮水、防汛通信、水文设施等。准公益性项目是指既有社会效益又有经济效益的水利水电项目，其中大部分是以社会效益为主，如综合利用的水利水电枢纽（水库）工程、大型灌区节水改造工程等。经营性项目是指以经济效益为主的水利水电建设项目，如城市供水、水力发电、水库养殖、水上旅游及水利综合经营等。

水利水电基本建设项目按其对社会和国民经济发展的影响分为中央水利基本建设项目（简称中央项目）和地方水利水电基本建设项目（简称地方项目）。中央项目是指对国民经济全局、社会稳定和生态环境有重大影响的防洪、水资源配置、水土保持、生态建设、水资源保护等项目，或中央认为负有直接建设责任的项目。地方项目是指局部受益的防洪除涝、城市防洪、灌溉排水、河道整治、供水、水土保持、水资源保护、中小型水电站建设等项目。

（二）管理体制及职责

我国目前的基本建设管理体制大体是：对于大中型工程项目，国家通过计划部门及各部委主管基本建设的司（局）控制基本建设项目的投资方向；国家通过建设银行管理基本建设投资的拨款和贷款；各部委通过工程项目的建设单位统筹管理工程的勘测、设计、科研、施工、设备材料订货、验收以及筹备生产运行管理等各项工作；参与基本建设活动的勘测、设计、施工、科研和设备材料生产等单位，按合同协议与建设单位建立联系或相互之间建立联系。

《中华人民共和国水法》对我国水资源管理体制做出了明确规定：国家对水资源实行流域管理与行政区域管理相结合的管理体制。国务院水行政主管部门负责全国水资源的统一管理和监督工作。国务院水行政主管部门在国家确定的重要江河、湖泊设立的流域管理机构，在所管辖的范围内行使法律、行政法规规定的和国务院水行政主管部门授予的水资源管理和监督职责。县级以上地方人民政府水行政主管部门按照法律、法规规定的权限，负责本行政区域内水资源的统一管理和监督工作。国务院有关部门按照职责分工，负责水资源开发、利用、节约和保护的有关工作。县级以上地方人民政府有关部门按照职责分工，负责本行政区域内水资源开发、利用、节约和保护的有关工作。

水利部是国务院水行政主管部门，对全国水利工程建设实行宏观管理；水利部建管司是水利部主管水利建设的综合管理部门。在水利工程建设项目管理方面，其主要管理职责有以下几个方面：贯彻执行国家的方针政策，研究制定水利工程建设的政策法规，并组织实施；对全国水利工程建设项目进行行业管理；组织和协调部属重点水利工程的建设；积极推行水利建设管理体制的改革，培育和完善水利建设市场；指导或参与省属重点大中型工程、中央参与投资的地方大中型工程建设的项目管理。流域机构是水利部的派出机构，对其所在流域行使水行政主管部门的职责，负责本流域水利工程建设的行业管理。

省（自治区、直辖市）水利（水电）厅（局）是本地区的水行政主管部门，负责本地区水利工程建设的行业管理。水利工程项目法人对建设项目的立项、筹资、建设、生产经营、还本付息以及资产保值增值的全过程负责，并承担投资风险。代表项目法人对建设项目进行管理的建设单位是项目建设的直接组织者和实施者，负责按项目的建设规模、投资总额、建设工期、工程质量实行项目建设的全过程管理，对国家或投资各方负责。

（三）各阶段的工作要求

1. 项目建议书阶段

项目建议书应按照《水利水电工程项目建议书编制暂行规定》编制。

项目建议书的编制一般委托有相应资格的工程咨询或设计单位承担。

2. 可行性研究报告阶段

根据批准的项目建议书，可行性研究报告应对项目进行方案比较，对技术上是否可行和经济上是否合理进行充分的科学分析和论证。经过批准的可行性研究报告是项目决策和进行初步设计的依据。

可行性研究报告应按照《水利水电工程可行性研究报告编制规程》编制。

可行性研究报告的编制一般委托有相应资格的工程咨询或设计单位承担。可行性研究报告经批准后，不得随意修改或变更；在主要内容上有重要变动时，应经过原批准机关复审同意。

3. 初步设计阶段

由于工程项目基本条件发生变化，容易引起工程规模、工程标准、设计方案、工程量的改变，其概算静态总投资超过可行性研究报告相应估算的静态总投资在15%以下时，要对工程变化内容和增加投资提出专题分析报告；超过15%以上（含15%）时，必须重新编制可行性研究报告并按原程序报批。

初步设计报告应按照《水利水电工程初步设计报告编制规程》编制。初步设计报告经批准后，主要内容不得随意修改或变更，并作为项目建设实施的技术文件基础。在工程项目建设标准和概算投资范围内，依据批准的初步设计原则，一般非重大设计变更、生产性子项目之间的调整由主管部门批准。在主要内容上有重要变动或修改（包括工程项目设计变更、子项目调整、建设标准调整、概算调整）等，应按程序上报原批准机关复审同意。

初步设计任务应选择有项目相应资质的设计单位承担。

4. 施工准备阶段（包括招标设计）

施工准备阶段是指建设项目的主体工程开工前，必须完成的各项准备工作。其中，招标设计是指为施工以及设备材料招标而进行的设计工作。

5. 生产准备（运行准备）阶段

生产准备（运行准备）指在工程建设项目投入运行前所进行的准备工作，完成生产准备（运行准备）是工程由建设转入生产（运行）的必要条件。项目法人应按照建管结合和项目法人责任制的要求，适时做好有关生产准备（运行准备）工作。

生产准备（运行准备）应根据不同类型的工程要求确定，一般包括以下几方面的主要工作内容：①生产（运行）组织准备。建立生产（运行）经营的管理机构及相应管理制度。②招收和培训人员。按照生产（运行）的要求，配套生产（运行）管理人员，并通过多种形式的培训，提高人员的素质，使之能满足生产（运行）要求。生产（运行）管理人员要尽早介入工程的施工建设，参加设备的安装调试工作，熟悉有关情况，掌握生产（运行）技术，为顺利衔接基本建设和生产（运行）阶段做好准备。③生产（运行）技术准备。其主要包括技术资料的汇总、生产（运行）技术方案的制定、岗位操作规程的制定和新技术准备。④生产（运行）物资准备。其主要是落实生产（运行）所需的材料、工具器具、备品备件和其他协作配合条件的准备。⑤正常的生活福利设施准备。

6. 竣工验收

竣工验收合格的工程建设项目即可以从基本建设转入生产（运行）。竣工验收按照《水利水电建设工程验收规程》进行。

7. 评价

工程建设项目竣工验收后，一般经过1~2年生产（运行）后，要进行一次系统的项目后评价，主要内容包括：影响评价——对项目投入生产（运行）后对各方面的影响进行评价；经济效益评价——对项目投资、国民经济效益、财务效益、技术进步和规模效益、可行性研究深度等进行评价；过程评价——对项目的立项、勘察设计、施工、建设管理、生产（运行）等全过程进行评价。

项目后评价一般按三个层次组织实施，即项目法人的自我评价、项目行业的评价和计划部门（或主要投资方）的评价。

项目后评价工作必须遵循客观公正、科学的原则，做到分析合理、评价公正。

第三节　水利水电工程类型

一、蓄水工程

（一）蓄水枢纽

1. 蓄水枢纽的作用

在天然情况下，河流来水在各年间及一年内都有较大的变化，它与人们用水在时间和水量分配上往往存在着矛盾，解决这种矛盾的主要措施是兴建水库。水库在来水多时把水蓄起来，然后根据各部门用水要求适时适量地供水；在汛期还可以起到削减洪峰、减除灾害的作用。这种把来水按用水要求在时间和数量上重新分配的过程，叫作水库的调节。

水库不仅可以使水量在时间上重新分配，满足灌溉、防洪的要求，还可以利用大量的蓄水和抬高的水位来满足发电、航运以及水产等其他用水部门的需要。因此，兴建水库是综合利用水资源的有效措施。

要形成具有一定库容的水库，就需要在河流的适当地点修建拦河坝来阻拦水流，抬高上游的水位。同时，相应地还要修建一些其他建筑物，它们各自具有不同的作用，在运行中又彼此相互配合，形成一个以坝为主体的若干水工建筑物组成的综合体，称为蓄水枢纽或水库枢纽。蓄水枢纽利用上述水库的径流调节作用，达到防洪、发电、灌溉、航运和供水、渔业及旅游等综合利用的目的。

2. 蓄水枢纽的组成建筑物

为满足综合利用的要求，蓄水枢纽一般由以下四种类型的水工建筑物组成：

（1）挡水建筑物。它用以拦截水流，抬高水位，形成水库，如各种类型的拦河坝等。

（2）泄水建筑物。它用以宣泄水库不能容纳的多余洪水，以保证工程的安全，如各种溢洪道、溢流坝、泄洪隧洞和泄水管道等。

（3）输水建筑物。它是为发电、灌溉和供水的需要，从水库向下游输水用的建筑物，如引水隧洞、引水管道等。

（4）专门建筑物。它是专门为某一种水利水电事业服务而修建的建筑物，如水电站、船闸、筏道、鱼道等过坝建筑物。

上述前三种建筑物是组成蓄水枢纽必不可少的一般性水工建筑物；第四种建筑物则是根据枢纽任务要求而设置的专门性水工建筑物。例如，枢纽有发电任务，就要修建水电站；有通航要求，就要修建船闸或升船机等。

（二）拦河坝

1. 拦河坝的类型

拦河坝是蓄水枢纽的挡水建筑物。按其结构特点可分为重力坝、拱坝、支墩坝和土石坝。按泄水条件分为溢流坝和非溢流坝。按筑坝材料可分为当地材料坝（如土坝、堆石坝、土石混合坝、浆砌石坝）和非当地材料坝（如混凝土坝、钢筋混凝土坝、橡胶坝等）。

拦河坝按施工方法分：对于混凝土坝，有常规方法浇筑的混凝土坝、碾压混凝土坝和预制混凝土块体装配而成的坝；对于土石坝，有碾压土石坝、水力冲填坝、水中填土坝和定向爆破堆石坝等。

2. 重力坝

重力坝在水压力作用下，主要依靠坝体重力所产生的抗滑力来维持稳定。筑坝材料为混凝土或浆砌块石。坝体基本剖面呈三角形，坝底宽与坝高之比一般在 0.7～0.9m。为适应地基变形、温度变化和混凝土的施工浇筑能力，沿坝轴线每隔一定距离（如 15～20m）常设有横缝，将坝体分成若干独立坝段；为减少渗流对坝体稳定和应力的不利影响，在靠近坝体上游面设排水管，在靠近坝踵的坝基内设防渗帷幕，帷幕后设坝基排水孔。

与其他坝型相比较，重力坝的主要优点有：结构受力条件较明确，安全可靠，其失效概率较土石坝和支墩坝为低；能较好地适应各种地形、地质条件，对地基要求高于土石坝，低于拱坝，一般来说，具有足够强度的岩基均可满足要求；便于布置泄洪、导流和引水发电等建筑物；结构简单，便于机械化施工。

重力坝的主要缺点有：体积大，水泥用量较多；坝体应力较低，材料的强度不能充分发挥；坝底面积大，受扬压力的影响较大；大体积混凝土施工期的温度控制措施较为复杂。

3. 拱坝及支墩坝

拱坝在平面上呈凸向上游的拱形，在铅直面上有时也呈弯曲形状。整个坝体是一个空间壳体结构，可近似看成由拱梁系统组成。坝体承受的水平向荷载，一部分通过拱作用传至两岸岩体，另一部分通过竖向梁的作用传到坝底基岩。坝体稳定主要依靠两岸拱座的反力作用来维持，这与重力坝主要依靠自重维持稳定有本质区别，也是拱坝的主要特点。

4. 土石坝

土石坝是主要利用当地土石料填筑而成的一种挡水坝，故又称当地材料坝。土石坝之所以被广泛采用，是因为这种坝型具有以下的优点：就地取材，可节省大量水泥、钢材和木材；适应地基变形的能力强，对地基要求比混凝土坝低；施工技术较简单，工序少，便于机械化快速施工；结构简单，工作可靠，便于管理、维修、加高和扩建。

土石坝也存在着一些缺点。例如，坝顶一般不能溢流，需另设溢洪道；施工导流不如混凝土坝方便；当采用黏性土料填筑时受气候条件的影响较大。土石坝坝体主要由土料、砂砾、石碴、石料等散粒体构成，为使其安全有效地工作，在设计施工和运行中必须满足以下的要求：坝体和坝基在各种可能工作的条件下都必须稳定；经过坝体和坝基的渗流既不能造成水库水量的过多损失，又不应引起坝体和坝基的渗透变形破坏；不允许洪水漫顶过坝造成事故；应防止波浪淘刷、暴雨冲刷和冰冻等的破坏作用；要避免发生危害性的裂缝。

（三）溢洪道

1. 作用及其分类

溢洪道为蓄水枢纽必备的泄水建筑物，用以排泄水库不能容纳的多余来水量，保证枢纽挡水建筑物及其他有关建筑物安全运行。溢洪道可以与挡水建筑物相结合，建于河床中，称为河床溢洪道（或坝身溢洪道），如混凝土溢流重力坝、泄水拱坝等；也可以另建于坝外河岸上，称为河岸溢洪道（或坝外溢洪道）。在条件许可时采用前者可使枢纽布置紧凑，造价经济，但由于坝型（如土石坝）、地形以及其他技术经济原因，很多情况下又必须或宜于采用后者。有些泄洪流量很大的水利水电枢纽还可能兼用河床溢洪道和河岸溢洪道。

河岸溢洪道的类型很多，从流态的区别可分为以下几种类型：①正槽溢洪道。过堰水流方向与堰下泄槽纵轴线方向一致。②侧槽溢洪道。溢流堰轴线与泄槽进口段轴线接近平行，即水流过堰后，在很短的距离内转弯约90度，再经泄槽或斜井泄入下游。③井式溢洪道。水流从平面上呈环形的溢流堰四周向心汇入，再经竖井、隧洞泄往下游的一种形式，适用于岸坡陡峻、地质条件良好的情况。④虹吸溢洪道。利用虹吸作用，使水流经翻越堰顶的虹吸管泄向下游的一种型式，可以与混凝土坝结合在一起，也可以单独建在河岸上，但由于构造复杂，工作可靠性差，所以只适用于水位变化不大而需随时间调节的中小型水库工程。

2. 正槽溢洪道

正槽溢洪道结构简单，施工方便，工作可靠，因此在工程中被广泛采用，特别是拦河坝为土石坝的水库几乎少不了它。典型的正槽溢洪道，从上游到下游依次由引水渠段、控制堰段、泄槽段、消能段和尾水渠段等部分组成。但不是每座溢洪道都有引水渠和尾水渠部分。例如，溢流堰若能直接面临水库，就无须设引水渠；经过消能后的水流能直接与下游原河道衔接，则无须设尾水渠。

3. 侧槽溢洪道

当两岸山坡陡峻，采用前述正槽溢洪道导致巨大的开挖工程量甚至很难布置时，采用侧槽溢洪道可能是经济合理的方案。侧槽溢洪道的主要特点是：溢流堰轴线大致沿上游水库岸边等高线布置，水流过堰后，即泄入与溢流堰大致平行的侧槽内，然后进入泄水槽流向下游。侧槽溢洪道由溢流堰、侧槽、泄水槽、消能设施和尾水渠等部分组成。这种溢洪道除侧槽外，其余部分的有关问题和正槽溢洪道基本相同。

由于溢流堰大致沿等高线布置，所以有条件采用较长的溢流堰前缘长度，以使溢流水头小而能宣泄较大的流量。其缺点是：水流过堰进入侧槽后形成横向漩滚，流量沿程增加，漩滚强度不断加剧，紊动和撞击也很强烈，流态非常复杂，与泄水槽的水面衔接也不平顺。另外，如果山坡很陡，在侧槽后开挖成开敞式泄水槽确有困难时，也可在侧槽后设置封闭式泄水斜洞，其后再接纵坡较大的平洞和出口消能设施。

（四）泄水隧洞

1. 泄水隧洞的类型

泄水隧洞是指蓄水枢纽中穿越山岩建成的封闭式泄水道，按其进口高低可分为表孔和深孔两种类型，只要求在较高水位泄洪，并要求泄量随水位的增长而较快增长时，或需排除表面污物时，常采用表孔隧洞。表孔隧洞与一般的河岸式溢洪道类似，其进口水流属于堰流，超泄流量大，结构简单，运行方便可靠。当要求根据洪水预报用泄水隧洞调节水库水位时，或水库有放空、排沙的要求时，就应采用深孔隧洞。深孔隧洞的结构较复杂，超泄能力不如表孔隧洞大，对闸门要求较高。

按其过水时洞身流态区别，又可分为有压洞和无压洞两种。前者正常运用时洞内满流，以测压管水头计算的洞顶内水压力大于零，水力计算按有压管流进行；后者正常运用时洞身横断面不完全充水，存在与大气接触的自由水面，水力计算按明渠流进行，故亦称明流隧洞。有时一条泄水隧洞也可分前、后两段，设计并建成前段为有压洞，后段为无压洞。但在隧洞的同一段内，除水头较低的施工导流隧洞外，要避免出现时而有压、时而无压的明满流交替流态。

2. 工作特点

泄水隧洞是地下建筑物，其设计、建造和运行条件与承担类似任务的水工建筑物相比，有不少特点。从结构、荷载等方面说，岩层中开挖隧洞后，破坏了原来的地应力平衡，引起围岩新的变形，甚至会导致岩石崩坍，故一般要对围岩衬砌支护。岩体既可能对衬砌结构施加山岩压力，在衬砌受内水压力作用而有指向围岩变形趋势时，岩体又可能产生协助衬砌工作的弹性抗力。围岩愈坚强完整，则前者愈小而后者愈大。衬砌还会受其周围地下水活动所引起外水压力的作用。显然，泄水隧洞沿线应力争有良好的工程地质和水文地质条件。

从水力特性方面看，承受内水压力的有压隧洞如衬砌漏水，压力水渗入围岩裂隙，将形成附加的渗透压力，构成围岩失稳的因素；无压隧洞较高流速引起的自掺气现象要求设置有足够供气能力的通气设备，以维持稳定无压流态；高速水流情况下的隧洞，在解决可能出现的空蚀、冲击波、闸门振动以及消能防冲问题时要特别注意体形设计，并常须进行必要的水工模型试验研究。从施工方面看，隧洞开挖，衬砌工作面小，洞线较长，工序多，干扰性大，所以工期往往较长，尤其是兼做施工导流用的隧洞，其施工进度往往控制整个工程的工期。因此，改善施工条件，增加工作面，加快开挖、衬砌支护进度，提高施工质量，也是建造泄水隧洞的重要课题。

二、引（输）水工程

（一）引水枢纽

1. 作用和类型

通常所称的引水枢纽（取水枢纽）系指从河道取水的水利水电枢纽，其作用是获取符合水量及水质要求的河水，以满足灌溉、发电、工业及生活用水的需要。引水枢纽分为无坝引水和有坝引水两大类。当河道枯水期的水位和流量能满足取水要求时，可直接在河岸修建引水枢纽，称为无坝引水枢纽；当不能满足上述要求时则须修建壅水坝（或拦河闸），用来抬高水位以满足上述要求，这种具有壅水坝闸的引水枢纽称为有坝引水枢纽。

2. 无坝引水枢纽的布置

无坝引水枢纽的水工建筑物有进水闸、冲砂闸、沉沙池及上下游整治建筑物等。有的河流又有航运、漂木、渔业等要求时，还要考虑设置船闸、筏道和鱼道等。无坝引水枢纽按引水口数目分为一首制和多首制两种。

（二）沉沙池

在多泥沙河流上，虽然在取水口设有防沙设施，但是泥沙不可能全部挡在渠首以外，加之水流中又夹带有悬移质泥沙，因此还需对进入渠首的泥沙进行处理，在进水闸适当的地方修建沉沙池。沉沙池断面大于引水渠的断面，水流进入沉沙池后，由于断面扩大，流速减小（一般为 0.20~0.35m/s），水流挟沙能力大为降低，水流中泥沙便逐渐沉淀下来。通常粗颗粒泥沙首先沉淀在沉沙池的进口处，逐渐形成三角洲。

随着时间延长，三角洲还能向池长方向延伸、增厚。较细颗粒的泥沙则由三角洲的前端沉入池底，形成异重流；当异重流运行至沉沙池尾端即停止前进。一般在池末设冲砂廊道，对沉沙池内泥沙按时冲洗。

（三）渠道

渠道是人工开挖或填筑的水道，按其作用可分为灌溉渠道、排水渠道、航运渠道、发电渠道以及综合利用渠道。为了综合利用水资源和充分发挥渠道的效用，应力求兴建综合利用渠道。渠道是输水建筑物，渠内为无压的明渠流。常见的渠道系统，渠道数量由少到多，位置由高到低，各渠道输水能力由大到小。例如，以自流灌溉渠系为例。一一般从取水渠首的进水闸后开始，首先是引水干渠，其次是通至各灌区地片的支渠、斗渠，最后是分布于田间的农渠、毛渠等。

应该指出，一个渠道系统还要有很多配套建筑物（渠系建筑物）联合运行，才能有效工作。例如，控制水位和调节流量的节制闸，保证渠道安全的泄水闸，渠道和河流、谷沟、道路相交时的渡槽、倒虹吸等交叉建筑物，渠道通过有集中落差地段的陡坡跌水等落差建筑物等。

（四）渠系建筑物

1. 分类与选型

修建在渠道上的水工建筑物称为渠系建筑物。按其种类分为水闸、涵洞、隧洞、渡槽、倒虹吸、跌水与陡坡、沉沙池、排沙闸等。按其作用又可分为三大类：配水建筑物，如节制闸、分水闸、量水堰、测流槽等；交叉建筑物，如涵洞、倒虹吸、渡槽等；连接建筑物，如跌水、陡坡等。

当需要控制渠道流量时，应选用配水建筑物；当渠道与沟谷、河流交叉时，应选用交叉建筑物；当渠道经过陡坡地段水位急剧下降时，应选用连接建筑物；当渠道穿过山岭时，应选用隧洞；当泥沙问题较严重时，应选用沉沙池、排沙闸；当为了避免渠水漫溢或洪水冲毁渠道时，应选用泄洪闸或退水闸等建筑物。

2. 涵洞

当渠道与溪谷、道路相互交叉时，在填方渠道或交通道路下面，为输送渠水或排泄溪水而设置的建筑物称为涵洞，它由进口、洞身、出口三部分组成。根据过涵水流形态不同，涵洞可以分为无压和有压或半有压。有压涵洞多采用钢筋混凝土管或铸铁管，适用于内水压力较大、上面填方较厚的情况。无压涵洞有箱形、盖板式和拱形等。

箱形涵洞多为四面封闭的钢筋混凝土结构，工作条件好，适应地基不均匀沉陷性能强，适用于无压或低压涵洞；如流量较大，可采用双孔或多孔。盖板式涵洞是用砖石做成两道侧墙，上面用石料或混凝土盖板封顶，施工简单，适用于土压力不大、跨度在1m左右的情况。拱形涵洞由顶拱、侧墙、底板组成，可以采用混凝土或浆砌石建成，受力条件好，适用于填土厚度和跨度较大的无压涵洞。拱形涵洞也可做成多孔连拱式。我国四川、新疆等地采用干砌砂卵石拱形涵洞已有悠久的历史，积累了丰富的经验。

3. 输水隧洞

渠道通过山梁时，若采用盘山明渠，则渠线太长或工程困难。若挖切山梁，土石方工程量又很大。因此，常采用开凿隧洞的方案。这种隧洞实际上是穿过山梁的一段地下渠道，与明渠水流一样，隧洞中的水流具有一个和大气接触的"自由水面"，因此这种输水隧洞称为"无压隧洞"。

4. 渡槽

渡槽是输送渠水跨越山冲、谷口、河流、渠道及交通道路等的交叉建筑物，除输水外，还可供排水导流之用。

5. 倒虹吸管

当渠道与河流、山谷、道路交叉，而彼此高程相差不大时，常埋设地下输水管把渠水引过去，这种输水方式，好像是一个倒放的虹吸管，故称为倒虹吸管。

6. 跌水和陡坡

当渠道经过天然陡坡或坡度过陡的地段时，为了避免大填方或深挖方，一般根据地形将高度差适当集中，并修建落差建筑物，以连接上、下游渠道，这种建筑物称落差建筑物。跌水、陡坡是其中应用最广的落差建筑物。跌水与陡坡的主要区别在于水流特征不同；水流呈自由抛投状态自跌水口流出，最后落在消力池内的叫跌水；水流自跌水口流出后即受陡坡约束而沿槽身下泄的叫陡坡。

三、提水工程

（一）提水工程规划

提水工程，即泵站工程，是利用机电提水设备增加水流能量，通过配套建筑物将水由低处提升至高处，以满足兴利除害要求的综合性系统工程。提水工程被广泛地应用于农田灌溉排水、市政供排水、工业生产用水及跨流域调水等许多方面。各种泵站的用途虽然不同，但其组成建筑物基本相同，一般有进水建筑物[包括取水建筑物、引水建筑物、前池、进水池、进水管（流）道等]、泵房、出水建筑物[出水池或压力箱涵、出水管（流）道]、交通及附属建筑物等；电力泵站还设有变电站。

取水建筑物建于水源岸边或水中，结构型式有取水头部、进水闸、进水涵洞等。其作用是取水、防沙、防洪、调节流量、控制水位以及检修时截断水流。引水建筑物有引水涵管、明渠或河道等，其作用是自水源引水至前池，并创造良好的水流状态。前池是引水建筑物与进水池的联结段，其作用是平稳水流，避免强烈的回流和漩涡出现。进水池的作用是供水泵进水管（流道）或水泵直接进水。进水管（流）道包括进水管道、进水流道（大型泵站），其作用是从进水池平顺引水，供给水泵。泵房是安装主机组、辅助设备及电气设备的建筑物，它为机组运行和工作人员提供良好的工作环境。主机组包括水泵、传动设备及动力机，是泵站的核心。主机组将外来能量转换为所提升水体的能量。出水管（流）道包括出水管道（又称压力水管）、出水流道，其作用是将水泵抽出的水压向出水建筑物。出水建筑物的主要作用是承纳出水管道的来流，消除管口出流余能，使之平顺地流入输水管渠或容泄区，并设有防止停机倒流设备。变电站是以电力为能源的泵站不可缺少的降电压工程。交通建筑物包括道路、栈桥、工作桥、船闸、码头等。附属建筑物包括办公用房、修配厂、仓库、宿舍等。

（二）泵房

泵房是安装主机组辅助设备、电气设备及其他设备的建筑物，是整个泵站工程的主体，为机电设备及运行管理人员提供必要的工作条件。因此，合理地设计泵房，对节约工程投资、延长机电设备使用寿命、保证安全和经济运行有着很重要的意义。

（三）进、出水建筑物

1. 取水建筑物

用涵管从水源中取水的建筑物，称为取水头部。其结构形式较多，有重力式、沉井式、桩架式、悬臂式、底槽式及隧洞式等。各种取水头部有其不同的特点及适用条件，选择时应考虑水质、河床与地形、上下游建筑物、冰凌、工程地质条件、施工条件等因素。自水源岸部取水的建筑物有进水涵、闸、开敞式取水口等。在多泥沙河道中取水，要选择有利位置，引取含沙量少的表层水，并采用导流设施将含沙量大的底层水导走，同时在引渠适当地点设置沉沙池。

2. 引水建筑物

当泵房远离水源时，应设置引水建筑物，有明渠、压力涵管等形式。其中，引水明渠以其结构简单、工程投资少、水流条件好得以普遍采用。引渠的设计方法与一般输水渠道相同，即按均匀流设计，按不冲不淤条件校核。

四、发电工程

（一）水能规划

1. 水电开发方式

地球的表面约有3/4为水域所覆盖。大量的水从水面蒸发，又以降水形式落在地表的不同海拔高程处。这种自然界重复再生、循环不息的水体，从山区和高原汇成河川，奔腾而下，携带着可供利用的能量。在天然状态下，这种能量损耗在克服水流外部与内部的种种摩擦力、水流与河床的相互作用、输移泥沙、冲刷河槽，以及水流内部不规则运动分子间的相互作用上。

如在一较短的河段上有集中的水位落差，就可以有效地利用水流能量。当有天然瀑布时，水流能量的利用可大为简化，然而这样的条件十分罕见；要利用分布在一段长距离的河川上的落差，则需用人工方法将落差集中，可以采用不同的途径来实现这样的集中。

（1）坝式开发。在适宜开发的地址建造水坝，迫使水位壅高以集中落差，即形成水头。同时，水坝上游蓄水成库，起着调节作用，可在丰水期储备水量以最充分地利用水能。

（2）引水式开发。从天然河道经过纵比降很小的人工引水道引水。这样，引水道末端的水位就高出了河道的水位，从而获得集中落差，这一水位差即可形成水电站的水头。

（3）混合式开发。同时用坝和引水建筑物形成水头。

不论按上述哪一种开发方式建成的水电站，均需借助设置在水电站厂房中的水轮机、发电机及各种辅助设备使水能转换成电能。

2. 水电站的组成建筑物

水电站一般由下列七类建筑物组成：①挡水建筑物。用于截断河流，集中落差，形成水库，一般为坝和闸。②泄水建筑物。用以下泄多余的洪水，或放水以供下游使用，或放水以降低水库水位，如溢洪道、泄洪隧洞、放水底孔等。③水电站进水建筑物。用以按水电站发电要求将水引进引水道。④水电站引水建筑物。用以将发电用水由进水建筑物输送给水轮发电机组，并将发电用过的水流排向下游。后者有时称为尾水建筑物。根据自然条件和水电站类型的不同，引水建筑物可以采用明渠、隧洞、管道等。有时引水建筑物中还包括渡槽、涵洞、倒虹吸、桥梁等交叉建筑物。⑤水电站稳压建筑物。当水电站负荷变化时，用以平稳引水建筑物中流量及压力的变化，如有压引水式水电站中的调压室及无压引水式水电站中的压力前池等。⑥发电、变压和配电建筑物。其包括安装水轮发电机组及其控制辅助设备的厂房、安装变压器的变压器场及安装高压开关的开关站，它们常集中在一起，统称为厂房枢纽。⑦其他建筑物。例如，过船、过木、过鱼、拦砂、冲砂等建筑物。

（二）水力机械和电气设备

为了实现水电站的主要功能——发电，必须安装各种水力机械和电气设备，而这些设备也同时决定着水电站的运行效率和可靠性。因此，选择主要设备和辅助设备的型号和参数，在保证运行方便的条件下考虑设备的特性和相互关系、解决设备的组成和布局问题是水电站厂房设计的一个极其重要的阶段。

（三）水电站建筑物

1. 厂房建筑物

（1）厂房内的设备

水电站厂房是为安置机电设备服务的。为了安全可靠地完成变水能为电能并向电网或用户供电的任务，水电站厂房内配置了一系列的机械、电气设备，可归纳为五大系统。

①水力系统。水力系统，即水轮机及其进、出水设备，包括钢管、水轮机前蝴蝶阀（或球阀）、蜗壳、水轮机、尾水管及尾水闸门等。

②电流系统。电流系统，即所谓电气一次回路系统，包括发电机、发电机引出线、母线、发电机电压配电设备、主变压器、高压开关站及配电设备等。

③机械控制设备系统。机械控制设备系统包括：水轮机的调速设备，蝴蝶阀的控制设备，减压阀或其他闸门、拦污栅等操作控制设备。

④电气控制设备系统。电气控制设备系统，即所谓电气二次回路系统，包括机房盘、励磁设备、中央控制室、各种控制及操作设备。

⑤辅助设备系统。辅助设备系统，即为设备安装、检修、维护运行所必需的各种电气及机械辅助设备。

（2）厂房组成

厂房是装置水轮机及其他附属设备和辅助生产设施的建筑物，通常由主厂房和副厂房组成，小型水电站也可不设副厂房。主厂房又分为主机间和安装间。主机间装置水轮机、发电机及其附属设备，安装间是机组安装和检修时摆放、组装和修理主要部件的场地。副厂房包括专门布置各种电气控制设备、配电装置、电厂公用设施的车间以及生产管理工作间。主厂房、副厂房连同附近的其他构筑物及设施，如主变压器场及高压开关站，统称厂区，是水电站的运行、管理中心。按厂房结构及布置特点，水电站厂房分为地面式厂房、地下式厂房、坝内式厂房和溢流式厂房。地面式厂房建于地面，按其位置不同，又可分为河床式厂房、坝后式厂房、岸边式厂房。地下式厂房位于地下洞室中。也有半地下式厂房，其厂房的上部露出地面。坝内式厂房位于坝体空腔内。溢流式厂房常位于溢流坝坝趾，坝上溢出水流流经或跃过厂房顶，泄入尾水渠。

（3）水电站主厂房的分层

水电站主厂房在高度方向常分为数层，从上而下可以分装配场层、发电机层、水轮机层、蝶阀层、蜗壳层、尾水管层。按照一般习惯，发电机层以上称上部结构及主机房，发电机层以下统称为下部结构，而水轮机层以下则称下部块体结构。

2. 前池

压力前池是引水渠道和压力水管之间的连接建筑物。压力前池的用途是把引水渠道的无压部分和有压部分或水轮机压力管连接起来，把水量均匀地分配给每一条水管。在运行和事故情况下，均应保证能单独开启和关闭任一压力水管。压力前池应能在水电站出力变化和发生事故的情况下，宣泄多余的水量，抑制涌浪，改善机组运行条件；在水电站停机时供给下游用户所必需的流量。

此外，压力前池应有防止漂浮物、冰凌及泥沙等进入水轮机引水管的设施。压力前池由下列主要建筑物和构件组成：进水设施；前室，其作用为使水流平缓地流近进水设施；泄水建筑物的首部结构（虹吸管、溢流堰等）；泄水和排水设施；冲沙设施；放水底孔，用以放空压力前池和引水道（冲沙设施和放水底孔在多数情况下可合并使用）。如果压力前池还担负有灌溉或供水的任务，池上还应布置相应的取水建筑物。压力前池布置在较陡的岸坡上或接近岸坡。在压力前池的地基中和绕过挡水墙易形成渗径很短的、危害性较大的渗流，引起地基的管涌、滑坡、压力前池建筑物不均匀沉陷，甚至使建筑物遭到破坏。为此，应采用各种防渗措施，如建筑物内表面的衬砌、地基土壤的人工加固、深齿墙、板桩齿墙，灌浆帷幕等。

3. 压力管道

压力管道是从水库或引水道末端的压力前池或调压室将水以有压状态引入水轮机的输水管，它是集中了水电站全部或大部分水头的输水管。压力管道的特点是：坡度陡；承受电站的最大水头，且受水锤的动水压力；靠近厂房。因此，压力管道的安全性和经济性受到特别的重视，对材料、设计方法和工艺等有着不同于一般水工建筑物的特殊要求。

第二章 施工导流与施工技术

第一节 施工导流

一、施工导流概述

(一) 施工导流概念

水工建筑物一般都在河床上施工,为避免河水对施工的不利影响,创造干地的施工条件,需要修建围堰围护基坑,并将原河道中各个时期的水流按预定方式加以控制,并将部分或者全部水流导向下游。这种工作就叫施工导流。

(二) 施工导流的意义

施工导流是水利水电工程在建设中必须妥善解决的重要问题。主要表现是:①直接关系到工程的施工进度和完成期限;②直接影响工程施工方法的选择;③直接影响施工场地的布置;④直接影响到工程的造价;⑤与水工建筑物的形式和布置密切相关。

因此,合理的导流方式,可以加快施工进度,缩短工期,降低造价,考虑不周,不仅达不到目的,有可能造成很大危害。例如,选择导流流量过小,汛期可能导致围堰失事,轻则使建筑物、基坑、施工场地受淹,影响施工正常进行,重则主体建筑物可能遭到破坏,威胁下游居民生命和财产安全;选择流量过大,必然增加导流建筑物的费用,提高工程造价，造成浪费。

（三）影响施工导流的因素

影响因素比较多，如水文、地质、地形特点；所在河流施工期间的灌溉、贡税、通航、过木等要求；水工建筑物的组成和布置；施工方法与施工布置；当地材料供应条件等。

（四）施工导流的设计任务

综合分析研究上述因素，在保证满足施工要求和用水要求的前提下，正确选择导流标准，合理确定导流方案，进行临时结构物设计，正确进行建筑物的基坑排水。

（五）施工导流的基本方法

1. 基本方法有两种

（1）全段围堰导流法：即用围堰拦断河床，全部水流通过事先修好的导流泄水建筑物流走。

（2）分段围堰导流法：即水流通过河床外的束窄河床下泄，后期通过坝体预留缺口、底孔或其他泄水建筑物下泄。

2. 施工导流的全段围堰法

（1）基本概念

首先利用围堰拦断河床，将河水逼向在河床以外临时修建的泄水建筑物，并流往下游。因此，该法也叫河床外导流法。

（2）基本做法

全段围堰法是在河床主体工程的上、下游一定距离的地方分别各建一道拦河围堰，使河水经河床以外的临时或者永久性泄水道下泄，主体工程就可以在排干的基坑中施工，待主体工程建成或者接近建成时，再将临时泄水道封堵。该法一般应用在河床狭窄、流量较小的中小河道上。在大流量的河道上，只有地形、地质条件受限，明显采用分段围堰法不利时才采用此法导流。

（3）主要优点

施工现场的工作面比较大，主体工程在一次性围堰的围护下就可以建成。如果在枢纽工程中，能够利用永久泄水建筑物结合施工导流时，采用此法往往比较经济。

（4）导流方法

导流方法一般根据导流泄水建筑物的类型区分：如明渠导流，隧洞导流，涵管导流，还有的用渡槽导流等。

①明渠导流

a. 概念

河流拦断后，河道的水流从河岸上的人工渠道下泄的导流方式叫明渠导流。

b. 适宜条件

它多选在岸坡平缓、有较宽广的滩地，或者岸坡上有溪沟可以利用的地方。当渠道轴线上是软土，特别是当河流弯曲，可以用渠道裁弯取直时，采用此法比较经济，更为有利。在山区建坝，有时由于地质条件不好，或者施工条件不足，开挖隧洞比较困难，往往也可以采用明渠导流。

c. 施工顺序

一般在坝头岸上挖渠，然后截断河流，使河水由明渠下泄，待主体工程建成以后，拦断导流明渠，使河水按预定的位置下泄。

d. 导流明渠布置要求

开挖容易，挖方量小：有条件时，充分利用山垭、洼地旧河槽，使渠线最短，开挖量最小。

水流通畅，泄水能力强：渠道进出口水流与河道主流的夹角不大于30度为好，渠道的转弯半径要大于5倍渠道底部的宽度。

泄水时应该安全：渠道的进出口与上、下游围堰要保持一定的距离，一般上游为30～50米，下游为50～100米。导流明渠的水边到基坑内的水边最短距离，一般要大于2.5～3.0H，H为导流明渠水面与基坑水面的高差。

运用方便：一般将明渠布置在一岸，避免两岸布置。否则，泄水时，会产生水流干扰，也影响基坑与岸上的交通运输。

②隧洞导流

a. 方案原则

在河谷狭窄的山区，岩石往往比较坚实，多采用隧洞导流。由于隧洞开挖与衬砌费用较大，施工困难。因此，要尽可能将导流隧洞与永久性隧洞结合考虑布置，当结合确有困难时，才考虑设置专用导流隧洞，在导流完毕后，应立即堵塞。

b. 布置说明

在水工建筑物中，对隧洞选线、工程布置、衬砌布置等都做了详细介绍，只是，导流隧洞是临时性建筑物，运用时间不长，设计级别比较低，其考虑问题的思路和方法是相同的，有关内容知识可以互相补充。

c. 线路选择

因影响因素很多，重点考虑地质和水力条件。

d. 地质条件

一般要避免隧洞穿过断层、破碎带，无法避免时，要尽量使隧洞轴线与断层和破碎带的交角要大一些。为使隧洞结构稳定，洞顶岩石厚度至少要大于洞径的2～3倍。

e. 水力条件

为使水流顺畅，隧洞最好直线布置，必须转弯时，进口处要设直线段，并且直线段的长度应大于10倍的洞径或者洞宽，转弯半径应大于5倍的洞径或者洞宽，转角一般控制在60度，隧洞进口轴线与河道主流的夹角一般在30度以内。同时，进出口与上下游围堰之间要有适当的距离，一般大于50米，以防止进出口水流冲刷围堰堰体。隧洞进出口高程，从截流要求看，越低越好。但是，从洞身施工的出渣、排水、土石方开挖等方面考虑,则高一些为好。因此,对这些问题,应看具体条件,综合考虑解决。

f. 断面选择

隧洞的断面常用形式有圆形、马蹄形、城门洞形从过水、受力、施工等方面各有特点,选择时可参考水工课介绍的有关方法进行。

g. 衬砌和糙率

由于导流洞的临时性,故其衬砌的要求比一般永久性隧洞低。但是,考虑方法是相同的。当岩石比较完整,节理裂隙不发育的,一般不衬砌,当岩石局部节理发育,但是,裂隙是闭和的,没有充填物和严重的相互切割现象,同时岩层走向与隧洞轴线的交角比较大时,也可以不衬砌,或者只进行顶部衬砌。如果岩石破碎,地下水又比较丰富的要考虑全断面衬砌。为了降低隧洞的糙率,开挖时最好采用光面爆破。

③涵管导流

在土石坝枢纽工程中,采用涵管进行导流施工的比较多。涵管一般布置在枯水位以上的河岸的岩基上。多在枯水期先修建导流涵管,然后再修建上下游围堰,河道的水经过涵管下泄。涵管过水能力低,一般只能担负小流量的施工导流。如果能与永久性涵管结合布置,往往是比较好的方案。涵管与坝体或者防渗体的结合部位,容易产生集中渗漏,一般要设截流环,并控制好土料的填筑质量。

3. 施工导流的分段围堰法

(1)基本概念

分段围堰法施工导流,就是利用围堰将河床分期分段围护起来,让河水从缩窄后的河床中下泄的导流方法。分期,就是从时间上将导流划分成若干个时间段。分段,就是用围堰将河床围成若干个地段。一般分为两期两段。

(2)适宜条件

一般适用于河道比较宽阔,流量比较大,工程施工时间比较长的工程,在通航的河道上,往往不允许出现河道断流,这时,分段围堰法就是唯一的施工导流方法。

(3)围堰修筑顺序

一般情况下,总是先在第一期围堰的保护下修建泄水建筑物,或者建造期限比较长的复杂建筑物,例如水电站厂房等,并预留低孔、缺口,以备宣泄第二期的导流流量。第一期围堰一般先选在河床浅滩一岸进行施工,此时,对原河床主流部分的泄流影响不大,第一期的工程量也小。第二期的部分纵向围堰可以在第一期围堰的保护下修建。拆除第一期围堰后,修建第二期围堰进行截流,再进行第二期工程施工,河水从第一期安排好了的地方下泄。

(4)围堰布置应考虑的几个问题

①河床缩窄度

河床缩窄程度通常用下式表示:

$$K = (\omega_1 / \omega) \times 100\%$$

式中：ω_1—第一期围堰和基坑占据的过水面积 m^2；
ω—原河床的过水面积 m^2；
K—百分数，一般受下列条件影响：

②导流过水要求

布置一期围堰时，缩窄后的河床既要满足一期导流过水的需要，也要保证二期围堰截流后的过水要求。若一期围的太小，基坑内布置不下二期围堰截流后的泄水建筑物，则二期过水的要求就得不到保证。反之，一期围的太多，则剩下的河床就不能保证一期泄水的需要。

③河床不被严重冲刷

河床被缩窄后，过水断面减小，围堰上游水位壅高缩窄处的河段流速加大，河床就可能被冲刷。因此要求：被缩窄的河床段的流速不得超过允许流速。

④地形影响

如果有合适的河心岛屿，可以作为天然的纵向围堰，特别作为一期纵向围堰，对经济效益、加快进度、保证施工安全都是有利的。

⑤航运要求

河床缩窄，增大后的流速应满足航运部门的要求，一般航运的允许流速 [V] 分别是：一般民船：1.8～2.0m/s；木筏：2.0～3.0m/s；大客轮或者拖轮：不超过 2.6m/s。具体数据应由航运部门确定。被缩窄后的河床平均流速为：

$$Vc = Q_d / \varepsilon(\omega - \omega_1)$$

式中：Q_d—第一期导流设计流量；
ε—侧收缩系数，一侧收缩取 0.95；两侧取 0.90；
ω、ω_1—同前。

二、围堰工程

（一）围堰概述

1. 主要作用

它是临时挡水建筑物，用来围护主体建筑物的基坑，保证在干地上顺利施工。

2. 基本要求

它完成导流任务后，若对永久性建筑物的运行有妨碍，还需要拆除。因此围堰除满足水工建筑物稳定、不透水、抗冲刷的要求外，还需要工程量要小，结构简单，施工方便，有利于拆除等。如果能将围堰作为永久性建筑物的一部分，对节约材料，降低造价，缩短工期无疑更为有利。

（二）基本类型及构造

按相对位置不同，分纵向围堰和横向围堰；按构造材料分为土围堰、土石围堰、草土围堰、混凝土围堰、板桩围堰，木笼围堰等多种形式。下面介绍几种常用类型。

1. 土围堰

土围堰与土坝布置内容、设计方法、基本要求、优缺点大体相同，但因其临时性，故在满足导流要求的情况下，力求简单，施工方便。

2. 土石围堰

这是一种以石料作支撑体，黏土作防渗体，中间设反滤层的土石混合结构。抗冲能力比土围堰大，但是拆除比土围堰困难。

3. 草土围堰

这是一种草土混合结构。该法是将麦秸、稻草、芦苇、柳枝等柴草绑成捆，修围堰时，铺一层草捆，铺一层土料，如此筑起围堰。该法就地取材，施工简单，速度快，造价低，拆除方便，具有一定的抗渗、抗冲能力，容重小，特别适宜软土地基。但是不宜用于拦挡高水头，一般限于水深不超过6米，流速不超过3～4米/秒，使用期不超过2年的情况。该法过去在灌溉工程中，现在在防汛工程中比较常用。

4. 混凝土围堰

混凝土围堰常用于岩基土修建的水利水电枢纽工程，这种围堰的特点是挡水水头高，底宽小１抗冲能力大，堰顶可溢流，尤其是在分段围堰法导流施工中，用混凝土浇筑的纵向围堰可以两面挡水，而且可与永久建筑物相结合作为坝体或闸室体的一部。混凝土纵向或横向围堰多为重力式，为减小工程量，狭窄河床的上游围堰也常采用拱形结构。混凝土围堰抗冲防渗性能好，占地范围小，既适用于挡水围堰，更适用于过水围堰。因此，虽造价较土石围堰相对较高，仍为众多工程所采用。混凝土围堰一般需在低水土石围堰保护下干地施工，但也可创造条件在水下浇筑混凝土或预填骨料灌浆，中型工程常采用浆砌块石围堰。混凝土围堰按其结构型式有重力式、空腹式、支墩式、拱式、圆筒式等。按其施工方法有干地浇筑、水下浇筑、预填骨料灌浆、碾压式混凝土及装配式等。常用的型式是干地浇筑的重力式及拱形围堰。此外还有浆砌石围堰，一般采用重力式居多。混凝土围堰具有抗冲、防渗性能好、底宽小、易于与永久建筑物结合，必要时还允许堰顶过水，安全可靠等优点。因此，虽造价较高，但在国内外仍得到较广泛的应用。例如，三峡、丹江口、三门峡、潘家口、石泉等工程的纵向围堰都采用了混凝土重力式围堰，其下游段与永久导墙相结合，例如刘家峡、乌江渡、紧水滩、安康等工程也均采用了拱形混凝土围堰。

混凝土围堰一般需在低水土石围堰围护下施工，也有采用水下浇筑方式的。前者质量容易保证。

5. 钢板桩围堰

钢板桩围堰是最常用的一种板桩围堰。钢板桩是带有锁口的一种型钢，其截面有直板形、槽形及Z形等，有各种大小尺寸及联锁形式。常见的有拉尔森式，拉克万纳式等。

其优点为：强度高，容易打入坚硬土层；可在深水中施工，必要时加斜支撑成为一个围笼。防水性能好；能按需要组成各种外形的围堰，并可多次重复使用，因此，它的用途广泛。

在桥梁施工中常用于沉井顶的围堰，它的用途广泛。管柱基础、桩基础及明挖基础的围堰等。这些围堰多采用单壁封闭式，围堰内有纵横向支撑，必要时加斜支撑成为一个围笼。如中国南京长江桥的管柱基础，曾使用钢板桩圆形围堰，其直径21.9米，钢板桩长36米，有各种大小尺寸及联锁形式。待水下混凝土封底达到强度要求后，抽水筑承台及墩身，抽水设计深度达20米。

在水工建筑中，一般施工面积很大，则常用以做成构体围堰。它系由许多互相连接的单体所构成，每个单体又由许多钢板桩组成，单体中间用土填实。围堰所围护的范围很大，不能用支撑支持堰壁，因此每个单体都能独自抵抗倾覆、滑动和防止联锁处的拉裂。常用的有圆形及隔壁形等形式。

（1）围堰高度应高出施工期间可能出现的最高水位（包括浪高）0.5~0.7m。

（2）围堰外形一般有圆形、圆端形、矩形、带三角的矩形等。围堰外形还应考虑水域的水深，以及流速增大引起水流对围堰、河床的集中冲刷，对航道、导流的影响。

（3）堰内平面尺寸应满足基础施工的需要。

（4）围堰要求防水严密，减少渗漏。

（5）堰体外坡面有受冲刷危险时，应在外坡面设置防冲刷设施。

（6）有大漂石及坚硬岩石的河床不宜使用钢板桩围堰。

（7）钢板桩的机械性能和尺寸应符合规定要求。

（8）施打钢板桩前，应在围堰上下游及两岸设测量观测点，控制围堰长、短边方向的施打定位。施打时，必须备有导向设备，以保证钢板桩的正确位置。

（9）施打前，应对钢板桩锁口用防水材料捻缝，以防漏水。

（10）施打顺序从上游向下游合龙。

（11）钢板桩可用捶击、振动、射水等方法下沉，但黏土桩不宜使用射水下沉办法。

（12）经过整修或焊接后钢板桩应用同类型的钢板桩进行锁口试验、检查。接长的钢板桩，其相邻两钢板桩的接头位置应上下错开。

（13）施打过程中，应随时检查桩的位置是否正确、桩身是否垂直，否则应立即纠正或拔出重打。

6. 过水围堰

过水围堰是指在一定条件下允许堰顶过水的围堰。过水围堰既担负挡水任务，又能在汛期泄洪，适用于洪枯流量比值大，水位变幅显著的河流。其优点是减小施工导流泄水建筑物规模，但过流时基坑内不能施工。

根据水文特性及工程重要性，提出枯水期5%~10%频率的几个流量值，通过分析论证，力争在枯水年能全年施工。中国新安江水电站施工期，选用枯水期5%频率的挡水设计流量 4650m³/s，实现了全年施工。对于可能出现枯水期有洪水而汛期又有枯水的河流上施工时，可通过施工强度和导流总费用（包括导流建筑物和淹没基坑的费用总和）的技术经济比较，选用合理的挡水设计流量。为了保证堰体在过水条件下的稳定性，还需要通过计算或试验确定过水条件下的最不利流量，作为过水设计流量。

水围堰类型：通常有土石过水围堰、混凝土过水围堰、木笼过水围堰3种。后者由于用木材多，施工、拆除都较复杂，现已很少用。

（1）土石过水围堰

①型式

土石过水围堰堰体是散粒体，围堰过水时，水流对堰体的破坏作用有两种：一是过堰水流沿围堰下游坡面宣泄的动能不断增大，冲刷堰体溢流表面；二是过堰水流渗入堰体所产生的渗透压力，引起围堰下游坡连同堰体一起滑动而导致溃堰。因此，对土石过水围堰溢流面及下游坡脚基础进行可靠的防冲保护，是确保围堰安全运行的必要条件。土石过水围堰型式按堰体溢流面防冲保护使用的材料，可分为混凝土面板溢流堰、混凝土楔形体护面板溢流堰、块石笼护面溢流堰、块石加钢筋网护面溢流堰及沥青混凝土面板溢流堰等。按过流消能防冲方式为镇墩挑流式溢流堰及顺坡护底式溢流堰。通常情况下，可按有无镇墩区分土石过水围堰型式。

a. 设镇墩的土石过水围堰

在过水围堰下游坡脚处设混凝土镇墩，其镇墩建基在岩基上，堰体溢流面可视过流单宽流量及溢流面流速的大小，采用混凝土板护面或其他防冲材料护面。若溢流护面采用混凝土板，围堰溢流防冲结构可靠，整体性好，抗冲性能强，可宣泄较大的单宽流量。但镇墩混凝土施工需在基坑积水抽干，覆盖层开挖至基岩后进行，混凝土达到一定强度后才允许回填堰体块石料，对围堰施工干扰大，不仅延误围堰施工工期，且存在一定的风险性。

b. 无镇墩的土石过水围堰

围堰下游坡脚处无镇墩堰体溢流面可采用混凝土板护面或其他防冲材料护面，过流护面向下游延伸至坡脚处，围堰坡脚覆盖层用混凝土块、钢筋石笼或其他防冲材料保护，其顺流向保护长度可视覆盖层厚度及冲刷深度而定，防冲结构应适应坍塌变形，以保护围堰坡脚处覆盖层不被淘刷。这种型式的过水围堰防冲结构较简单，避免了镇墩施工的干扰，有利于加快过水围堰施工，争取工期。

②型式选择

a. 设镇墩的土石过水围堰适用于围堰下游坡脚处覆盖层较浅，且过水围堰高度较高的上游过水围堰。若围堰过水单宽流量及溢流面流速较大，堰体溢流面宜采用混凝土板护面。反之，可采用钢筋网块石护面。

单宽流量及溢流面流速较大，堰体溢流面采用混凝土板护面，围堰坡脚覆盖层宜采用混凝土块柔性排或钢丝石笼、

b. 无镇墩的土石过水围堰适用于围堰下游坡脚处覆盖层较厚、且过水围堰高度较低的下游过水围堰。若围堰过水大块石体等适应坍塌变形的防冲结构。若围堰过水单宽流

量及溢流面流速较小，堰体溢流面可采用钢筋网块石保护，堰脚覆盖层采用抛块石保护。

（2）混凝土过水为堰

①型式

常用的为混凝土重力式过水围堰和混凝土拱形过水围堰。

②选择

a. 混凝土重力式过水围堰

混凝土重力式过水围堰通常要求建基在岩基上，对两岸堰基地质条件要求较拱形围堰低，但堰体混凝土量较拱形围堰多。因此，混凝土重力式过水围堰适应于坝址河床较宽、堰基岩体较差的工程。

b. 混凝土拱形过水围堰

混凝土拱形过水围堰较混凝土重力式过水围堰混凝土量减少，但对两岸拱座基础的地质条件要求较高，若拱座基础岩体变形，对拱圈应力影响较大。因此，混凝土拱形过水围堰适用于两岸陡峻的峡谷河床，且两岸基础岩体稳定，岩石完整坚硬的工程。通常以 L/H 代表地形特征（L 为围堰顶的河谷宽度，H 为围堰最大高度），判别采用何种拱形较为经济。一般 $L/H \leq 1.5 \sim 2.0$ 时，适用于拱形；$L/H \leq 3.0 \sim 3.5$ 时，适用于重力拱形；$L/H > 3.5$ 时，不宜采用拱形围堰。拱形围堰也有修建混凝土重力墩作为拱座；也有一端支承于岸坡，另一端支承于坝体或其他建筑物上。因此，拱形过水围堰不仅用于一次断流围堰，也有用于分期围堰，如安康水电站二期上游过水围堰，采用混凝土拱形过水围堰。

（3）结构设计

①混凝土过水围堰过流消能

混凝土过水围堰过流消能型式为挑流、面流、底流消能，常用的为挑流消能和面流消能型式。对大型水利水电建设工程混凝土过水围堰的消能型式，尚需经水工模型试验研究比较后确定。

②混凝土过水围堰结构断面设计

混凝土重力式过水围堰结构断面设计计算，可参照混凝土重力式围堰设计；混凝土拱形过水围堰结构断面设计，可参照混凝土拱形围堰设计。在围堰稳定和堰体应力分析时，应计算围堰过流工况。围堰堰顶形状应考虑过流及消能要求。

7. 纵向围堰

平行于水流方向的围堰为纵向围堰。

围堰作为临时性建筑物，其特点为：①施工期短，一般要求在一个枯水期内完成，并在当年汛期挡水。②一般需进行水下施工，但水下作业质量往往不易保证。③围堰常需拆除，尤其是下游围堰。

因此，除应满足一般挡水建筑物的基本要求外，围堰还应满足：①具有足够的稳定性、防渗性、抗冲性和一定的强度要求，在布置上应力求水流顺畅，不发生严重的局部冲刷。②围堰基础及其与岸坡连接的防渗处理措施要安全可靠，不致产生严重集中渗漏和破坏。③围堰结构宜简单，工程量小，便于修建和拆除，便于抢进度。④围堰型式选择要尽量利用当地材料，降低造价，缩短工期。

围堰虽是一种临时性的挡水建筑物，但对工程施工的作用很重要，必须按照设计要求进行修筑。否则，轻则渗水量大，增加基坑排水设备容量和费用；重则可能造成溃堰的严重后果，拖延工期，增加造价。这种惨痛的教训，以往也曾发生过，应引起足够的重视。

8. 横向围堰

拦断河流的围堰或在分期导流施工中围堰轴线基本与流向垂直且与纵向围堰连接的上下游围堰。

三、导流标准选择

（一）导流标准的作用

导流标准是选定的导流设计流量，导流设计流量是确定导流方案和对导流建筑物进行设计的依据。标准太高，导流建筑物规模大，投资大，标准太低，可能危及建筑物安全。因此，导流标准的确定必须根据实际情况进行。

（二）导流标准确定方法

一般用频率法，也就是根据工程的等级，确定导流建筑物的级别，根据导流建筑物的级别，确定相应的洪水重现期，作为计算导流设计流量的标准。

（三）标准使用注意问题

确定导流设计标准，不能没有标准而凭主观臆断；但是，由于影响导流设计的因素十分复杂，也不能将规定看成固定的，一成不变的而套用到整个施工过程中去。因此，在导流设计中，一方面要依据数据，更重要的是，具体分析工程所在河流的水文特性，工程的特点，导流建筑物的特点等，经过不同方案的比较论证，才能确定出比较合理的导流标准。

四、导流时段的选择

（一）导流时段的概念

它是按照施工导流的各个阶段划分的时段。

（二）导流时段划分的类型

一般根据河流的水文特性划分为：枯水期、中水期、洪水期。

（三）导流时段划分的目的

因为导流是为主体工程安全、方便、快速施工服务的，它服务的时间越短，标准可以定的越低，工程建设越经济。若尽可能地安排导流建筑物只在枯水期工作，围堰可以避免拦挡汛期洪水，就可以做得比较矮，投资就少；但是，片面追求导流建筑物的经济，可能影响主体工程施工，因此，要对导流时段进行合理划分。

（四）导流时段划分的意义

导流时段划分，实质上就是解决主体工程在全部建成的整个施工过程中，枯水期、中水期、洪水期的水流控制问题。也就是确定工程施工顺序、施工期间不同时段宣泄不同导流流量的方式，以及与之相适应的导流建筑物的高程和尺寸，因此，导流时段的确定，与主体建筑物的型式、导流的方式、施工的进度有关。

（五）土石坝的导流时段

土石坝施工过程不允许过水，若不能在一个枯水期建成拦洪，导流时段就要以全年为标准，导流设计流量就应以全年最大洪水的一定频率进行设计。若能让土石坝在汛期到来之前填筑到临时拦洪高程，就可以缩短围堰使用期限，在降低围堰的高度，减少围堰工程量的同时，又可以达到安全度汛，经济合理、快速施工的目的。这重情况下，如果导流时段的标准可以不包括汛期的施工时段，那么，导流的设计流量即为该时段按某导流标准的设计频率计算的最大流量。

（六）砼和浆砌石坝的导流时段

这类坝体允许过水，因此，在洪峰到来时，让未建成的主体工程过水，部分或者全部停止施工，带洪水过后在继续施工。这样，虽然增加一年中的施工时间，但是，由于可以采用较小的导流设计流量，因而节约了导流费用，减少了导流建筑物的工期，可能还是经济的。

（七）导流时段确定注意问题

允许基坑淹没时，导流设计流量确定是一个必须认真对待的问题。因为，不同的导流设计流量，就有不同的年淹没次数，就有不同的年有效施工时间。每淹没一次，就要做一次围堰检修、基坑排水处理、机械设备撤退和复工返回等工作。这些都要花费一定的时间和费用。当选择的标准比较高时，围堰做的高，工程量大。但是，淹没次数少，年有效施工时间长，淹没损失费用少；反之，当选择的标准比较低时，围堰可以做的低，工程量小。但是，淹没的次数多，年有效施工时间短，淹没损失费用多。由此可见，正确选择围堰的设计施工流量，有一个技术经济比较问题，还有一个国家规定的完建期限，是一个必须考虑的重要因素。

第二节 截 流

一、截流概述

(一)截流内涵

截流工程是指在泄水建筑物接近完工时,即以进占方式自两岸或一岸建筑戗堤(作为围堰的一部分)形成龙口,并将龙口防护起来,待曳水建筑物完工以后,在有利时机,全力以最短时间将龙口堵住,截断河流。接着再围堰迎水面投抛防渗材料闭气,水即全部经泄水道下泄。与闭气同时,为使围堰能挡住当时可能出现的洪水,必须立即加高培厚围堰,使之迅速达到相应设计水位的高程以上。

截流工程是整个水利水电枢纽施工的关键,它的成败直接影响工程进度。如果失败,就可能使进度推迟一年。截流工程的难易程度取决于:河道流量、泄水条件;龙口的落差、流速、地形地质条件;材料供应情况及施工方法、施工设备等因素。因此事先必须经过充分的分析研究,采取适当措施,才能保证截流施工中争取主动,顺利完成截流任务。

河道截流工程在我国已有千年以上的历史。在黄河防汛、海塘工程和灌溉工程上积累了丰富的经验,如利用捆厢帚、柴石枕、柴土枕、妈权、排桩填帚截流,不仅施工方便速度快,而且就地取材,因地制宜经济适用。20世纪50年代后,我国水利水电建设发展很快,江淮平原和黄河流域的不少截流堵口、导流堰工程多是采用这些传统方法完成的。此外,还广泛采用了高度机械化投块料截流的方法。

从20世纪50年代开始,由于水利水电建设逐步转到大河流,山区峡谷落差大(4~10m)、流量大,加上重型施工机械的发展,立堵截流开始有了发展;与之相应,世界上对立堵水力学的研究也普遍开展。所以从20世纪60年代以来,立堵截流在世界各国河道截流中已成为主要方式。截流落差大5m为常见,更高有达10m,由于高落差下进行立堵截流,于是就出现了双俄堤、三俄堤、宽俄堤的截流方法,以后立堵不仅用于岩石河床而且也向可冲刷基床推广。

(二)截流的重要性

截流若不能按时完成,整个围堰内的主体工程都不能按时开工。若一旦截流失败,造成的影响更大。所以,截流在施工导流中占有十分重要的地位。施工中,一般把截流作为施工过程的关键问题和施工进度中的控制项目。

(三)截流的基本要求

(1)河道截流是大中型水利水电工程施工中的一个重要环节。截流的成败直接关系到工程的进度和造价，设计方案必须稳妥可靠，保证截流成功。

（2）选择截流方式应充分分析水利学参数、施工条件和难度、抛投物数量和性质，并进行技术经济比较。①单戗立堵截流简单易行，辅助设备少，较经济，使用于截流落差不超过3.5m。但龙口水流能量相对较大，流速较高，需制备重大抛投物料相对较多。②双戗和双戗立堵截流，可分担总落差，改善截流难度，使用于落差大于3.5m。③建造浮桥或栈桥平堵截流，水力学条件相对较好，但造价高，技术复杂，一般不常选用。④定向爆破、建闸等方式只有在条件特殊、充分论证后方宜选用。

（3）河道截流前，泄水道内围堰或其他障碍物应予清除；因水下部分障碍物不易清除干净，会影响泄流能力增大截流难度，设计中宜留有余地。

（4）戗堤轴线应根据河床和两岸地形、地质、交通条件、主流流向、通航、过木要求等因素综合分析选定，戗堤宜为围堰堰体组成部分。

（5）确定胧口宽度及位置应考虑：①龙口工程量小，应保证预进占段裹头不招致冲刷破坏。②河床水深较浅、覆盖层较薄或基岩部位，有利于截流工程施工。

（6）若龙口段河床覆盖层抗冲能力低，可预先在龙口抛石或抛铅丝笼护底，增大糙率为抗冲能力，减少合龙工作量，降低截流难度。护底范围通过水工模型试验或参照类似工程经验拟定。一般立堵截流的护底长度与龙口水跃特性有关，轴线下游护底长度可按水深的3~4倍取值，轴线以上可按最大水深的两倍取值。护底顶面高程在分析水力学条件、流速、能量等参数，以及护底材料后确定护底度根据最大可能冲刷宽度加一定富裕值确定。

（7）截流抛投材料选择原则：①预进占段填料尽可能利用开挖渣料和当地天然料。②龙口段抛投的大块石、石串或混凝土四面体等人工制备材料数量应慎重研究确定。③截流备料总量应根据截流料物堆存、运输条件、可能流失量及戗堤沉陷等因素综合分析，并留适当备用量。④戗堤抛投物应具有较强的透水能力，且易于起吊运输。

（8）重要截流工程的截流设计应通过水工模型试验验证并提出截流期间相应的观测设施。

（四）截流的相关概念和过程

（1）进占：截流一般是先从河床的一侧或者两侧向河中填筑截流戗堤这种向水中筑堤的各工作叫进占。

（2）龙口：戗堤填筑到一定程度，河床渐渐被缩窄，接近最后时，便形成一个流速较大的临时的过水缺口，这个缺口叫作龙口。

（3）合龙（截流）：封堵龙口的工作叫作合龙，也称截流。

（4）裹头：在合龙开始之前，为了防止龙口处的河床或者戗堤两端被高速水流冲毁，要在龙口处和戗堤端头增设防冲设施予以加固，这项工作称为裹头。

（5）闭气：合龙以后，戗堤本身是漏水的，因此，要在迎水面设置防渗设施，在戗堤全线设置防渗设施的工作就叫闭气。

（6）截流过程：从上述相关概念可以看出：整个截流过程就是抢筑戗堤，先后过程包括戗堤的进占、裹头、合龙、闭气四个步骤。

二、截流材料

截流时用什么样的材料，取决于截流时可能发生的流速大小，工地上起重和运输能力的大小。过去，在施工截流中，在堤坝溃决抢堵时，常用梢料、麻袋、草包、抛石、石笼、竹笼等。近年来，国内外在大江大河的截流中，抛石是基本的材料。此外，当截流水力条件比较差时，采用混凝土预制的六面体、四面体、四脚体，预制钢筋混凝土构架等。在截流中，合理选择截流材料的尺寸、重量，对于截流的成败和截流费用的大小，都将产生很大的影响。材料的尺寸和重量主要取决于截流合龙时的流速。

三、截流方法

（一）投抛块料截流施工方法

投抛块料截流是目前国内外最常用的截流方法，适用于各种情况，特别适用于大流量、大落差的河道上的截流。该法是在龙口投抛石块或人工块体（混凝土方块、混凝土四面体、铅丝笼、竹笼、柳石枕、串石等）堵截水流，迫使河水经导流建筑物下泄。采用投抛块料截流，按不同的投抛合龙方法，截流可分为平堵、立堵、混合堵三种方法。

1. 平堵

先在龙口建造浮桥或栈桥，由自卸汽车或其他运输工具运来块料，沿龙口前沿投抛，先下小料，随着流速增加，逐渐投抛大块料，使堆筑戗堤均匀地在水下上升，直至高出水面。一般说来，平堵比立堵法的单宽流量小，最大流速也小，水流条件较好，可以减小对龙口基床的冲刷。所以特别适用于易冲刷的地基上截流。由于平堵架设浮桥及栈桥，对机械化施工有利，因而投抛强度大，容易截流施工；但在深水高速的情况下架设浮桥、建造栈桥是比较困难的，因此限制了它的采用。

2. 立堵

用自卸汽车或其他运输工具运来块料，以端进法投抛（从龙口两端或一端下料）进占戗堤，直至截断河床。一般来说，立堵在截流过程中所发生的最大流速，单宽流量都较大，加以所生成的楔形水流和下游形成的立轴漩涡，对龙口及龙口下游河床将产生严重冲刷，因此不适用于地质不好的河道上截流，否则需要对河床作妥善防护。由于端进法施工的工作前线短，限制了投抛强度。有时为了施工交通要求特意加大戗堤顶宽，这又大大增加了投抛材料的消耗。但是立堵法截流，无须架设浮桥或栈桥，简化了截流准备工作，因而赢得了时间，节约了资金，所以我国黄河上许多水利水电工程（岩质河床）都采用了这个方法截流。

3. 混合堵

这是采用立堵结合平堵的方法。有先平堵后立堵和先立堵后平堵两种。用得比较多的是首先从龙口两端下料保护戗堤头部,其次进行护底工程并抬高龙口底槛高程到一定高度,最后用立堵截断河流。平抛可以采用船抛,然后用汽车立堵截流。新洋港(土质河床)就是采用这种方法截流的。

(二)爆破截流施工方法

1. 定向爆破截流

如果坝址处于峡谷地区,而且岩石坚硬,交通不便,岸坡陡峻,缺乏运输设备时,可利用定向爆破截流。我国碧口水电站的截流就利用左岸陡峻岸坡设计设置了三个药包,一次定向爆破成功,堆筑方量 $6800m^3$,堆积高度平均 $10m$,封堵了预留的 $20m$ 宽龙口,有效抛掷率为 68%。

2. 预制混凝土爆破体截流

为了在合龙关键时刻,瞬间抛入龙口大量材料封闭龙口,除了用定向爆破岩石外,还可在河床上预先浇筑巨大的混凝土块体,合龙时将其支撑体用爆破法炸断,使块体落入水中,将龙口封闭。

应当指出,采用爆破截流,虽然可以利用瞬时的巨大抛投强度截断水流,但因瞬间抛投强度很大,材料入水时会产生很大的挤压波,巨大的波浪可能使已修好的戗堤遭到破坏,并会造成下游河道瞬时断流。除此之外,定向爆破岩石时,还需校核个别飞石距离,空气冲击波和地震的安全影响距离。

(三)下闸截流施工方法

人工泄水道的截流,常在泄水道中预先修建闸墩,最后采用下闸截流。天然河道中,有条件时也可设截流闸,最后下闸截流,三门峡鬼门河泄流道就曾采用这种方式,下闸时最大落差达 $7.08m$,历时 30 余小时;神门岛泄流道也曾考虑下闸截流,但闸墩在汛期被冲倒,后来改为管柱拦石栅截流。

除以上方法外,还有一些特殊的截流合龙方法。如木笼、钢板桩、草土、妈搓堰截流、埽工截流、水力冲填法截流等。

综上所述,截流方式虽多,但通常多采用立堵、平堵或综合截流方式。截流设计中,应充分考虑影响截流方式选择的条件,拟定几种可行的截流方式,通过水文气象条件、地形地质条件、综合利用条件、设备供应条件、经济指标等全面分析,进行技术比较,从中选定最优方案。

四、截流工程施工设计

(一)截流时间和设计流量的确定

1. 截流时间的选择

截流时间应根据枢纽工程施工控制性进度计划或总进度计划决定,至于时段选择,一般应考虑以下原则,经过全面分析比较而定:①尽可能在较小流量时截流,但必须全面考虑河道水文特性和截流应完成的各项控制工程量，合理使用枯水期。②对于具有通航、灌溉、供水、过木等特殊要求的河道，应全面兼顾这些要求，尽量使截流对河道的综合利用的影响最小。③有冰冻河流，一般不在流冰期截流，避免截流和闭气工作复杂化，如特殊情况必须在流冰期截流时应有充分论证，并有周密的安全措施。

2. 截流设计流量的确定

一般设计流量按频率法确定，根据已选定截流时段，采用该时段内一定频率的流量作为设计流量。

除了频率法以外，也有不少工程采用实测资料分析法，当水文资料系列较长，河道水文特性稳定时，这种方法可应用。至于预报法，因当前的可靠预报期较短，一般不能在初设中应用，但在截流前夕有可能根据预报流量适当修改设计。

在大型工程截流设计中，通常多以选取一个流量为主，再考虑较大、较小流量出现的可能性，用几个流量进行截流计算和模型试验研究。对于有深槽和浅滩的河道，如分流建筑物布置在浅滩上，对截流的不利条件，要特别进行研究。

（二）截流戗堤轴线和龙口位置的选择方法

1. 戗堤轴线位置选择

通常截流戗堤是土石横向围堰的一部分，应结合围堰结构和围堰布置统一考虑。单戗截流的戗堤可布置在上游围堰或下游围堰中非防渗体的位置。如果戗堤靠近防渗体，在二者之间应留足闭气料或过渡带的厚度，同时应防止合龙时的流失料进入防渗体部位，以免在防渗体底部形成集中漏水通道。为了在合龙后能迅速闭气并进行基坑抽水，一般情况下将单戗堤布置在上游围堰内。

当采用双戗多戗截流时，戗堤间距满足一定要求，才能发挥每条戗堤分担落差的作用。如果围堰底宽不太大，上、下游围堰间距也不太大时，可将两条戗堤分别布置在上、下游围堰内，大多数双戗截流工程都是这样做的。如果围堰底宽很大时，上、下游间距也很大，可考虑将双戗布置在一个围堰内。当采用多戗时，一个围堰内通常也需布置两条戗堤，此时两戗堤间均应有适当间距。

在采用土石围堰的一般情况下，均将截戗堤布置在围堰范围内。但是也有戗堤不与围堰相结合的，戗堤轴线位置选择应与龙口位置相一致。如果围堰所在处的地质、地形条件不利于布置戗堤和龙口，而戗堤工程量又很小，则可能将截流戗堤布置在围堰以外。龚嘴工程的截流戗就布置在上、下游围堰之间，而不与围堰相结合。由于这种戗堤多数均需拆除。因此，采用这种布置时应有专门论证。平堵截流戗堤轴线的位置，应考虑便于抛石桥的架设。

2. 龙口位置选择

选择龙口位置时，应着重考虑地质、地形条件及水力条件。从地质条件来看，龙口应尽量选在河床抗冲刷能力强的地方，如岩基裸露或覆盖层较薄处，这样可避免合龙过程中的过大冲刷，防止戗堤突然塌方失事。从地形条件来看，龙口河底不宜有顺流流向陡坡和深坑。如果龙口能选在底部基岩面粗糙、参差不齐的地方，则有利于抛投料的稳定。另外，龙口周围应有比较宽阔的场地，离料场和特殊截流材料堆场的距离近，便于布置交通道路和组织高强度施工，这一点也是十分重要的。从水力条件来看，对于有通航要求的河流，预留龙口一般均布置在深槽主航道处，有利于合龙前的通航，至于对龙口的上下游水流条件的要求，以往的工程设计中有两种不同的见解：一种是认为龙口应布置在浅滩，并尽量造成水流进出龙口折冲和碰撞，以增大附加壅水作用；另一种见解是认为进出龙口的水流应平直顺畅，因此可将龙口设在深槽中。实际上，这两种布置各有利弊，前者进口处的强烈侧向水流对戗堤端部抛投料的稳定不利，由龙口下泄的折冲水流易对下游河床和河岸造成冲刷。后者的主要问题是合龙段戗堤高度大，进占速度慢，而且深槽中水流集中，不易创造较好的分流条件。

3. 龙口宽度

龙口宽度主要根据水力计算而定，对于通航河流，决定龙口宽度时应着重考虑通航要求，对于无通航要求的河流，主要考虑戗堤预进占所使用的材料及合龙工程量。形成预留龙口前，通常均使用一般石渣进占，根据其抗冲流速可计算出相应的龙口宽度。另外，合龙是高强度施工，一般合龙时间不宜过长，工程量不宜过大。当此要求与预进占材料允许的束窄度有矛盾时，也可考虑提前使用部分大石块，或者尽量提前分流。

4. 龙口护底

对于非岩基河床，当覆盖层较深，抗冲能力小，截流过程中为防止覆盖层被冲刷，一般在整个龙口部位或困难区段进行平抛护底，防止截流料物流失量过大。对于岩基河床，有时为了减轻截流难度，增大河床糙率，也抛投一些料物护底并形成拦石坎。计算最大块体时应按护底条件选择稳定系数 K。

对于立堵截流护底长度主要视水跃特性而定。在水深 20m 以内戗堤线以下护底长度一般可取最大水深的 3～4 倍，轴线以上可取 2 倍，即总护底长度可取最大水深的 5～6 倍。葛洲坝工程上下游护底长度各为 25m，约相当于 2.5 倍的最大水深，即总长度约相当于 5 倍最大水深。

龙口护底是一种保护覆盖层免受冲刷，降低截流难度，提高抛投料稳定性及防止戗堤头部坍塌的有效的措施。

（三）截流泄水道的设计

截流泄水道是指在戗堤合龙时水流通过的地方，例如束窄河槽、明渠、涵洞、隧洞、底孔和堰顶缺口等均为泄水道。截流泄水道的过水条件与截流难度关系很大，应该尽量创造良好的泄水条件，减少截流难度，平面布置应平顺，控制断面尽量避免过大的侧收缩回流。弯道半径亦需适当，减少不必要的损失。泄水道的泄水能力、尺寸、高度应与截流难度进行综合比较选定。在截流有充分把握的条件下尽量减少泄水道工程量，降低造价。在截流条件不利、难度大的情况下，可加大泄水道尺寸或降低高程，以减少截流难度。泄水道计算中应考虑沿程损失、弯道损失、局部损失。弯道损失可单独计算，亦可纳入综合糙率内。如泄水道为隧洞，截流时其流态以明渠为宜，应避免出现半压力流态。在截流难度大或条件较复杂的泄水道，则应通过模型试验核定截流水头。

泄水道内围堰应拆除干净，少留阻水埂子。如估计来不及或无法拆除干净时，应考虑其对截流水头的影响。如截流过程中，由于冲刷因素有可能使下游水位降低，增加截流水头时，则在计算和试验时应予考虑。

五、截流工程施工作业

（一）截流材料和备料量

截流材料的选择，主要取决于截流时可能的流速及工地开挖、起重、运输设备的能力，一般应尽可能就地取材。在黄河，长期以来用梢料、麻袋、草包、石料、土料等作为堤防溃口的截流堵口材料。在南方，如四川都江堰，则常用卵石竹笼、砾石等作为截流堵河分流的主要材料。国内外大江大河截流的实践证明，块石是截流的最基本材料。此外，当截流水力条件差时还须使用人工块体，如混凝土六面体、四面体四脚体及钢筋混凝土构架等。

为确保截流既安全顺利，又经济合理，正确计算截流材料的备料量是十分必要的。备料量通常按设计的戗堤体积再增加一定裕度，主要是考虑到堆存、运输中的损失，水流冲失，戗堤沉陷以及可能发生比设计更坏的水力条件而预留的备用量等。但是据不完全统计，国内外许多工程的截流材料备料量均超过实用量，少者多余50%，多则达400%，尤其是人工块体大量多余。

造成截流材料备料量过大的原因，主要是：①截流模型试验的推荐值本身就包含了一定安全裕度，截流设计提出的备料量又增加了一定富裕，而施工单位在备料时往往在此基础上又留有余地；②水下地形不太准确，在计算戗堤体积时，从安全角度考虑取偏大值；③设计截流流量通常大于实际出现的流量等。如此层层加码，处处考虑安全富裕，所以即使像青铜峡工程的截流流量，实际大于设计，仍然出现备料量比实际用量多78.6%的情况。因此，如何正确估计截流材料的备用量，是一个很重要的课题。当然，备料恰如其分，一般不大可能。需留有余地。但对剩余材料，应预作筹划，安排好用处，特别像四面体等人工材料，大量弃置，既浪费，又影响环境，可考虑用于护岸或其他河道整治工程。

（二）截流水力计算方法

截流水力计算的目的是确定龙口诸水力参数的变化规律。它主要解决两个问题：一是确定截流过程中龙口各水力参数，如单宽流量 q、落差 z 及流速 u 的变化规律；二是由此确定截流材料的尺寸或重量及相应的数量等。这样，在截流前可以有计划有目的地准备各种尺寸或重量的截流材料及其数量，规划截流现场的场地布置，选择起重、运输设备；在截流时，能预先估计不同龙口宽度的截流参数，预估何时何处抛投何种尺寸或重量的截流材料及其方量等。在截流过程中，上游来水量，也就是截流设计流量，将分别经由龙口、分水建筑物及戗堤的渗漏下泄，并有一部分拦蓄在水库中。截流过程中，若库容不大，拦蓄在水库中的水量可以忽略不计。对于立堵截流，作为安全因素，也可忽略经由戗堤渗漏的水量。这样截流时的水量平衡方程为：

$$Q_0 = Q_1 + Q_2$$

式中：Q_0——截流设计流量，m^3/s；
Q_1——分水建筑物的泄流量，m^3/s；
Q_3——龙口的泄流量可按宽顶堰计算，m^3/s

随着截流戗堤的进占，龙口逐渐被束窄，因此经分水建筑物和龙口的泄流量是变化的，但二者之和恒等于截流设计流量。其变化规律是：截流开始时，大部分截流设计流量经由龙口泄流，随着截流戗堤的进占，龙口断面不断缩小，上游水位不断上升，经由龙口的泄流量越来越小，而经由分水建筑物的泄流量则越来越大。龙口合龙闭气以后，截流设计流量全部经由分水建筑物泄流。

为了方便计算，可采用图解法。图解时，先绘制上游水位 H。与分水建筑物泄流量 $Q1$ 的关系曲线和上游水位与不同龙口宽度 B 的泄流量关系曲线。在绘制曲线时，下游水位视为常量，可根据截流设计流量由下游水位流量关系曲线上查得。这样在同一水位情况下，当分水建筑物泄流量与某宽度龙口泄流量之和为 Q 时，即可分别得到 $Q1$ 和 $Q2$。

根据胀法可同时求得不同龙口宽度时上游水位 H、$Q1$、$Q2$ 值，由此再通过水力学计算即可求得截流过程中龙口诸水力参数的变化规律。

在截流中，合理地选择截流材料的尺寸或重量，对于截流的成败和截流费用的节省具有很大意义。截流材料的尺寸或重量取决于龙口的流速。各种不同材料的适用流速，即抵抗水流冲动的经验流速见表2-1。

表2-1　截流材料的适用流速

截流材料	适用流速（m/s）	截流材料	适用流速（m/s）
土料	0.5～0.7	3t重大块石或钢筋石笼	3.5
20～30kg重石块	0.8～1.0	4.5t重混凝土六面体	4.5
50～70kg重石块	1.2～1.3	5t重大块石大石串或钢筋石笼	4.5～5.5
麻袋装土（0.7m×0.4m×0.2m）	1.5		
φ0.5m×2m装石竹笼	2.0	12～15t重混凝土四面体	7.2
φ0.6m×4m装石竹笼	2.5～3.0	20t重混凝土四面体	7.5

| φ0.8m×6m 装石竹笼 | 3.5～4.0 | φ1.0m×15m 柴石枕 | 约 7～8 |

立堵截流材料抵抗水流冲动速度，可按下式估算：

$$v=\sqrt{2g\frac{\gamma_1-\gamma}{\gamma}D}$$

式中：v—水流流速，m/s；

K—稳定系数；

g—重力加速度，m²/s；

γ_1—石块容重，t/m³；

γ—不容重，t/m³；

D—石块折算成球体的化引直径，m。

由上式，某一龙口宽度的 v 值，再选定 K 值，就可得出抛投体的化引直径 D。

平堵截流水力计算的方法，与立堵相类似。

（三）截流日期与设计流量的选定

截流日期的选择，不仅影响到截流本身能否顺利进行，而且直接影响到工程施工布局。

截流应选在枯水期进行，因为此时流量小，不仅断流容易，耗材少而且有利于围堰的加高培厚。至于截流选在枯水期的什么时段，首先要保证截流以后全年挡水围堰能在汛前修建到拦洪水位以上，若是作用一个枯水期的围堰，应保证基坑内的主体工程在汛期到来以前，修建到拦洪水位以上（土坝）或常水位以上（混凝土坝等可以过水的建筑物）。因此，应尽量安排在枯水期的前期，使截流以后有足够时间来完成基坑内的工作。对于北方河道，截流还应避开冰凌时期，因冰凌会阻塞龙口，影响截流进行，而且截流后，上游大量冰块堆积也将严重影响闭气工作。一般来说，南方河流最好不迟于 12 月底，北方河流最好不迟于 1 月底。截流前必须充分及时地做好准备工作。如泄水建筑物建成可以过水，准备好了截流材料，设备及其他截流设施等。不能贸然从事，使截流工作陷于被动。

截流流量是截流设计的依据，选择不当，或使截流规模（龙口尺寸、投抛料尺寸或数量等等）过大造成浪费；或规模过小，易造成被动，甚至功亏一篑，最后拖延工期，影响整个施工布局。所以在选择截流流量时，应该慎重。

截流设计流量的选择应根据截流计算任务而定。对于确定龙口尺寸，及截流闭气后围堰应该立即修建到挡水高程，一般采用该月 5% 频率最大瞬时流量为设计流量。对于决定截流材料尺寸、确定截流各项水力参数（水位 H、流速 v、落差 z，龙口单宽流量 q）的设计流量，由于合龙的时间较短，截流时间又可在规定的时限内，根据流量变化情况，进行适当调整，所以不必采用过高的标准，一般采用 5%～10% 频率的月或旬平均流量。这种方法对于大江河（如长江、黄河）是正确的，因为这些河道流域面积大，因降雨引起的流量变化不大。而中小河道，枯水期的降雨有时也会引起涨水，流量加大，但洪峰历时短，最好避开这个时段。因此，采用月或旬平均流量（包含了涨水的情况）作为设计流量就偏大了。在此情况下，可以采用下述方法确定设计流量。首先选定几个流量值，其次在历年实测水文资料中（10～20年），统计出在截流期中小于此流量的持续天数等于或大于截流工期的出现次数。当选用大流量，统计出的出现次数就多，截流可靠性大；反之，出现次数少，截流可靠性差。所以可以根据资料的可靠程度、截流的安全要求及经济上的合理，从中选出一个流量作为截流设计流量。

截流时间选得不同，截流设计流量也不同，如果截流时间选在落水期（汛后），流量可以选得小些，如果是涨水期（汛前），流量要选得大一些。

总之，截流流量应根据截流的具体情况，充分分析该河道的水文特性来进行选择。

（四）截流最大块体选择

截流块体重量小流失多，重量大流失小，要综合考虑截流可靠性与经济性两方面的因素来选定。如利用开挖石渣废料及少量大石，流失量大，但有把握截流，而且比较经济，又不需特大型汽车；如截流难度大，利用石渣及少量一般大石没有把握，可加大块石尺寸和数量，或用混凝土块，其重量大小既要考虑流失量又要考虑利用已有汽车载重能力。截流最大块体计算方法如下：

$$D = \left[\frac{v_{max}}{K\sqrt{2g\frac{\gamma_1-\gamma}{\gamma}}} \right]^2$$

$$G = \frac{\pi}{6}D^3\gamma_1$$

式中：v_{max}—龙口最大流速，m/s；

K—稳定系数（主要与抛投料形状及所处边界条件有关）；

g—重力加速度，m^2/s；

γ_1——混凝土、块石容重，N/m^3；

γ—水的容重（取1.0），N/m^3；

D—混凝土块体折合圆球直径，m；

G—块体重量，t。

块体重量大小计算，当稳定系数K值无专门试验资料时，可参考工程实例选用。根据试验研究，对平堵截流块石的抗滑稳定系数取0.84，抗滚动稳定系数取1.2；对立堵截流，不同的抛投方式及抛投材料，其稳定系数是不同的，混凝土块体$K=0.68～0.70$，块石$K=0.86$，边坡上，$K=1.02～1.08$。一般选用平均K值计算，计算得出的块体重量再乘以安全系数1.5，就成为设计采用的块体重量。

1. 截流难度指标的分析

国内外对河道截流，一般常以流量 Q、落差 z、流速 v、单宽流量 q 和单宽水流能量 N 作为截流的难度指标，也就是说 Q、z、v、q 或 N 值越大，截流合拢越困难。

Q 值大小，不仅直接决定截流工程的规模，而且直接决定龙口的水力条件对堆石潜堤稳定性。所以当泄水条件相同时流量越大，截流越困难。决定堆石溢流潜堤土石块稳定的主要水力指标是流速 v，v 越大所需石块尺寸越大。但是根据水力计算，只能知道潜堤顶部的平均流速，而水流越过堆石潜堤顶以后，在自由式溢流时流速有可能继续增大，直至在溢流坡面上达到石块临界稳定流速为止。所以对于自由式溢流，不能单用潜堤顶部为衡量难度的指标。落差 z 对淹没式溢流决定了潜堤顶部流的大小。对自由式溢流，密集断面截流时，溢流面下游段最大流速（除考虑局部能量损耗）仍可以认为与上下游落差有关。但是，在自由式溢流扩展断面截流时，下游溢流面的流速主要决定于堆石的稳定坡度，也就是取决于石块尺寸的大小，而落差却转化为与扩展的坡面长度有密切的关系。有外国专家认为在平堵时，截流的难度应单宽水流能量指标来衡量，因为单宽水流能量表示了水流越过截流潜堤所具有的活动能力。但根据上述越过堆石潜堤的水流特性分析可以知道，越过潜堤的水流能量只有一部分在越过潜堤时损耗了，另一部分则以水流动能形式流向下游（其中一部分成为冲刷下游河床的能量），所以单宽水流能量不能作为正确反映截流难度的指标。我们认为应该根据具体水流特性和潜堤稳定条件来决定衡量堵口难度的指标，即在淹没溢流时，以潜堤顶部流速 u 为衡量难度指标。在自由溢流时，以潜堤断面的扩展指标 $p=q^{4/3}(z-z_0)$ 为难度指标。实际上，截流堵口工程中，丧失堆石潜堤的稳定性多在自由溢流时，所以我们建议用 $q^{4/3}(z-z_0)$ 作为衡量难度指标，比较切合实际，能够正确反映堆石溢流堤最危险的水流条件和它的出现时刻。

2. 减少截流难度的措施

根据以上分析和水力计算结果得知，减少截流难度可以采用以下措施。

（1）加大分流量，改善分流条件

分流条件好坏直接影响到截流过程中龙口的流量、落差和流速，分流条件好，截流就容易，反之就困难。改善分流条件的措施有以下四种：

①合理确定导流建筑物尺寸，断面形式和底高程，也就是说导流建筑物不只是要求满足导流要求，而且应该满足截流要求。很明显由于导流建筑物的泄水能力曲线不同，截流过程中所遇到的水力条件和最困难的水力指标是不一样的。

我国多数中型河流，洪枯流量差别较大，导流建筑物要满足泄洪要求，尺寸比较大，这就很有利于截流。例如，富春江水电站，截流时由于有 5 个设在厂房段的泄水孔分流，落差只有 30m，截流几乎没有遇到什么困难。

②重视泄水建筑物上下游引渠开挖和上下游围堰拆除的质量，是改善分流条件的关键环节，不然泄水建筑物虽然尺寸很大，但分流却受上下游引渠或上下游围堰残留部分

控制，泄水能力很小，势必增加截流工作的困难。国内外不少工程实践证明，由于水下开挖的困难，常使上下游引渠尺寸不足，或是残留围堰的壅水作用，使截流落差大大增加，工作遇到不少困难。

③在永久泄水建筑物尺寸不足的情况下，可以专门修建截流分水闸或其他型式泄水道帮助分流，待截流完成以后，借助于闸门封堵泄水闸，最后完成截流任务。我国三门峡截流时，在鬼门就设置了专门泄水闸分流。

④增大截流建筑物的泄水能力。例如法国朗斯潮汐电站，在3.3m落差下进行截流，在龙口安放了19个9m直径的钢筋混凝土沉箱形成闸孔，然后下闸板截流。当采用木笼、钢板桩格式围堰时，也可以间隔一定距离安放木笼或钢板桩格体，在其中间孔口宣泄河水，然后以闸板截断中间孔口，完成截流任务。另外也可以在进占戗堤中埋设泄水管帮助泄水，或者采用投抛构架块体增大戗堤的渗流量等办法减少龙口溢流量和溢流落差，从而减轻截流的困难程度。

（2）改善龙口水力条件

目前国内外的截流水平，落差在3m以内，一般问题不大。当落差4m以上用单戗堤截流，大多是在流量较小的情况下完成的；如果流量很大，采用单戗堤截流难度就大了，所以多数工程采用双戗堤三戗堤或宽戗堤来分散落差改善龙口水力条件完成截流任务。

①双戗堤截流

采取上下游二道戗堤，同时进行截流，以分散落差。双戗堤截流若上戗用立堵，下戗用平堵，总落差不能由双戗堤均摊，且来自上戗龙口的集中水流还可能将下戗已建成部分潜堤冲垮，故不宜采用。若上戗用平堵，下抢用立堵，或上、下戗都用平堵，虽然落差可以均摊，但施工组织复杂，尤其双戗平堵，需在两戗线架桥，造价高，且易受航运、水文（如流水）、场地布置等条件限制，故除可冲刷土基河床外，一般不宜采用。从国内外工程实践来看，双戗截流以采取上下戗都立堵较为普遍，落差均摊容易控制，施工方便，也较经济。从力学观点看，河床在上下戗之间应为缓坡；下戗突出的长度要超出上戗回流边线以外，否则就难以起到分担落差的效益；双戗进占以能均匀分担落差为宜。当戗堤间距较近时，若上戗偶尔超前，水流可能突过下戗龙口，全部落差由上戗单独承担，下戗几乎不起作用。常见的进占方式有上下戗轮换进占、双戗固定进占和以上两种进占方式混合使用。也有以上戗进占为主，由下戗配合进占一定距离，局部有壅高上戗下游水位，减少上戗进占的龙口落差和流速。在可冲刷地基上采用立堵法截流，为了不使过分冲刷地基，也有在落差不太大时采用双戗进占截流的。如上所述，双戗进占，可以起到分摊落差，减轻截流难度的作用，便于就地取材，避免使用或少使用大块料、人工块料的好处。但二线施工，施工组织较单戗截流复杂；二戗堤进度要求严格，指挥不易；软基截流，若双线进占龙口均要求护底，则大大增加了护底的工程量；在通航河道，船只要经过两个龙口，困难较多。

②三戗截流

三戗截流所考虑的问题基本上和双戗堤截流是一样的，只是程度不同。由于有第三戗堤分担落差,所以可以在更大的落差下用来完成截流任务。第三戗的任务可以是辅戗,也可以是主抢,非洲莫桑比克的赞比亚河上的卡搏拉巴萨水电站施工,采用三戗堤立堵进占,结果以400kg以下的块石,在流量1600m³/s(设计流量2000m³/s)、落差7m(2000m/s时为9m)的情况下,顺利完成任务,成为目前世界上截流成功的典型。我国龙羊峡水电站地处峡谷,截流流量为1000m³/s,落差9m,设计也采用三戗堤立堵截流。

③宽戗截流

增大戗堤宽度,工程量也大为增加,和上述扩展断面一样可以分散水流落差,从而改善龙口水流条件。但是进占前线宽,要求投抛强度大,所以只有当戗堤可以作为坝体(土石坝)的一部分时,才宜采用,否则用料太多,过于浪费。

(3)增大投抛料的稳定性,减少块料流失

主要措施有采用葡萄串石、大型构架和异型人工投抛体;或投抛钢构架和比重大的矿石或用矿石为骨料做成的混凝土块体等来提高投抛体的本身稳定;也有在龙口下游平行于戗堤轴线设置一排拦石坎来保证投抛料的稳定防止块料的流失。拦石坎可以是特大的块石、人工块体,或是伸到基础中的拦石桩。加大截流施工强度,加快施工速度,一方面可以增大上游河床的拦蓄,从而减少龙口的流量和落差,起到降低截流难度的作用;另一方面,可以减少投抛料的流失,这就有可能采用较小块料来完成截流任务。定向爆破截流和炸倒预制体截流就包含有这一优点。

第三节 基坑排水

一、基坑排水概述

(一)排水目的

在围堰合龙闭气以后,排除基坑内的存水和不断流入基坑的各种渗水,以便使基坑保持干燥状态,为基坑开挖、地基处理、主体工程正常施工创造有利条件。

(二)排水分类及水的来源

按排水的时间和性质不同,一般分两种排水:

1. 初期排水

围堰合龙闭气后接着进行的排水,水的来源是:修建围堰时基坑内的积水、渗水、雨天的降水。

2. 经常排水

在基坑开挖和主体工程施工过程中经常进行的排水工作,水的来源是:基坑内的渗水、雨天的降水,主体工程施工的废水等。

3. 排水的基本方法

基坑排水的方法有两种：明式排水法（明沟排水法）、暗式排水法（人工降低地下水位法）。

二、初期排水

（一）排水能力估算

选择排水设备，主要根据需要排水的能力，而排水能力的大小又要考虑排水时间安排的长短和施工条件等因素。通常按下式估算：

$$Q = KV/T$$

式中：Q—排水设备的排水能力，秒立方米；

K—积水体积系数，大中型工程用 4～10，小型工程用 2～3；

V—基坑内的积水体积，立方米；

T—初期排水时间，秒。

（二）排水时间选择

排水时间的选择受水面下降速度的限制，而水面下降速度要考虑围堰的型式、基坑土壤的特性，基坑内的水深等情况，水面下降慢，影响基坑开挖的开工时间；水面下降快，围堰或者基坑的边坡中的水压力变化大，容易引起塌坡。因此，水面下降速度一般限制在每昼夜 0.5～1.0 米的范围内。当基坑内的水深已知，水面下降速度基本确立的情况下，初期排水所需要的时间也就确定了。

（三）排水设备和排水方式

根据初期排水要求的能力，可以确定所需要的排水设备的容量。排水设备一般用普通的离心水泵或者潜水泵。为了便于组合，方便运转，一般选择容量不同的水泵。排水泵站一般分固定式和浮动式两种，浮动式泵站可以随着水位的变化而改变高程，比较灵活，若采用固定式，当基坑内的水深比较大的时候，可以采取将水泵逐级下放到基坑内，在不同高程的各个平台上，进行抽水。

三、经常性排水

主体工程在围堰内正常施工的情况下，围堰内外水位差很大，外面的水会向基坑内渗透，雨天的雨水，施工用的废水，都需要及时排除，否则会影响主体工程的正常施工。因此，经常性排水是不可缺少的工作内容。经常性排水一般采取明式排水或者暗式排水法（人工降低地下水位的方法）。

（一）明式排水法

1. 明式排水的概念

指在基坑开挖和建筑物施工过程中，在基坑内布设排水明沟、设置集水井，抽水泵站，而形成的一套排水系统。

2. 排水系统的布置：这种排水系统有两种情况

（1）基坑开挖排水系统

该系统的布置原则是：不能妨碍开挖和运输，一般布置方法是：为了两侧出土方便，在基坑的中线部位布置排水干沟，而且要随着基坑开挖进度，逐渐加深排水沟，干沟深度一般保持 1～1.5 米，支沟 0.3～0.5 米，集水井的底部要低于干沟的沟底。

（2）建筑物施工排水系统

排水系统一般布置在基坑的四周，排水沟布置在建筑物轮廓线的外侧，为了不影响基坑边坡稳定，排水沟距离基坑边坡坡脚 0.3～0.5 米。

（3）排水沟布置

内容包括断面尺寸的大小，水沟边坡的陡缓、水沟底坡的大小等，主要根据排水量的大小来决定。

（4）集水井布置

一般布置在建筑物轮廓线以外比较低的地方，集水井、干沟与建筑物之间也应保持适当距离，原则上不能影响建筑物施工和施工过程中材料的堆放、运输等。

3. 渗透流量估算

（1）估算目的

为选择排水设备的能力提供依据。估算内容包括围堰的渗透流量、基坑的渗透流量。

（2）围堰渗透流量

一般按透水地基上土坝的渗透计算方法进行。公式为：

$$Q = K \frac{(H+T)^2 - (T-y)^2}{2L}$$

式中：Q—每米长围堰渗入基坑的渗透流量，$m^3/(d \cdot m)$；

K—围堰与透水层的平均渗透系数，m/d；

H—上游水深，m；

T—透水层厚度，m；

y—排水沟水面到沟顶的距离，m；

L—等于 $L_0 - 0.5Mh+1$，m。

（3）基坑渗透流量

按无压完整井公式计算：

$$Q = 1.366K \frac{H^2 - h^2}{\lg \frac{R}{r}}$$

式中：Q—基坑的渗透流量，m³/d；

H—含水层厚度，m；

h—基坑内的水深，m；

R—地下水位下降曲线的影响半径，m；

r—化引半径，m。

（4）说明

地下水位下降曲线的影响半径 R 和地基渗透系数 K 等资料，最好由测试获得，估算时一般按经验取值。

①对地下水位下降曲线的影响半径 R：细砂 $R=100～200m$；中砂 $R=250～500m$；粗纱 $R=700～1000m$。

②对于渗透流量：当基坑在透水地基上时，可按 1.0 米水头作用下单位基坑面积的渗透流量经验数据来估算总的渗透流量。

③降雨一般按不超过 200 毫米的暴雨考虑，施工废水，可忽略不计。

（二）暗式排水法（人工降低地下水位法）

1. 基本概念

在基坑开挖之前，在基坑周围钻设滤水管或滤水井，在基坑开挖和建筑物施工过程中，从井管中不断抽水，以使基坑内的土壤始终保持干燥状态的做法叫暗式排水法。

2. 暗式排水的意义

在细砂、粉沙、亚沙土地基上开挖基坑，若地下水位比较高时，随着基坑底面的下降，渗透水位差会越来越大，渗透压力也必然越来越大，因此容易产生流沙现象。一边开挖基坑，一边冒出流沙，开挖非常困难，严重时，会出现滑坡，甚至危及临近结构物的安全和施工的安全。因此，人工降低地下水位是必要的。常用的暗式排水法有管井法和井点法两种。

3. 管井排水法

（1）基本原理

在基坑的周围钻造一些管井，管井的内径一般 20～40 厘米，地下水在重力作用下，流入井中，然后，用水泵进行抽排。抽水泵有普通离心泵、潜水泵、深井泵等，可根据水泵的不同性能和井管的具体情况选择。

（2）管井布置

管井一般布置在基坑的外围或者基坑边坡的中部，管井的间距应视土层渗透系数的大小，而正渗透系数小的，间距小一些，渗透系数大的，间距大一些，一般为 15～25 米。

（3）管井组成

管井施工方法就是农村打机井的方法。管井包括井管、外围滤料、封底填料三部分。井管无疑是最重要的组成部分，它对井的出水量和可靠性影响很大，要求它过水能力大，进入泥沙少，应有足够的强度和耐久性。因此，一般用无砂混凝土预制管，也有的用钢制管。

（4）管井施工

管井施工多用钻井法和射水法。钻井法先下套管，再下井管，然后一边填滤料，一边拔出套管。射水法是用专门的水枪冲孔，井管随着冲孔下沉。这种方法主要是根据不同的土壤性质选择不同的射水压力。

4. 井点排水法

井点排水法分为轻型井点、喷射井点、电渗井点三种类型，它们都适用雨渗透系数比较小的土层排水，其渗透系数都在 0.1 ~ 50 米/天。但是它们的组成比较复杂，如轻型井点就有井点管、集水总管、普通离心式水泵、真空泵、集水箱等设备组成。当基坑比较深，地下水位比较高时，还要采用多级井点，因此需要设备多，工期长，基坑开挖量大，一般不经济。

第三章 水闸和渠系建筑物施工技术

第一节 水闸施工技术

一、水闸主体结构的施工技术

(一) 底板施工

水闸底板有平底板与反拱底板两种,平底板为常用底板。这两种闸底板虽都是混凝土浇筑,但施工方法并不一样,下面分别予以介绍。平底板的施工总是先于墩墙,而反拱底板的施工,一般是先浇墩墙,预留联结钢筋,待沉陷稳定后再浇反拱底板。

1. 平底板的施工

(1) 浇注块划分

混凝土水闸常由沉降缝和温度缝分为许多结构块,施工时应尽量利用结构缝分块。当永久缝间距很大,所划分的浇筑块面积太大,以致混凝土拌和运输能力或浇筑能力满足不了需要时,则可设置一些施工缝,将浇筑块面积划小些。浇注块的大小,可根据施工条件,在体积、面积及高度三个方面进行控制。

(2) 混凝土浇筑

闸室地基处理后,软基上多先铺筑素混凝土垫层8～10cm,以保护地基,找平基面。

浇筑前先进行扎筋、立模、搭设仓面脚手架和清仓等工作。

浇筑底板时，运送混凝土入仓的方法很多。可以用载重汽车装载立罐通过履带式起重机吊运入仓，也可以用自卸汽车通过卧罐、履带式起重机入仓。采用上述两种方法时，都不需要在仓面搭设脚手架。

一般中小型水闸采用手推车或机动翻斗车等运输工具即可运送混凝土入仓，且需在仓面设脚手架。

水闸平底板的混凝土浇筑，一般采用平层浇筑法。但当底板厚度不大，拌和站的生产能力受到限制时，亦可采用斜层浇筑法。

底板混凝土的浇筑，一般先浇上、下游齿墙，然后再从一端向另一端浇筑。当底板混凝土方量较大，且底板顺水流长度在12m以内时，可安排两个作业组分层浇筑。首先两组同时浇筑下游齿墙，待齿墙浇平后，将第二组调至上游齿墙，另一组自下游向上游开浇第一坯底板。上游齿墙组浇完，立即调到下游开浇第二坯，而第一坯组浇完又调头浇第三坯。这样交替连环浇注可缩短每坯间隔时间，加快进度，避免产生冷缝。

钢筋混凝土底板，往往有上下两层钢筋。在进料口处，上层钢筋易被砸变形。故开始浇筑混凝土时，该处上层钢筋可暂不绑扎，待混凝土浇筑面将要到达上层钢筋位置时，再进行绑扎，以免因校正钢筋变形延误浇筑时间。

2．反拱底板的施工

（1）施工程序

由于反拱底板对地基的不均匀沉陷反应敏感，因此必须注意施工程序。目前采用的有下述两种方法。

①先浇筑闸墩及岸墙，后浇反拱底板

为减少水闸各部分在自重作用下产生不均匀沉陷，造成底板开裂破坏，应尽量将自重较大的闸墩、岸墙先浇筑到顶（以基底不产生塑性为限）。接缝钢筋应预埋在墩墙底板中，以备今后浇入反拱底板内。岸墙应及早夯填到顶，使闸墩岸墙地基预压沉实。此法目前采用较多，对于黏性土或砂性土均可采用。

②反拱底板与闸墩岸墙底板同时浇筑

此法适用于地基较好的水闸，虽然对反拱底板的受力状态较为不利，但其保证了建筑的整体性，同时减少了施工工序，便于施工安排。对于缺少有效排水措施的砂性土地基，采用此法较为有利。

（2）施工要点

①由于反拱底板采用土模，因此必须做好基坑排水工作。尤其是沙土地基，不做好排水工作，拱模控制将很困难。

②挖模前将基土夯实，再按设计要求放样开挖；土模挖好后，在其上先铺一层约10cm厚的砂浆，具有一定强度后加盖保护，以待浇筑混凝土。

③采用第一种施工程序，在浇筑岸、墩墙底板时，应将接缝钢筋一头埋在岸、墩墙底板之内，另一头插入土模中，以备下一阶段浇入反拱底板。岸、墩墙浇筑完毕后，应

尽量推迟底板的浇筑，以便岸、墩墙基础有更多的时间沉实。反拱底板尽量在低温季节浇筑，以减小温度应力，闸墩底板与反拱底板的接缝按施工缝处理，以保证其整体性。

④当采用第二种施工程序时，为了减少不均匀沉降对整体浇筑的反拱底板的不利影响，可在拱脚处预留一缝，缝底设临时铁皮止水，缝顶设"假铰"，待大部分上部结构荷载施加以后，便在低温期用二期混凝土封堵。

⑤为了保证反拱底板的受力性能，在拱腔内浇筑的门槛、消力坎等构件，需在底板混凝土凝固后浇筑二期混凝土，且不应使两者成为一个整体。

（二）闸墩施工

由于闸墩高度大、厚度小，门槽处钢筋较密，闸墩相对位置要求严格，所以闸墩的立模与混凝土浇筑是施工中的主要难点。

1. 闸墩模板安装

为使闸墩混凝土一次浇筑达到设计高程，闸墩模板不仅要有足够的强度，而且要有足够的刚度。所以闸墩模板安装以往采用"铁板螺栓、对拉撑木"的立模支撑方法。此法虽需耗用大量木材（对于木模板而言）和钢材，工序繁多，但对中小型水闸施工仍较为方便。有条件的施工单位，在闸墩混凝土浇筑中逐渐采用翻模施工方法。

（1）"铁板螺栓、对拉撑木"的模板安装

立模前，应准备好固定模板的对销螺栓及空心钢管等。常用的对销螺栓有两种形式：一种是两端都是车螺纹的圆钢；另一种是一端带螺纹另一端焊接上一块5mm×40mm×400mm 的扁铁的螺栓，扁铁上钻两个圆孔，以便将其固定在对拉撑木上。空心圆管可用长度等于闸墩厚度的毛竹或混凝土空心撑头。

闸墩立模时，其两侧模板要同时相对进行。先立平直模板，后立墩头模板。在闸底板上架立第一层模板时，必须保持模板上口水平。在闸墩两侧模板上，每隔1m 左右钻一个与螺栓直径相应的圆孔，并于模板内侧对准圆孔撑以毛竹或混凝土撑头，然后将螺栓穿入，且两头穿出横向围图和竖向围图，然后用螺帽固定在竖向围图上。铁板螺栓带扁铁的的一端与水平拉撑木相接，与两端均车螺丝的螺栓相间布置。

（2）翻模施工

翻模施工法在立模时一次至少立三层，当第二层模板内混凝土浇至腰箍下缘时，第一层模板内腰箍以下部分的混凝土须达到脱模强度，这样便可拆掉第一层，去架立第四层模板，并绑扎钢筋。依次类推，保持混凝土浇筑的连续性，以避免产生冷缝。

2. 混凝土浇筑

闸墩模板立好后，随即进行清仓工作。清仓用高压水冲洗模板内侧和闸墩底面，污水则由底层模板的预留孔排出，清仓完毕堵塞小孔后，即可进行混凝土浇筑。闸墩混凝土的浇筑，主要是解决好两个问题，一是每块底板上闸墩混凝土的均衡上升；二是流态混凝土的入仓方式及仓内混凝土的铺筑方法。

当落差大于2m 时，为防止流态混凝土下落产生离析，应在仓内设置溜管，可每隔

2~3m设置一组。仓内可把浇筑面分划成几个区段,分段进行浇筑。每坯混凝土厚度可控制在30cm左右。

(三)止水设施的施工

为了适应地基的不均匀沉降和伸缩变形,在水闸设计中均设置温度缝与沉陷缝,并常用沉陷缝代温度缝作用。缝有铅直和水平两种,缝宽一般为1.0~2.5cm。缝中填料及止水设施,在施工中应按设计要求确保质量。

1. 沉陷缝填料的施工

沉陷缝的填充材料,常用的有沥青油毛毡、沥青杉木板及泡沫板等多种。填料的安装有两种方法。

一种是先将填料用铁钉固定在模板内侧后,再浇混凝土,拆模后填料即粘在混凝土面上,然后再浇另一侧混凝土,填料即牢固地嵌入沉降缝内。如果沉陷缝两侧的结构需要同时浇灌,则沉陷缝的填充材料在安装时要竖立平直,浇筑时沉陷缝两侧流态混凝土的上升高度要一致。

另一种是先在缝的一侧立模浇混凝土,并在模板内侧预先钉好安装填充材料的长铁钉数排,并使铁钉的1/3留在混凝土外面,然后安装填料、敲弯铁钉,使填料固定在混凝土面上,再立另一侧模板和浇混凝土。

2. 止水的施工

凡是位于防渗范围内的缝,都有止水设施,止水包括水平止水和垂直止水,常用的止水方法有止水片和止水带。

(1)水平止水

水平止水大都采用塑料止水带,其安装与沉陷缝的安装方法一样。

(2)垂直止水

垂直止水部分用的是金属片,重要部分用紫铜片,一般用铝片、镀锌铁皮或镀铜铁皮等。

对于需灌注沥青的结构形式可按照沥青井的形状预制混凝土槽板,每节长度可为0.3~0.5m,与流态混凝土的接触面应凿毛,以利结合。安装时需涂抹水泥砂浆,随缝的上升分段接高。沥青井的沥青可一次灌注,也可分段灌注。止水片接头要进行焊接。

(3)接缝交叉的处理

止水交叉有两类:一是铅直交叉(指垂直缝与水平缝的交叉),二是水平交叉(指水平缝与水平缝的交叉)。交叉处止水片的连接方式也可分为两种:一种是柔性连接,即将金属止水片的接头部分埋在沥青块体中;另一种是刚性连接,即将金属止水片剪裁后焊接成整体。在实际工程中可根据交叉类型及施工条件决定连接方法,铅直交叉常用柔性连接,而水平交叉则多用刚性连接。

(四)门槽二期混凝土施工

采用平面闸门的中小型水闸,在闸墩部位都设有门槽。为了减小闸门的启闭力及闸门封水，门槽部分的混凝土中埋有导轨等铁件，如滑动导轨、主轮、侧轮及反轮导轨、止水座等。这些铁件的埋设可采取预埋及留槽后浇混凝土两种方法。小型水闸的导轨铁件较小，可在闸墩立模时将其预先固定在模板的内侧。闸墩混凝土浇筑时，导轨等铁件即浇入混凝土中。由于大、中型水闸导轨较大、较重，在模板上固定较为困难，宜采用预留槽后浇二期混凝土的施工方法。

1. 门槽垂直度控制

门槽及导轨必须铅直无误，所以在立模及浇筑过程中应随时用吊锤校正。校正时，可在门槽模板顶端内侧钉一根大铁钉（钉入2/3长度），然后把吊锤系在铁钉端部，待吊锤静止后，用钢尺量取上部与下部吊锤线到模板内侧的距离，如相等则该模板垂直，否则按照偏斜方向予以调正。

2. 门槽二期混凝土浇筑

在闸墩立模时，于门槽部位留出较门槽尺寸大的凹槽。在闸墩浇筑时，预先将导轨基础螺栓按设计要求固定于凹槽的侧壁及正壁模板，模板拆除后基础螺栓即埋入混凝土中。

导轨安装前，要对基础螺栓进行校正，安装过程中必须随时用垂球进行校正，使其铅直无误。导轨就位后即可立模浇筑二期混凝土。

闸门底槛设在闸底板上，在施工初期浇筑底板时，若铁件不能完成，亦可在闸底板上留槽以后浇二期混凝土。

浇筑二期混凝土时，应采用较细骨料混凝土，并细心捣实，不要振动已装好的金属构件。门槽较高时，不要直接从高处下料，可以分段安装和浇筑。二期混凝土拆模后，应对埋件进行复测，并作好记录，同时检查混凝土表面尺寸，清除遗留的杂物、钢筋头，以免影响闸门启闭。

3. 弧形闸门的导轨安装及二期混凝土浇筑

弧形闸门的启闭是绕水平轴转动，转动轨迹由支臂控制，所以不设门槽，但为了减小启闭门力，在闸门两侧亦设置转轮或滑块，因此也有导轨的安装及二期混凝土施工。

为了便于导轨的安装，在浇筑闸墩时，根据导轨的设计位置预留 20cm×80cm 的凹槽，槽内埋设两排钢筋，以便用焊接方法固定导轨。安装前应对预埋钢筋进行校正，并在预留槽两侧，设立垂直闸墩侧面并能控制导轨安装垂直度的若干对称控制点。安装时，先将校正好的导轨分段与预埋的钢筋临时点焊接数点，待按设计坐标位置逐一校正无误，并根据垂直平面控制点，用样尺检验调整导轨垂直度后，再用电焊牢固，最后浇二期混凝土。

二、闸门的安装方法

闸门是水工建筑物的孔口上用来调节流量，控制上下游水位的活动结构。它是水工建筑物的一个重要组成部分。

闸门主要由三部分组成：主体活动部分，用以封闭或开放孔口，通称闸门或门叶；埋固部分，是预埋在闸墩、底板和胸墙内的固定件，如支承行走埋设件、止水埋设件和护砌埋设件等；启闭设备，包括连接闸门和启闭机的螺杆或钢丝绳索和启闭机等。

闸门按其结构形式可分为平面闸门、弧形闸门及人字闸门三种。闸门按门体的材料可分为钢闸门、钢筋混凝土或钢丝水泥闸门、木闸门及铸铁闸门等。

所谓闸门安装是将闸门及其埋件装配、安置在设计部位。由于闸门结构的不同，各种闸门的安装，如平面闸门安装、弧形闸门安装、人字闸门安装等，略有差异，但一般可分为埋件安装和门叶安装两部分。

（一）平面闸门安装

主要介绍平面钢闸门的安装。

平面钢闸门的闸门主要由面板、梁格系统、支承行走部件、止水装置和吊具等组成。

1. 埋件安装

闸门的埋件是指埋设在混凝土内的门槽固定构件，包括底槛、主轨、侧轨、反轨和门楣等。安装顺序一般是设置控制点线，清理、校正预埋螺栓，吊入底槛并调整其中心、高程、里程和水平度，经调整、加固、检查合格后，浇筑底槛二期混凝土。设置主、反、侧轨安装控制点，吊装主轨、侧轨、反轨和门楣并调整各部件的高程、中心、里程、垂直度及相对尺寸，经调整、加固、检查合格，分段浇筑二期混凝土。二期混凝土拆模后，复测埋件的安装精度和二期混凝土槽的断面尺寸，超出允许误差的部位需进行处理，以防闸门关闭不严、出现漏水或启闭时出现卡阻现象。

2. 门叶安装

如门叶尺寸小，则在工厂制成整体运至现场，经复测检查合格，装上止水橡皮等附件后，直接吊入门槽。如门叶尺寸大，由工厂分节制造，运到工地后，在现场组装。

（1）闸门组装

组装时，要严格控制门叶的平直性和各部件的相对尺寸。分节门叶的节间联结通常采用焊接、螺栓联结、销轴联结三种方式。

（2）闸门吊装

分节门叶的节间如果是螺栓和销轴联结的闸门，若起吊能力不够，在吊装时需将已组成的门叶拆开，分节吊入门槽，在槽内再联结成整体。

3. 闸门启闭试验

闸门安装完毕后，需作全行程启闭试验，要求门叶启闭灵活无卡阻现象，闸门关闭严密，漏水量不超过允许值。

（二）弧形闸门安装

弧形闸门由弧形面板、梁系和支臂组成。弧形闸门的安装，根据其安装高低位置不同，分为露顶式弧形闸门安装和潜孔式闸门安装。

1. 露顶式弧形闸门安装

露顶式弧形闸门包括底槛、侧止水座板、侧轮导板、铰座和门体。安装顺序如下：

（1）在一期混凝土浇筑时预埋铰座基础螺栓，为保证铰座的基础螺栓安装准确，可用钢板或型钢将每个铰座的基础螺栓组焊在一起，进行整体安装、调整、固定。

（2）埋件安装，先在闸孔混凝土底板和闸墩边墙上放出各埋件的位置控制点，接着安装底槛、侧止水导板、侧轮导板和铰座，并浇筑二期混凝土。

（3）门体安装，有分件安装和整体安装两种方法。分件安装是先将铰链吊起，插入铰座，于空间穿轴，再吊支臂用螺栓与铰链连接；也可先将铰链和支臂组成整体，再吊起插入铰座进行穿轴；若起吊能力许可，可在地面穿轴后，再整体吊入。2个直臂装好后，将其调至同一高程，再将面板分块装于支臂上，调整合格后，进行面板焊接和将支臂端部与面板相连的连接板焊好。门体装完后起落2次，使其处于自由状态，然后安装侧止水橡皮，补刷油漆，最后再启闭弧门检查有无卡阻和止水不严现象。整体安装是在闸室附近搭设的组装平台上进行，将2个已分别与铰链连接的支臂按设计尺寸用撑杆连成一体，再于支臂上逐个吊装面板，将整个面板焊好，经全面检查合格，拆下面板，将2个支臂整体运入闸室，吊起插入铰座，进行穿轴，而后吊装面板。此法一次起吊重量大，2个支臂组装时，其中心距要严格控制，否则会给穿轴带来困难。

2. 潜孔式弧形闸门安装

设置在深孔和隧洞内的潜孔式弧形闸门，顶部有混凝土顶板和顶止水，其埋件除与露顶式相同的部分外，一般还有铰座钢梁和顶门楣。安装顺序：①铰座钢梁宜和铰座组成整体，吊入二期混凝土的预留槽中安装。②埋件安装。深孔弧形闸门是在闸室内安装，故在浇筑闸室一期混凝土时，就需将锚钩埋好。③门体安装方法与露顶式弧形闸门的基本相同，可以分体装，也可整体装。门体装完后要起落数次，根据实际情况，调整顶门楣，使弧形闸门在启闭过程中不发生卡阻现象，同时门楣上的止水橡皮能和面板接触良好，以免启闭过程中门叶顶部发生涌水现象。调整合格后，浇筑顶门楣二期混凝土。④为防止闸室混凝土在流速高的情况下发生空蚀和冲蚀，有的闸室内壁设钢板衬砌。钢衬可在二期混凝土安装，也可延一期混凝土时安装。

三、启闭机的安装方法

（一）固定式启闭机的安装

1. 卷扬式启闭机的安装

卷扬式启闭机由电动机、减速箱、传动轴和绳鼓所组成。卷扬式启闭机是由电力或人力驱动减速齿轮，从而驱动缠绕钢丝绳的绳鼓，借助绳鼓的转动，收放钢丝绳使闸门升降。

固定卷扬式启闭机安装顺序如下：①在水工建筑物混凝土浇筑时埋入机架基础螺栓和支承垫板，在支承垫板上放置调整用楔形板。②安装机架。按闸门实际起吊中心线找正机架的中心、水平、高程，拧紧基础螺母，浇筑基础二期混凝土，固定机架。③在机架上安装、调整传动装置，包括电动机、弹性联轴器、制动器、减速器、传动轴、齿轮联轴器、开式齿轮、轴承、卷筒等。

固定卷扬式启闭机的调整顺序：①按闸门实际起吊中心找正卷筒的中心线和水平线，并将卷筒轴的轴承座螺栓拧紧。②以与卷筒相联的开式大齿轮为基础，使减速器输出端开式小齿轮与大齿轮啮合正确。③以减速器输入轴为基础，安装带制动轮的弹性联轴器，调整电动机位置使联轴器的两片的同心度和垂直度符合技术要求。④根据制动轮的位置，安装与调整制动器；若为双吊点启闭机，要保证传动轴与两端齿轮联轴节的同轴度。⑤传动装置全部安装完毕后，检查传动系统动作的准确性、灵活性，并检查各部分的可靠性。⑥安装排绳装置、滑轮组、钢丝绳、吊环、扬程指示器、行程开关、过载限制器、过速限制器及电气操作系统等。

2. 螺杆式启闭机安装

螺杆式启闭机是中小型平面闸门普遍采用的启闭机。它由摇柄、主机和螺栓组成。螺杆的下端与闸门的吊头连接，上端利用螺杆与承重螺母相扣合。当承重螺母通过与其连接的齿轮被外力（电动机或手摇）驱动而旋转时，它驱动螺杆作垂直升降运动，从而启闭闸门。

安装过程包括基础埋件的安装、启闭机安装、启闭机单机调试、启闭机负荷试验。

安装前，首先检查启闭机各传动轴，轴承及齿轮的转动灵活性和啮合情况，着重检查螺母螺纹的完整性，必要时应进行妥善处理。

检查螺杆的平直度，每米长弯曲超过 0.2mm 或有明显弯曲处可用压力机进行机械校直。螺杆螺纹容易碰伤，要逐圈进行检查和修正。无异状时，在螺纹外表涂以润滑油脂，并将其拧入螺母，进行全行程的配合检查，不合适处应修正螺纹。然后整体竖立，将它吊入机架或工作桥上就位，以闸门吊耳找正螺杆下端连接孔，并进行连接。

挂一线锤，以螺杆下端头为准，移动螺杆启闭机底座，使螺杆处于垂直状态。对双吊点的螺杆式启闭机，两侧螺杆找正后，安装中间同步轴，螺杆找正和同步轴连接合格后，最后把机座固定。

对电动螺杆式启闭机，安装电动机及其操作系统后应作电动操作试验及行程限位整定等。

3. 液压式启闭机的安装

液压式启闭机由机架、油缸、油泵、阀门、管路、电机和控制系统等组成。油缸拉杆下端与闸门吊耳铰接。液压式启闭机分单向与双向两种。

液压式启闭机通常由制造厂总装并试验合格后整体运到工地，若运输保管得当，且出厂不满一年，可直接进行整体安装，否则要在工地进行分解、清洗、检查、处理和重新装配。安装程序：①安装基础螺栓，浇筑混凝土。②安装和调整机架。③油缸吊装于机架上，调整固定。④安装液压站与油路系统。⑤滤油和充油。⑥启闭机调试后与闸门联调。

（二）移动式启闭机的安装

移动式启闭机安装在坝顶或尾水平台上，能沿轨道移动，用于启闭多台工作闸门和检修闸门。常用的移动式启闭机有门式、台式和桥式等几种。

移动式启闭机行走轨道均采取嵌入混凝土方式，先在一期混凝土中埋入基础调节螺栓，经位置校正后，安放下部调节螺母及垫板，然后逐根吊装轨道，调整轨道高程、中心、轨距及接头错位，再用上压板和夹紧螺母紧固，最后分段浇筑二期混凝土。

第二节　渠系主要建筑物的施工技术

一、渠系建筑物组成及特点

在渠道上修建的建筑物称为渠道系统中的水工建筑物，简称渠系建筑物。

（一）渠系建筑物的分类

渠系建筑物按其作用可分为以下七类：

1. 渠道

渠道是指为农田灌溉、水力发电、工业及生活输水用的、具有自由水面的人工水道。

2. 调节及配水建筑物

用以调节水位和分配流量，如节制闸、分水闸等。

3. 交叉建筑物

渠道与山谷、河流、道路、山岭等相交时所修建的建筑物，如渡槽、倒虹吸管、涵洞等。

4. 落差建筑物

在渠道落差集中处修建的建筑物，如跌水、陡坡等。

5. 泄水建筑物

为保护渠道及建筑物安全或进行维修，用以放空渠水的建筑物，如泄水闸、虹吸泄洪道等。

6. 冲沙和沉沙建筑物

为防止和减少渠道淤积，在渠首或渠系中设置的冲沙和沉沙设施，如冲沙闸、沉沙池等。

7. 量水建筑物

用以计量输配水量的设施，如量水堰等。

（二）渠系建筑物的特点

1. 面广量大、总投资多

渠系中的建筑物，一般规模不大，但数量多，总的工程量和造价在整个工程中所占比重较大。

2. 同一类型建筑物的工作条件、结构形式、构造尺寸较为近似

同一类型的渠系建筑物的工作条件一般较为近似。因此，在一个灌区内可以较多地采用同一的结构形式和施工方法，广泛采用定型设计和预制装配式结构。

（三）渠系建筑物的组成

1. 渠道

（1）渠道的分类

渠道按用途可分为灌溉渠道、动力渠道（引水发电用）、供水渠道、通航渠道和排水渠道等。

（2）渠道的横断面

渠道横断面的形状，在土基上多采用梯形，两侧边坡根据土质情况和开挖深度或填筑高度确定，一般用 1∶1～1∶2，在岩基上接近矩形。

断面尺寸取决于设计流量和不冲不淤流速，可根据给定的设计流量、纵坡等用明渠均匀流公式计算确定。

（3）渠道防渗

实践证明，对渠道进行砌护防渗，不仅可以消除渗漏带来的危害，还能减小渠道糙率，提高输水能力和抗冲能力，从而可以减少渠道断面及渠系建筑物的尺寸。

为减小渗漏量和降低渠床糙率，一般均需在渠床加做护面，护面材料主要有：砌石、黏土、灰土、混凝土以及防渗膜等。

2. 渡槽

（1）渡槽的作用和组成

渡槽是渠道跨越河、沟、路或洼地时修建的过水桥。它由进口段、槽身、支承结构、基础和出口段等部分组成。

渡槽与倒虹吸管相比具有水头损失小，便于运行管理等优点，在渠道绕线或高填方方案不经济时，往往优先考虑渡槽方案，渡槽是渠系建筑物中应用最广的交叉建筑物之一。

渡槽除输送渠水外，还用于排洪和导流等方面，当挖方渠道与冲沟相交时，为防止山洪及泥沙入渠，在渠道上修建排洪渡槽。当在流量较小的河道上进行施工导流时，可在基坑上修建渡槽，以使上游来水通过渡槽泄向下游。

（2）渡槽的形式

渡槽根据支承结构形式可分为梁式渡槽和拱式渡槽两大类。

①梁式渡槽

梁式渡槽的槽身搁置在槽墩或槽架上，槽身在纵向起梁的作用。

梁式渡槽的跨度大小与地形地质条件、支撑高度、施工方法等因素有关，一般不大于 20m，常采用 8～15m。梁式渡槽的优点是结构比较简单，施工较方便。当跨度较大时，可采用预应力混凝土结构。

②拱式渡槽

当槽身支承在拱式支承结构上时，称为拱式渡槽。其支撑结构由槽墩、主拱圈、拱上结构组成。主拱圈主要承受压应力，可用抗拉强度小而抗压强度大的材料（如石料、混凝土等）建造，并可用于大跨度。

（3）渡槽的整体布置

渡槽的整体布置包括槽址选择、结构选型、进出口段的布置。

梁式渡槽的槽身横断面常用矩形和 U 形，矩形槽身可用浆砌石或钢筋混凝土建造。拱式渡槽的槽身一般为预制的钢筋混凝土 U 形槽或矩形槽。

为使渡槽内水流与渠道平顺衔接，在渡槽的进、出口需要设置渐变段。

3. 倒虹吸管

倒虹吸管是当渠道横跨山谷、河流、道路时，为连接渠道而设置的压力管道，其形状如倒置的虹吸管。它与渡槽相比较，具有造价低、施工方便的优点，但水头损失较大，运行管理不如渡槽方便。它应用于修建渡槽困难，或需要高填方建渠道的场合；在渠道水位与所跨越的河流或路面高程接近时，也常用倒虹吸方案。

倒虹吸管由进口段、管身和出口段三部分组成。

（1）进口段

进口段包括：渐变段、闸门、拦污栅，有的工程还设有沉沙池。进口段要与渠道平顺衔接，以减少水头损失。渐变段可以做成扭曲面或八字墙等形式。闸门用于管内清淤和检修。不设闸门的小型倒虹吸管，可在进口侧墙上预留检修门槽，需用时临时插板挡水。拦污栅用于拦污和防止人畜落入渠内被吸进倒虹吸管。

在多泥沙河流中，为防止渠道水流携带的粗颗粒泥沙进入倒虹吸管，可在闸门与拦污栅前设置沉沙池。

（2）出口段

出口段的布置形式与进口段基本相同。单管可不设闸门；若为多管，可在出口段的侧墙上预留检修门槽。出口渐变段比进口渐变段稍长。

（3）管身

管身断面可为圆形或矩形。圆形管因水力条件和受力条件较好，大、中型工程多采用这种形式。矩形管仅用于水头较低的中、小型工程。根据流量大小和运用要求，倒虹吸管可以设计成单管、双管或多管。在管路变坡或转弯处应设置镇墩。

4. 涵洞

（1）涵洞是渠道与溪谷、道路等相交叉时，为宣泄溪谷来水或输送渠水，在填方渠道或道路下修建的交叉建筑物。

（2）涵洞由进口段、洞身和出口段三部分组成。其顶部有填土。涵洞一般不设闸门，有闸门时称为涵洞式或封闭式水闸。进、出口段是浦身与渠道或沟溪的连接部分，其形式选择应使水流平顺地进出洞身，以减小水头损失。

（3）小型涵洞的进、出口段都用浆砌石建造。大、中型工程可采用混凝土或钢筋混凝土结构。为适应不均匀沉降，常用沉降缝与洞身分开，缝间设止水。

（4）由于水流状态的不同，涵洞可能是无压的、有压的或半有压的。有压涵洞的特点是在工作时水流充满整个洞身断面，洞内水流自进口至出口均处于有压流状态；无压涵洞是渠道上输水涵洞的主要形式，其特点是洞内水流具有自由表面，自进口至出口始终保持无压流状态；半有压涵洞的特点是进口洞顶水流封闭，但洞内的水流仍具有自由表面。

（5）涵洞的形式一般是指洞身的形式。根据用途、工作特点、结构形式和建筑材料等常分为圆形、箱形、盖板式及拱涵等几种。圆形涵洞受力条件好，泄水能力大，宜于预制，适用于上面填土较厚的情况，为有压涵洞的主要形式；箱式涵洞多为四边封闭的矩形钢筋混凝土结构，泄量大时可用双孔或多孔，适用于填土较浅的无压或低压涵洞；拱形涵洞顶部为拱形，也有单孔和多孔之分，常用混凝土和浆砌石做成，适用于填土高度及跨度较大而侧压力较小的无压涵洞。

5. 跌水及陡坡

（1）当渠道通过地面坡度较陡的地段或天然跌坎，在落差集中处可建跌水或陡坡。使渠道上游水流自由跌落到下游渠道的落差建筑物称为跌水。使上游渠道沿陡槽下泄到下游渠道的落差建筑物，称为陡坡。

（2）根据地面坡度大小和上下游渠道落差的大小，可采用单级跌水或多级跌水。二者构造基本相同。跌水的上下游渠底高差称为跌差。一般土基上单级跌水的跌差小于3～5m，超过此值时宜做成多级跌水。

（3）单级跌水一般由进口连接段、跌水口、跌水墙、侧墙、消力池和出口连接段组成。多级跌水的组成和构造与单级跌水相同，只是将消力池做成几个阶梯，各级落差和消力池长度都相等，使每级具有相同的工作条件，并便于施工。

（4）陡坡的构造与跌水相似，不同之处是陡坡段代替了跌水墙。

二、渠系主要建筑物的施工方法

（一）渠道施工

渠道施工包括渠道开挖、渠堤填筑和渠道衬砌。渠道施工的特点是工程量大，施工线路长，场地分散；但工种单纯，技术要求较低。

1. 渠道开挖

渠道开挖的施工方法有人工开挖、机械开挖和爆破开挖等。开挖方法的选择取决于技术条件、土壤特性、渠道横断面尺寸、地下水位等因素。渠道开挖的土方多堆在渠道两侧用作渠堤。因此，铲运机、推土机等机械得到广泛的应用。

（1）人工开挖

①施工排水

渠道开挖首先要解决地表水或地下水对施工的干扰问题，解决办法是在渠道中设置排水沟。排水沟的布置既要方便施工，又要保证排水的通畅。

②开挖方法

在干地上开挖，应自渠道中心向外，分层下挖，先深后宽。为方便施工加快工程进度，边坡处可先按设计坡度要求挖成台阶状，待挖至设计深度时再进行削坡。开挖后的弃土，应先行规划，尽量做到挖填平衡。开挖方法有一次到底法和分层下挖法。

③边坡开挖与削坡

开挖渠道如一次开挖成坡，将影响开挖进度。因此，一般先按设计坡度要求挖成台阶状，其高宽比按设计坡度要求开挖，最后进行削坡。

（2）机械开挖

①推土机开挖

推土机开挖，渠道深度一般不宜超过 1.5～2.0m，填筑渠堤高度不宜超过 2～3m，其边坡不宜陡于 1∶2。推土机还可用于平整渠底，清除腐殖土层、压实渠堤等。

②铲运机开挖

铲运机最适宜开挖全挖方渠道或半挖半填渠道。对需要在纵向调配土方的渠道，如运距不远，也可用铲运机开挖。铲运机开挖渠道的开行方式有以下两种：

环形开行：当渠道开挖宽度大于铲土长度，而填土或弃土宽度又大于卸土长度，可采用横向环形开行。反之，则采用纵向环形开行，铲土和填土位置可逐渐错动，以完成所需断面。

"8"字形开行：当工作前线较长填挖高差较大时，则应采用"8"字形开行。其进口坡道与挖方轴线间的夹角以 40°～60° 为宜，过大则重车转弯不便，过小则加大运距。

③爆破开挖

采用爆破法开挖渠道时，药包可根据开挖断面的大小沿渠线布置成一排或几排。当渠底宽度大于深度的 2 倍以上时，应布置 2～3 排以上的药包，但最多不宜超过 5 排，以免爆破后回落土方过多。单个药包装药量及间、排距应根据爆破试验确定。

2. 渠堤填筑

渠堤填筑前要进行清基，清除基础范围内的块石、树根、草皮、淤泥等杂质，并将基面略加平整，然后进行刨毛。如基础过于干燥，还应洒水湿润，然后再进行填筑。

筑堤用的土料，以土块小的湿润散土为宜，如沙质壤土或沙质黏土。如用几种土料，应将透水性小的土料填筑在迎水面，透水性大的填筑在背水面。土料中不得掺有杂质，并应保持一定的含水量,以利压实。严禁使用冻土、淤泥、净砂等。

填方渠道的取土坑与堤脚应保持一定距离,挖土深度不宜超过2m,取土宜先远后近,并留有斜坡道以便运土。半填半挖渠道应尽量利用挖方填堤,只有土料不足或土质不能满足填筑要求时,才在取土坑取土。

渠堤填筑应分层进行。每层铺土厚度以20～30cm为宜,并应铺平铺匀。每层铺土宽度应保证土堤断面略大于设计宽度,以免削坡后断面不足。堤顶应做成坡度为2%～4%的坡面,以利排水。填筑高度应考虑沉陷,一般可预加5%的沉陷量。

3. 渠道衬护

渠道衬护就是用灰土、水泥土、块石、混凝土、沥青、塑料薄膜等材料在渠道内壁铺砌-衬护层。在选择衬护类型时,应考虑以下原则:防渗效果好,因地制宜,就地取材,施工简便,能提高渠道输水能力。

(1) 灰土衬护

灰土是由石灰和土料混合而成。衬护的灰土比一般为1:2～1:6（重量比）。衬护厚度一般为20～40cm。灰土施工时,先将过筛后的细土和石灰粉干拌均匀,再加水拌和,然后堆放一段时间,使石灰粉充分熟化,稍干后即可分层铺筑夯实,拍打坡面消除裂缝。灰土夯实后应养护一段时间再通水。

(2) 砌石衬护

砌石衬护有三种形式:干砌块石、干砌卵石和浆砌块石。干砌块石用于土质较好的渠道,主要起防冲作用;浆砌块石用于土质较差的渠道,起抗冲防渗作用。

用干砌卵石衬砌施工时,应先按设计要求铺设垫层,然后再砌卵石。砌筑卵石以外形稍带扁平而大小均匀的为好。砌筑时应采用直砌法,即要求卵石的长边垂直于边坡或渠底,并砌紧、砌平、错缝,且坐落在垫层上。为了防止砌面被局部冲毁而扩大,每隔10～20m的距离,用较大的卵石干砌或浆砌一道隔墙,隔墙深60～80cm,宽40～50cm,以增加渠底和边坡的稳定性。渠底隔墙可砌成拱形,其拱顶迎向水流方向,以提高抗冲能力。

砌筑顺序应遵循"先渠底,后边坡"的原则。

块石衬砌时,石料的规格一般以长40～50cm,宽30～40cm,厚度不小于8～10cm为宜,要求有一面平整。

(3) 混凝土衬护

混凝土衬护由于防渗效果好,一般能减少90%以上渗漏量,耐久性强,糙率小,强度高,便于管理,适应性强,因而成为一种广泛采用的衬护方法。

混凝土衬护有现场浇筑和预制装配两种形式。前者接缝少、造价低,适用于挖方渠段,后者受气候条件影响小,适用于填方渠段。

大型渠道的混凝土衬护多采用现浇施工。在渠道开挖和压实后,先设置排水,铺设垫层,然后浇筑混凝土。浇筑时按结构缝分段,一般段长为10m左右,先浇渠底,后浇渠面。渠底一般多采用跳仓法浇筑。

装配式混凝土衬护，是在预制厂制作混凝土衬护板，运至现场后进行安装，然后灌注填缝材料。装配式混凝土预制板衬护，具有质量容易保证、施工受气候条件影响较小的特点。但接缝较多且防渗、抗冻性能较差，故多用于中小型渠道。

（4）沥青材料衬护

沥青材料渠道衬砌有沥青薄膜与沥青混凝土两大类。

沥青薄膜类防渗按施工方法可分为现场浇筑和装配式两种。现场浇筑又可分为喷洒沥青和沥青砂浆两种。

现场喷洒沥青薄膜施工，首先要求将渠床整平、压实、并洒水少许，然后将温度为200℃的软化沥青用喷洒机具，在354kPa的压力下均匀地喷洒在渠床上，形成厚6~7mm的防渗薄膜。一般需喷洒两层以上，各层间需结合良好。喷洒沥青薄膜后，应及时进行质量检查和修补工作。最后在薄膜表面铺设保护层。

沥青砂浆防渗多用于渠底。施工时先将沥青和砂分别加热，然后进行拌和，拌好后保持在160~180℃，即行现场摊铺，然后用大方铢反复烫压，直至出油，再作保护层。

（5）塑料薄膜衬护

用于渠道防渗的塑料薄膜厚度以0.12~0.20mm为宜。塑料薄膜的铺设方式有表面式和埋藏式两种。表面式是将塑料薄膜铺于渠床表面，埋藏式是在铺好的塑料薄膜上铺筑土料或砌石作为保护层。保护层厚度一般不小于30cm，在寒冷地区需加厚。

塑料薄膜衬砌渠道施工，大致可分为渠床开挖和修整、塑料薄膜的加工和铺设、保护层的填筑等三个施工过程。塑料薄膜的接缝可采用焊接或搭接。

（二）渡槽施工

渡槽按施工方法分为装配式渡槽和现浇式渡槽两种类型。装配式渡槽具有简化施工、缩短工期、提高质量、减轻劳动强度、节约钢木材料、降低工程造价的特点，所以被广泛采用。

1. 装配式渡槽施工

装配式渡槽施工包括预制和吊装两个过程。

（1）构件的预制

①排架的预制

槽架是渡槽的支承构件，为了便于吊装，一般选择靠近槽址的场地预制。制作的方式有地面立模和砖土胎模两种。

地面立模：在平坦夯实的地面上用1：3：8的水泥、黏土、砂浆抹面，厚约1cm，压抹光滑作为底模，立上侧模后就地浇制，拆模后，当强度达到70%时，即可移出存放，以便重复利用场地。

砖土胎模：其底模和侧模均采用砌砖或夯实土做成，与构件接触面用水泥、黏土、砂浆抹面，并涂上脱模剂即可。使用土模应做好四周的排水工作。

②槽身的预制

槽身的预制宜在两排架之间或排架一侧进行。槽身的方向可以垂直或平行于渡槽的纵向轴线，根据吊装设备和方法而定。要避免因预制位置选择不当，从而造成起吊时发生摆动或冲击现象。

③预应力构件的制造

在制造装配式梁、板及柱时，采取预应力钢筋混凝土结构，不仅能提高混凝土的抗裂性与耐久性，减轻构件自重，并可节约钢筋20%~40%。预应力就是在构件使用前，预先加一个力，使构件产生应力，以抵消构件使用时荷载产生相反的应力。制造预应力钢筋混凝土构件的方法很多，基本上可分为先张法和后张法两大类。

先张法就是在浇筑混凝土之前，先将钢筋拉张固定，然后立模浇筑混凝土。等混凝土完全硬化后，去掉拉张设备或剪断钢筋，利用钢筋弹性收缩的作用，通过钢筋与混凝土间的粘结力把压力传给混凝土，使混凝土产生预应力。

后张法就是在混凝土浇好以后再张拉钢筋。这种方法是在设计配置预应力钢筋的部位，预先留出孔道，等到混凝土达到设计强度后，再穿入钢筋进行张拉，张拉锚固后，让混凝土获得压应力，并在孔道内灌浆，最后卸去锚固外面的张拉设备。

（2）渡槽的吊装

①排架的吊装

槽架下部结构有支柱、横梁和整体排架等。支柱和排架的吊装通常有垂直吊插法和就地旋转立装法两种。

垂直吊插法是用吊装机具将整个排架垂直吊离地面后，再对准并插入基础预留的杯口中校正固定的吊装方法。

就地旋转立装法是把支架当作一旋转杠杆，其旋转轴心设于架脚，并于基础铰接好，吊装时用起重机吊钩拉吊排架顶部，排架就地旋转立于基础上。

②槽身的吊装

槽身的吊装基本上可分为两类，即起重设备架立于地面上吊装及起重设备架立于槽墩或槽身上吊装。

2. 现浇式渡槽施工

现浇式渡槽的施工主要包括槽墩和槽身两部分。

（1）槽墩的施工

渡槽槽墩的施工，一般采用常规方法，也可采用滑升模板施工。使用滑升模板时，一般采用坍落度小于2cm的低流态混凝土，同时还需要在混凝土内掺速凝剂，以保证随浇随滑升，不致使混凝土坍塌。

（2）槽身的施工

渡槽槽身的混凝土浇筑，就整座渡槽的浇筑顺序而言，有从一端向另一端推进或从两端向中部推进以及从中部增加两个工作面向两端推进等几种方式。槽身如采取分层浇筑时，必须合理选取分层高度，应尽量减小层数，并提高第一层的浇筑高度。对于断面较小的梁式渡槽一般均采用全断面一次平起浇筑的方式。U形薄壳双悬臂梁式渡槽，一般采用全断面一次平起浇筑。

（三）倒虹吸管施工

介绍现浇钢筋混凝土倒虹吸管的施工。

现浇倒虹吸管施工顺序一般为放样、清基和地基处理，管座施工，管模板的制作与安装，管钢筋的制作与安装；管道接头止水施工；混凝土浇筑；混凝土养护与拆模。

1. 管座施工

在放样、清基和地基处理之后，即可进行管座施工。

管座的形式主要有刚性弧形管座、两节点式及中空式刚性管座。

（1）刚性弧形管座

刚性弧形管座通常是一次做好后，再进行管道施工。当管径较大时，管座事先做好，在浇捣管底混凝土时，则需在内模底部开置活动口，以便进料浇捣。为了避免在内模底部开口，也可采用管座分次施工的方法，即先做好底部范围（中心角约80°）的小弧座，以作为外模的一部分，待管底混凝土浇到一定程度时，即边砌小弧座旁的浆砌管座边浇混凝土，直到砌完整个管座为止。

（2）两点式及中空式刚性管座

两点式及中空式刚性管座均事先砌好管座，在基座底部挖空处可用土模代替外模。施工时，对底部回填土要仔细夯实，以防止在浇筑过程中，土壤产生压缩变形而导致混凝土开裂。

2. 混凝土的浇筑

在灌区建筑物中，倒虹吸管混凝土对抗拉、抗渗要求比一般结构的混凝土要严格得多。

要求混凝土的水灰比一般控制在0.5～0.6，有条件时可达到0.4左右，坍落度用机械振捣时为4～6cm，人工振捣不应大于6～9cm。含砂率常用值为30%～38%，以采用偏低值为宜。

（1）浇筑顺序

为便于整个管道施工，可每次间隔一节进行浇筑，例如先浇1#、3#、5#管，再浇2#、4#、6#管。

（2）浇筑方式

一般常见的倒虹吸管有卧式和立式两种。在卧式中，又可分平卧或斜卧，平卧大都是管道通过水平或缓坡地段所采用的一般方式，斜卧多用于进出口山坡陡峻地区，至于立式管道则多采用预制管安装。

不论平卧还是斜卧，在浇筑时，都应注意两侧或周围进料均匀，快慢一致。否则，将产生模板位移，导致管壁厚薄不一，从而严重影响管道质量。

第三节　橡胶坝

一、橡胶坝的形式

橡胶坝分袋式、帆式及钢柔混合结构式三种坝型，比较常用的是袋式坝型。坝袋按充胀介质可分为充水式、充气式和气水混合式；按锚固方式可分锚固坝和无锚固坝，锚固坝又分单线锚固和双线锚固等。

橡胶坝按岸墙的结构形式可分为直墙式和斜坡式。直墙式橡胶坝的所有锚固均在底板上，橡胶坝坝袋采用堵头式，这种形式结构简单，适应面广，但充坝时在坝袋和岸墙结合部位出现拥肩现象，引起局部溢流，这就要求坝袋和岸墙结合部位尽可能光滑。斜坡式橡胶坝的端锚固设在岸墙上，这种形式坝袋在岸墙和底板的连接处易形成褶皱，在护坡式的河道中，与上下游的连接容易处理。

二、橡胶坝组成

橡胶坝结构主要由土建、坝体、控制和安全观测系统三部分组成。

（一）土建部分

土建部分包括基础底板、边墩（岸墙）、中墩（多跨式）、上下游翼墙、上下游护坡、上游防渗铺盖或截渗墙、下游消力池、海漫等。铺盖常采用混凝土或黏土结构，厚度视不同材料而定，一般混凝土铺盖厚 0.3m，黏土铺盖厚不小于 0.5m。护坦（消力池）一般采用混凝土结构，其厚度为 0.3~0.5m。海漫一般采用浆砌石、干砌石或铅丝石笼，其厚度一般为 0.3~0.5m。

1. 底板

橡胶坝底板形式与坝型有关，一般多采用平底板。枕式坝为减小坝肩，在每跨底板端头一定范围内做成斜坡。端头锚固坝一般都要求底板面平直。对于较大跨度的单个坝段，底板在垂直水流方向上设沉降缝，缝距根据《水闸设计规范》（NB/T35023-2014）中的规定确定。

2. 中墩

中墩的作用主要是分隔坝段，安放溢流管道，支承枕式坝两端堵头。

3. 边墩

边墩的作用主要是挡土，安放溢流管道，支承枕式坝端部堵头。

（二）坝体（橡胶坝袋）

用高强合成纤维织物做受力骨架，内外涂上合成橡胶作粘结保护层的胶布，锚固在混凝土基础底板上，成封闭袋形，用水（气）的压力充胀，形成柔性挡水坝。主要作用是挡水，并通过充坍坝来控制坝上水位及过坝流量。橡胶坝主要依靠坝袋内的胶布（多采用锦纶帆布）来承受拉力，橡胶保护胶布免受外力的损害。根据坝高的不同坝袋可以选择一布二胶、二布三胶、三布四胶，采用最多的是二布三胶。一般夹层胶厚0.3～0.5mm，内层覆盖胶大于2.0mm，外层覆盖胶大于2.5mm。坝袋表面上涂刷耐老化涂料。

（三）控制和安全观测系统

控制和安全观测系统包括充胀和坍落坝体的充排设备、安全及检测装置。

三、橡胶坝设计要点

（一）坝址选择

设计时应根据橡胶坝特点和运用要求，综合考虑地形、地质、水流、泥沙、环境影响等因素，经过技术经济比较后确定坝址；宜选在河段相对顺直、水流流态平顺及岸坡稳定的河段；不宜选在冲刷和淤积变化大、断面变化频繁的河段；同时，应考虑施工导流、交通运输、供水供电、运行管理、坝袋检修等条件。

（二）工程布置

力求布局合理、结构简单、安全可靠、运行方便、造型美观。宜包括土建、坝体、充排和安全观测系统等；坝长应与河（渠）宽度相适应，坍坝时应能满足河道设计行洪要求，单跨坝长度应满足坝袋制造、运输、安装、检修以及管理要求；取水工程应保证进水口取水和防沙的可靠性。

（三）坝袋

作用在坝袋上的主要设计荷载为坝袋外的静水压力和坝袋内的充水（气）压力。

设计内外压比。值的选用应经技术经济比较后确定。充水橡胶坝内外压比值宜选用1.25～1.60；充气橡胶坝内外压比值宜选用0.75～1.10。

坝袋强度设计安全系数充水坝应不小于6.0，充气坝应不小于8.0。

坝袋袋壁承受的径向拉力应根据薄膜理论按平面问题计算。

坝袋袋壁强度、坝袋横断面形状、尺寸及坝体充胀容积的计算。

坝袋胶布除必须满足强度要求外，还应具有耐老化、耐腐蚀、耐磨损、抗冲击、抗屈挠、耐水、耐寒等性能。

（四）锚固结构

锚固结构形式可分为螺栓压板锚固、楔块挤压锚固以及胶囊充水锚固三种。应根据工程规模、加工条件、耐久性、施工、维修等条件，经过综合经济比较后选用。

锚固构件必须满足强度与耐久性的要求。

锚固线布置分单锚固线和双锚固线两种。采用岸墙锚固线布置的工程应满足坍坝时坝袋平整不阻水，充坝时坝袋褶皱较少的要求。

对于重要的橡胶坝工程，应做专门的锚固结构试验。

（五）控制系统

（1）坝袋的充胀与排放所需时间必须与工程的运用要求相适应。

（2）坝袋的充排有动力式和混合式。应根据工程现场条件和使用要求等确定。

（3）充水坝的充水水源应水质洁净。

（4）充排系统的设计包括动力设备、管路、进出水（气）口装置等。①动力设备的设计应根据工程情况、运用管理的可靠性、操作方便等因素，经济合理地选用水泵或空压机的容量及台数。重要的橡胶坝工程应配置备用动力设备。②管路设计应与充、排水（气）时间相适应，做到布置合理、运行可靠及维修方便，具有足够的充排能力。③充水坝袋内的充（排）水口宜设置两个水帽，出口位置应放在能排尽水（气）的地方并在坝内设置导水（气）装置。

（六）安全与观测设备

安全设备设置应满足下列要求：①充水坝设置安全溢流设备和排气阀，坝袋内压不超过设计值；排气阀装设在坝袋两端顶部。②充气坝设置安全阀、水封管或U形管等充气压力监测设备。③对建在山区河道、溢流坝上或有突发洪水情况出现的充水式橡胶坝，宜设自动坍坝装置。

观测装置设置宜满足下列要求：①橡胶坝上、下游水位观测，设置连通管或水位标尺，必要时亦可采用水位传感器。②坝袋内压力观测设置，充水坝采用坝内连通管；充气坝安装压力表，对重要工程应安装自动监测设备。

四、土建工程施工

（一）基坑开挖

基坑开挖宜在准备工作就绪后进行，对于沙砾石河床，一般采用反铲挖掘机挖装，自卸汽车运至弃渣区。要求预留一定厚度（20～30cm）的保护层，用人工挖清理至设计高程。

对于坝基础石方开挖，应自上而下进行。设计边坡轮廓面可采用预裂爆破或光面爆破，高度较大的边坡应考虑分台阶开挖；基础岩石开挖时，应采取分层梯段爆破；紧邻水平建基面，可预留保护层进行分层爆破，避免产生大量的爆破裂隙，损害岩体的完整性；设计边坡开挖前，应及时做好开挖边线外的危石处理、削坡、加固和排水等工作。

在开挖过程中，对于降雨积水或地下水渗漏，必须及时抽干，不得长期积水；若地基不满足设计要求，要开挖进行处理，并防止产生局部沉陷。侧墙开挖要严防塌方，以免影响工期。泵房施工及设备安装参照《水利泵站施工及验收规范》（GB/T51033-2014），并注意防渗要求，使橡胶坝能正常运行操作。

（二）混凝土施工

主要有坝底板、上游防渗铺盖、下游消力池、边墩（中墩）等混凝土施工。一般从岸边向中间跳仓浇筑，先浇筑坝基混凝土，再浇上游防渗铺盖混凝土、下游消力池混凝土。

坝底板混凝土施工流程：基础开挖→垫层混凝土→供排水管道安装→钢筋制作与安装→埋件与止水安装→模板安装→混凝土浇筑→拆模养护等。混凝土入仓时，注意吊罐卸料口接近仓面，缓慢下料，可采用台阶法或斜层铺筑法，避免扰动钢筋或预埋件。先浇筑沟槽，再浇筑底板。振捣时严禁接触预埋件及钢管。

边墩（中墩）混凝土施工流程：基础开挖→混凝土垫层→供排水管道安装→基础钢筋制作与安装→基础预埋件与止水安装→基础模板制作与安装→基础混凝土浇筑→墩墙钢筋制作与安装→墩墙模板安装→墩墙混凝土浇筑→拆模养护等。边墩（中墩）混凝土施工同坝底板混凝土施工，一般先浇筑基础混凝土，后浇墩墙混凝土。墩墙混凝土施工时，在墙体顶部设置下料漏斗，均匀下料，分层振捣密实。

止水安装如橡皮止水带（条）、铝皮止水等按设计要求进行。施工中按尺寸加工成型，拼组焊接。防止止水卷曲和移位，严禁止水上钉铁钉、穿孔。

（三）埋件和锚固

1. 预埋件安装

埋件安装有埋设在一期混凝土、地下和其他砌体中的预埋件，包括供排水管和套管、电气管道及电缆，设备基础、支架、吊架、坝袋锚固螺栓、垫板锚钩等固定件，接地装置等预埋件。

坝袋埋件主要有锚固螺栓和垫板。当坝底板立模、扎筋完成后，应在钢筋上放出锚固槽位置，将垫板按要求摆放到位，在两端焊拉线固定架，拉线确定垫板的中心线和高程控制线，把垫板上抬至设计高程，中心对中心然后焊接固定，再进行统一测量和检查调整。全部垫板安装完毕并检查无误后，可将锚固螺栓自下向上穿入垫板锚栓孔内，测量高程，调整垂直度和固定。

锚固螺栓和垫板全部安装完成以后，可安装锚固槽模板和浇筑混凝土。

2. 锚固施工

锚固结构形式可分为螺栓压板锚固和模块挤压锚固。

螺栓压板锚固的施工。在预埋螺栓时，可采用活动木夹板固定螺栓位置，用经纬仪测量，螺栓中心线要求成一直线。用水准仪测定螺栓高度，无误差后用木支撑将活动木夹板固定于槽内，再用一根钢筋将所有的钢筋和两侧预埋件焊接在一起，使螺栓首先牢固不动，然后才可向槽内浇筑混凝土。混凝土浇筑一般分为两期：一期混凝土浇筑至距锚固槽底 100mm 时，应测量螺栓中心位置高程和间距，发现误差及时纠正；二期混凝土浇筑后，在混凝土初凝前再次进行校核工作。压板除按设计尺寸制造外，还要制备少量尺寸不同规格的压板，以便适用于拐角等特殊部位。

楔块锚固。必须在基础底板上设置锚固槽，槽的尺寸允许偏差为 ±5mm，槽口线和槽底线一定要直，槽壁要求光滑平整无凸凹现象。为了便于掌握上述标准，可采用二期混凝土施工。二期混凝土预留的范围可宽一些。浇筑混凝土模块，要严格控制尺寸，允许偏差为小于 2mm；特别应保证所有直立面垂直；前模块与后模块的斜面必须吻合，其斜坡角度一般取 75°。

锚固线布置分单线锚固、双线锚固两种。单线锚固只有上游一条锚固线，锚线短，锚固件少，但多费些坝袋胶布，低坝和充气坝多采用单线锚固。由于单线锚固仅在上游侧锚固，坝袋可动范围大，对坝袋防振防磨损不利，尤其在坝顶溢流时，有可能在下游坝脚处产生负压，将泥沙（或漂浮物）吸进坝袋底部，造成坝袋磨损。双线锚固是将胶布分别锚固于四周，锚线长，锚固件多，安装工作量大相应地处理密封的工作量也大，但由于其四周锚固，坝袋可动范围小，有利于坝袋防振防磨损。

五、坝袋安装

（一）安装前检查

坝袋安装前的检查主要有以下五项：

（1）模块、基础底板及岸墙混凝土的强度必须达到设计要求。

（2）坝袋与底板及岸墙接触部位应平整光滑。

（3）充排管道应畅通，无渗漏现象。

（4）预埋螺栓、垫板、压板、螺帽（或锚固槽、模块、木芯）、进出水（气）口、排气孔、超压溢流孔的位置和尺寸应符合设计要求。

（5）坝袋和底垫片运到现场后，应结合就位安装首先复查其尺寸和搬运过程中有无损伤，如有损伤应及时修补或更换。

（二）坝袋安装顺序及要求

1. 底垫片就位（指双锚线型坝袋）

对准底板上的中心线和锚固线的位置，将底垫片临时固定于底板锚固槽内和岸墙上，按设计位置开挖进出水口和安装水帽，孔口垫片的四周作补强处理，补强范围为孔径的 3 倍以上；为避免止水胶片在安装过程中移动，最好将止水胶片粘贴在底垫片上。

2. 坝袋就位

底垫片就位后，将坝袋胶布平铺在底垫片上，先对齐下游端相应的锚固线和中心线，再使其与上游端锚固线和中心线对齐吻合。

3. 双线锚固型坝袋安装

按先下游，后上游，最后岸墙的顺序进行。先从下游底板中心线开始，向左右两侧同时安装，下游锚固好后，将坝袋胶布翻向下游，安装导水胶管，然后再将胶布翻向上游，对准上游锚固中心线，从底板中心线开始向左右两侧同时安装。锚固两侧边墙时，须将坝袋布挂起撑平，从下部向上部锚固。

4. 单线锚固型坝袋的安装

单线错固只有上游一条锚固线，锚固时从底板中心线开始，向两侧同时安装。先安装底层，装设水帽及导水胶管，放置止水胶，再安装面层胶布。

5. 堵头式橡胶坝袋的安装

先将两侧堵头裙脚锚固好；从底板中线开始，向两侧连续安装锚固。为了避免误差集中在一个小段上，坝袋产生褶皱，不论采用何种方法锚固，锚固时必须严格控制误差的平均分配。

6. 螺栓压板锚固施工步骤

压板要首尾对齐，不平整时要用橡胶片垫平；紧螺帽时，要进行多次拧紧，坝袋充水试验后，再次拧紧螺帽；紧螺帽时宜用扭力扳手，按设定的扭力矩逐个将螺栓进行拧紧；卷入的压轴（木芯或钢管）的对接缝应与压板接缝处错开，以免出现软缝，造成局部漏水。

7. 混凝土模块锚固施工步骤

将坝袋胶布与底垫片卷入木芯，推至锚固槽的半圆形小槽内；逐个放入前模块，一个前模块在两头处打入木模块，在前模块中间放入后模块，用大铁锤边打木模块，边打后模块，反复敲打使后模块达到设计深度并挤紧时，才将木模块撬起换上另两块后模块，如此反复进行；当锚固到岸墙与底板转角处，应以锚固槽底高程为控制点，坝袋胶布可在此处放宽300mm左右，这样坝袋胶布就可以满足槽底最大弧度要求。

第四节　渠道混凝土衬砌机械化施工

一、混凝土机械衬砌的优点

大断面渠道衬砌，衬砌混凝土厚度一般较小，在8～15cm，混凝土面积较大，但不同于大体积混凝土施工，目前国内外基本可以分为人工衬砌和机械衬砌。由于人工衬砌速度较慢，质量不均一，施工缝多，逐渐被机械化衬砌所取代。

渠道混凝土机械衬砌施工的优点可归纳如下：①衬砌效率高，一般可达到200m/h，约20m；②衬砌质量好，混凝土表面平整、光滑，坡脚过度圆滑、美观，密实度、强度也符合设计要求;③后期维修费用低。

二、衬砌坡面修整

渠道开挖时,渠坡预留约30cm的保护层。在衬砌混凝土浇筑前,需要根据渠坡地质条件选用不同的施工方法进行修整。

坡脚齿墙按要求砌筑完后,方可进行削坡。削坡分如下三步进行:

(一)粗削

削坡前先将河底塑料薄膜铺设好,然后在每一个伸缩缝处,按设计坡面挖出一条槽,并挂出标准坡面线,按此线进行粗削找平,防止削过。

(二)细削

是指将标准坡面线下混凝土板厚的土方削掉。粗削大致平整后,在两条伸缩缝中间的三分点上加挂两条标准坡面线,从上到下挂水平线依次削平。

(三)刮平

细削完成后,坡面基本平整,这时要用3~4m长的直杆(方木或方铝),在垂直于河中心线的方向上来回刮动,直至刮平。

清坡的方法:

人工清坡。在没有机械设备的条件下,可以使用人工清坡,在需要清理的坡面上设置网格线,根据网格线和坡面的高差,控制坡面高程。根据以往的施工经验,在大坡面上即使严格控制施工质量误差在±3cm。这个误差对于衬砌厚度只有8~10cm的混凝土来说是不允许的。即使是有垫层,也不能满足要求。对于坡长更长的坡面,人工清坡质量是难以控制的。

螺旋式清坡机。该机械在较短的坡面上(不大于10m)效果较好,通过一镶嵌合金的连续螺旋体旋转,将土体进行切削,弃土可以直接送至渠顶,但在过长的坡面上不适应,因为过长的螺旋需要的动力较大,且挠度问题难以解决。

滚齿式。该清坡机沿轨道顺渠道轴线方向行走,一定长度的滚齿旋转切削土体,切削下来的土体抛向渠底,形成平整的原状土坡面。一幅结束后,整机前移,进行下一幅作业。

先由一台削坡机粗削坡,削坡机保留3~4mm的保护层。待具备浇筑条件时,由另一台削坡机精削坡一次修至设计尺寸,并及时铺设保温防渗层。

超挖的部位用与建基面同质的土料或沙砾料补坡,采用人工或小型碾压机械压实。对于因雨水冲刷或局部坍塌的部位,先将坡面清理成锯齿状,再进行补坡。补坡厚度高出设计断面,并按设计要求压实。可采用人工方式也可以使用与衬砌机配套使用的专用渠道修整机精修坡面。

渠坡修整后的平整度对保温板铺设的影响较大,土质边坡宜采用机械削坡以保证良好的平整度。

三、沙砾或者胶结沙砾垫层、保温层、防渗层铺设

(一) 沙砾或者胶结沙砾垫层铺设

根据设计要求渠坡需要铺设沙砾料垫层。垫层沙砾料要求质地坚硬、清洁、级配良好。铺料厚度、含水率、碾压方法及遍数通常根据现场试验确定。铺料及碾压可采用横向振动碾压衬砌机一次完成。

采用垫层摊铺机可连续将沙砾或者胶结沙砾料摊铺在坡面和坡脚上,摊铺机振动梁系统同步将其密实成型,工效高,质量好。摊铺后,垫层密实度和坡面、坡脚表面形状误差均可满足设计要求。

垫层铺设后采用灌水(砂)法取样作相对密度检验。每 600m² 或每压实班至少检测一次,每次测点不少于 3 个,坡肩、坡脚部位均设测点,检查处人工分层回填捣实。

沙砾料或沙料削坡按渠道削坡的有关要求执行。

(二) 保温层铺设

为满足抗冻(胀)要求,北方冬季低温地区的渠道混凝土衬砌下铺设保温层,保温材料通常采用聚苯乙烯泡沫塑料板。保温板是否紧贴建基面对衬砌面板混凝土能否振捣密实有较大影响。

外观完整,色泽与厚度均匀,表面平整清洁,无缺角、断裂、明显变形。保温板应错缝铺设,平整牢固,板面紧贴渠床,接缝紧密平顺,两板接缝处的高差不大于 2mm。板与板之间、板与坡面基础之间紧密结合,聚苯乙烯保温板位置放好后用 U 形卡从板面钉入砂砾料层固定(梅花状布置),铺好的板上面严禁穿戴钉鞋行走,铺板完成后、铺设复合土工膜之前同样对保温板的接缝、平整度进行检查,平整度控制在 ±5mm,使用 2m 靠尺进行检查,接缝控制在 0~2mm。

(三) 防渗层铺设

1. 复合土工膜铺设

复合土工膜施工之前首先做焊接试验,焊接抗拉强度至少不能低于母材的 80%,从试验得出适应与现场实际操作、施工的一些技术参数。

铺设时由坡肩自上而下滚铺至坡脚,中间不出现纵向连接缝。渠坡和渠底结合部以及和下段待铺的复合土工膜部位预留 50~80cm 搭接长度,坡肩处根据设计蓝图预留 80cm 复合土工膜的长度。复合土工膜在铺设时先将土工膜按尺寸、匹幅铺好,膜与膜之间不能有褶皱,复合土工膜垂直于水流方向铺设,膜与膜重合 10cm 进行焊接。铺时将焊接接头预留好后用剪刀剪断。土工膜铺好后进行固定,使用沙袋或其他重物将其压紧。

2. 复合土工膜裁剪

复合土工膜裁剪时以长木条作参照划线引导,保证裁剪后边缘整齐平顺,使用记号笔按照要求的最少搭接界限标识在接缝处上下两张膜上,保证焊接后的搭接宽度。

遇到建筑物时根据建筑物尺寸在复合土工膜上进行标识,并根据土工膜与建筑物的粘结宽度进行裁剪。

3. 复合土工膜与建筑物粘接

若复合土工膜与墩、柱、墙等建筑物进行粘接,粘接宽度不小于设计要求,建筑物周围复合土工膜充分松弛。保证土工膜与建筑物粘结牢固,防水密封可靠,对土工膜或墩柱进行涂胶之前,将涂胶基面清理干净,保持干燥。涂胶均匀布满粘结面,不出现过厚、漏涂现象。粘结过程和粘结后2h内粘结面不承受任何拉力,并保证粘结面不发生错动。

4. 复合土工膜连接

(1)连接顺序

缝合底层土工布、热熔焊接或粘接中层土工膜、缝合上层土工布。

(2)土工膜热熔焊接

采用热合爬行机焊接。每天施工前均先作工艺试验,确定当天焊机的温度、速度、档位等工作参数。施工时应根据天气情况适时调整。环境气温在5~35℃,进行正常焊接。气温低于5℃时,焊接前对搭接面进行加热处理。当环境温度和不利的天气条件严重影响土工膜焊接时,不进行作业;焊接机械采用ZPH-501或ZPH-210型土工膜焊接机,温度控制在420~450℃,焊机档位控制在3~3.5挡,焊机行走速度控制在4.4~4.8m/min,保证不出现虚焊、漏焊和超量焊等现象。

土工膜焊接前将土工膜焊接面上的尘土、泥土、油污等杂物清理干净,水汽用吹风机吹干,保证焊接面清洁干燥。多块土工膜连接时,接头缝相互错开100cm以上,焊接形成"T"字型结点,不出现"十"字型。

采用双焊缝焊接。双焊缝宽度采用2×10mm,搭接宽度10cm,焊缝间留有约1cm的空腔。在焊接过程中和焊接后2h内,保证焊接面不承受任何拉力及焊接面错动。

当施工中焊缝出现脱空、收缩起皱及扭曲鼓包等现象时,将其裁剪剔除后重新进行焊接。出现虚焊、漏焊时,用特制焊枪补焊。

焊机定期进行保养和维护,及时清理杂物。

(3)土工布缝合

将上层土工布和中层土工膜向两侧翻叠,先将底层土工布铺平、搭接、对齐,进行缝合。土工布缝合采用手提缝包机,缝合时针距控制在6mm左右,保证连接面松紧适度、自然平顺,土工膜与土工布联合受力。上层土工布缝合方法与下层土工布缝合方法相同,土工布缝合强度不低于母材的70%。

5. 复合土工膜保护措施

复合土工膜专车运输。装卸、搬运时不拖拉、硬拽,不使用任何可能对复合土工膜造成损伤的机具,避免尖锐物刺伤;复合土工膜铺设人员应穿软底鞋,严禁穿硬底鞋或穿钉鞋作业;铺设好的复合土工膜由专人看管。严禁在复合土工膜上进行一切可能引起复合土工膜损坏的施工作业；堤顶预留的土工膜及时挖槽用土封压，坡脚部位土工膜用彩条布包裹并用沙袋覆压保护，衬砌混凝土浇筑时，保证模板的支立和固定不造成复合土工膜破坏，采用在模板的辅助装置上压置重物、设置支撑等方法支立和固定模板；铺设过程中，采用砂袋或软性重物压重的方法，防止大风对已铺设土工膜造成破坏；施工现场严禁烟火，电气焊作业远离复合土工膜。

四、浇筑衬砌

（一）准备工作

砂砾料防冻胀层、聚苯乙烯保温板和复合土工膜经验收合格；校核基准线；拌和系统运转正常，运输车辆准备就绪；工作台车、养护洒水车等辅助施工设备运转正常；衬砌机设定到正确高度和位置；检查衬砌板厚的设置，板厚与设计值的允许偏差为 $-5\% \sim +20\%$。

（二）衬砌机的安装

国内衬砌机均为采用轨道式，控制好轨道线是衬砌机定位的关键。根据设计渠道纵轴线、渠道断面尺寸和衬砌机的特性，用全站仪放出渠顶和渠底的轨道中心线，及轨道顶面高程，人工精心铺设。轨道基底要求平整、密实便于控制渠坡衬砌厚度，渠底有地下水的情况必须先对地基进行相应处理（局部换填或浇筑混凝土垫层），避免轨道基底沉陷影响衬砌质量。

（三）模板安装

完成土工膜铺设后开始侧模安装，测量放样出面板横缝位置线和面板顶面及底面线，严格按设计线控制其平整度，不出现陡坎接头。侧模及端头模板均采用10#槽钢安装模板时，在背面钢筋上加压砂袋对模板进行固定。齿槽和坡肩侧模板采用定型钢模板，混凝土衬砌施工过程中测量人员随时对模板进行校核，保证混凝土分缝顺直。

（四）混凝土拌制

渠道混凝土所用的原材料，如水泥、粉煤灰、砂石骨料、外加剂等原材料要符合设计和有关规范要求。衬砌混凝土配合比由试验室提供，保证满足耐久性、强度和经济性等基本要求，并适应机械化施工的工作性要求。骨料的最大粒径不大于衬砌混凝土板厚度的1/3。混凝土拌合物的坍落度为 $7 \sim 9cm$。

衬砌混凝土的用水量、砂率、水灰比及掺和料比例通过优化试验确定。配合比参数不得随意变更，当气候和运输条件发生变化时，微调水量，维持入仓坍落度不变，保证衬砌混凝土机械化施工的工作性。

外加剂采用后掺法掺入，以液体形式掺加，其浓度和掺量根据配合比试验确定。混凝土的拌制时间通过试验确定，混凝土随拌、随运、随用。因故发生分离、漏浆、严重泌水、坍落度降低等问题时，在浇筑现场重新拌合，若混凝土已初凝，作废料处理。

衬砌厚度的控制由衬砌机的液压升降支腿和内置的模板进行调节控制，轨道铺设纵坡比率与渠道的纵坡比率一致，在衬砌过程中使用自制的高程标签插入已铺好的混凝土中检查衬砌厚度（包括虚铺厚度及压光后的厚度），坡肩、坡面、坡脚处均设侧点，如发现厚度有误差及时进行调整。

（五）衬砌混凝土浇筑

在混凝土衬砌基层检查合格后，进行混凝土衬砌施工。混凝土熟料由混凝土搅拌车运输至布料机进料口，采用螺旋布料器布料，开动螺旋输料器均匀布置。开动振动器和纵向行走开关，边输料边振动，边行走。布料较多时，开动反转功能，将混凝土料收回。布料宽度达到2~3m时，开动成型机，启动工作部分开始二次振捣、提浆、整平。施工时料位的正常高度应在螺旋布料器叶片最高点以下，保证不缺料。30cm段护顶混凝土与渠坡混凝土一次成型。使用滑膜衬砌机时完成一段渠坡衬砌后往前行进。用同衬砌厚度相同的槽钢作为上下边模板，安装在上口设计水平段外边线和坡脚齿槽外边线处，并用钢筋桩与底基定位。防止边脚混凝土坍塌变形。

滑模衬砌机施工出现的局部混凝土面缺陷由人工进行修补，保证衬砌面的平整。

混凝土浇筑过程中应高度重视振捣工艺，确保混凝土振捣密实、表面出浆，避免漏振、过振或欠振，浇筑后应避免扰动，严禁踩踏。渠底混凝土浇筑时，要避免雨水、渠坡养护水、地下水等外来水流入仓位，影响混凝土浇筑质量或对已浇筑完成的混凝土造成破坏。渠底混凝土严重的泌水问题通常会导致成品混凝土遭受冻融或表面剥蚀损坏，施工时应采取恰当的处理措施。

当衬砌机出现故障时，立即通知拌和站停止生产，在故障排除衬砌机内混凝土尚未初凝时，继续衬砌。停机时间超过2h，应及时将衬砌机驶离工作面，清理仓内混凝土，故障出现后对已浇筑的混凝土进行严格的质量检查，并清除分缝位置以外的浇筑物，为恢复衬砌作业作好准备。混凝土终凝后及时铺盖棉毡洒水养护，割缝完成后，进行第二次覆盖。

（六）衬砌混凝土表面成型

衬砌混凝土初凝前应采用与混凝土衬砌机配套的专用抹面压光机及时进行抹面压光，表面平整度控制在8mm/2m。

混凝土浇筑完成后要及时提浆抹面，确定合理的收面时机和抹面遍数，既要保证衬砌混凝土面板的平整度，又要避免过度抹光，严禁扰动已初凝的混凝土，杜绝二次洒水、撒灰抹面。

（七）养护

衬砌混凝土养护时间与普通混凝土一样，养护方式大致可分为喷雾养护、洒水养护、铺塑料薄膜养护、铺草帘、毡布等保湿养护及用养护剂养护等。由于渠道衬砌施工速度快、线路长、面积大、混凝土面板厚度薄、所处环境气候变化大，养护不到位易使混凝土水分散失加快，造成水化作用不充分，从而导致混凝土强度不足、裂缝大量产生。因此，养护工作至关重要，应引起高度重视。

混凝土面层浇筑完毕后及时养护，在纵、横方向均匀洒布养护剂，喷洒要均匀，成膜厚度一致，喷洒时间在表面混凝土泌水完毕后进行，喷洒高度控制在 0.5~1m。

除喷洒上表面外，板两侧也要喷洒。然后喷洒一次水，覆盖薄膜，养护不少于28d。

（八）特殊天气施工

在渠道混凝土衬砌施工过程中如遇到特殊气候条件，要采取应急措施，保证衬砌混凝土施工质量。

1. 风天施工

采取必要的防范措施，防止塑性收缩裂缝产生。适当调整混凝土用水量，增加混凝土出机口的坍落度 1~2cm。在衬砌的作业面及时收面并立即养护，对已经衬砌完成并出面的浇筑段及时采取覆盖塑料布等养护措施。

2. 雨天施工

雨季施工要收集气象资料，并制定雨季雨天衬砌施工应急预案。砂石料场做好排水通道，运输工具增加防雨及防滑措施，浇筑仓面准备防雨覆盖材料，以备突发阵雨时遮盖混凝土表面。当浇筑期间降雨时，启动应急预案，浇筑仓面搭棚遮挡防雨水冲刷。降雨停止后必须清除仓面积水，不得带水抹面压光作业。降雨过后若衬砌混凝土尚未初凝，对混凝土表面进行适当的处理后才能继续施工；否则应按施工缝处理。雨后继续施工，需重新检测骨料含水率，并适时调整混凝土配合比中的水量。

3. 高温季节施工

日最高气温超过 30℃时，应采取相应措施保证入仓混凝土温度不超过 28℃。加强混凝土出机口和入仓混凝土的温度检测频率，并应有专门记录。

高温季节施工可增加骨料堆高，骨料场搭设防晒遮阳棚、骨料表面洒水降温等措施以降低混凝土原材料的温度，并合理安排浇筑时间、掺加高效缓凝减水剂、采用加冰或加冰水拌合、对骨料进行预冷等方法降低混凝土的入仓温度。混凝土运输罐车采取防晒措施、混凝土输送带搭建防晒棚等措施降低入仓温度。

4. 低温施工

当日平均气温连续 5d 稳定在 5℃以下或现场最低气温在 0℃以下时，不宜施工。如因需要继续施工，应采取措施保证混凝拌合物的入仓温度不低于 5℃；当日平均气温低于 0℃时，应停止施工。

低温季节施工可增加骨料堆高和覆盖保温方式，掺加防冻剂、热水拌和等措施。拌和水温一般不超过 60℃，当超过 60℃时，改变拌和加料顺序，将骨料与水先拌和，然后加入水泥拌和，以免水泥假凝。在混凝土拌和前，用热水冲洗拌和机，并将积水或冰水排除，使拌和机体处于正温状态。混凝土拌和时间比常温季节适当延长20%~25%。对混凝土运输车车罐采取保温措施，尽量缩短混凝土运输时间。对衬砌成型的混凝土及时覆盖保温或采取蓄热保温措施保温养护。

第五节 生态护坡

一、生态护坡类型

（一）人工种草护坡

人工种草护坡，是通过人工在边坡坡面简单播撒草种的一种传统边坡植物防护措施。多用于边坡高度不高、坡度较缓且适宜草类生长的土质路堑和路堤边坡防护工程。

优点：施工简单、造价低廉等。

缺点：由于草籽播撒不均匀，草籽易被雨水冲走，种草成活率低等原因，往往达不到满意的边坡防护效果，而造成坡面冲沟，表土流失等边坡病害，导致大量的边坡病害整治、修复工程，使得该技术近年应用较少。

（二）液压喷播植草护坡

液压喷播植草护坡，是将草籽、肥料、黏着剂、纸浆、土壤改良剂土、色素等按一定比例在混合箱内配水搅匀，通过机械加压喷射到边坡坡面而完成植草施工的。

优点：①施工简单、速度快；②施工质量高，草籽喷播均匀发芽快、整齐一致；③防护效果好，正常情况下，喷播一个月后坡面植物覆盖率可达70%以上，两个月后形成防护、绿化功能；④适用性广。

目前，国内液压喷播植草护坡在水利、公路、铁路、城市建设等部门边坡防护与绿化工程中使用较多。

缺点：①固土保水能力低，容易形成径流沟和侵蚀；②施工者容易偷工减料做假，形成表面现象；③因品种选择不当和混合材料不够，后期容易造成水土流失或冲沟。

（三）客土植生植物护坡

客土植生植物护坡，是将保水剂、黏合剂、抗蒸腾剂、团粒剂、植物纤维、泥炭土、腐殖土、缓释复合肥等一类材料制成客土，经过专用机械搅拌后吹附到坡面上，形成一定厚度的客土层，然后将选好的种子同木纤维、黏合剂、保水剂、复合肥、缓释营养液等经过喷播机搅拌后喷附到坡面客土层中。

优点：①可以根据地质和气候条件进行基质和种子配方，从而具有广泛的适应性；②客土与坡面的结合牢固；③土层的透气性和肥力好；④抗旱性较好；⑤机械化程度高，速度快，施工简单，工期短；⑥植被防护效果好，基本不需要养护就可维持植物的正常生长。

该法适用于坡度较小的岩基坡面、风化岩及硬质土砂地,道路边坡,矿山,库区以及贫瘠土地。

缺点:要求边坡稳定、坡面冲刷轻微,边坡坡度大的地方,已经长期浸水地区均不适合。

(四)平铺草皮

平铺草皮护坡,是通过人工在边坡面铺设天然草皮的一种传统边坡植物防护措施。

优点:施工简单,工程造价低、成坪时间短、护坡功效快,施工季节限制少。

适用于附近草皮来源较易、边坡高度不高且坡度较缓的各种土质及严重风化的岩层和成岩作用差的软岩层边坡防护工程。是设计应用最多的传统坡面植物防护措施之一。

缺点:由于前期养护管理困难,新铺草皮易受各种自然灾害,往往达不到满意的边坡防护效果,而造成坡面冲沟、表土流失、坍滑等边坡灾害。导致大量的边坡病害整治、修复工程。近年来,由于草皮来源紧张,使得平铺草皮护坡的作用逐渐受到了限制。

(五)生态袋护坡

生态袋护坡,是利用人造土工布料制成生态袋,植物在装有土的生态袋中生长,以此来进行护坡和修复环境的一种护坡技术。

优点:透水、透气、不透土颗粒、有很好的水环境和潮湿环境的适用性,基本不对结构产生渗水压力。施工快捷、方便,材料搬运轻便。

缺点:由于空间环境所限,后期植被生存条件受到限制,整体稳定性较差。

(六)混凝土生态护坡

混凝土生态护坡,是由石块、混凝土砌块、现浇混凝土等材料形成网格,在网格中栽植植物,形成网格与植物综合护坡系统,既能起到护坡作用,同时能恢复生态、保护环境。

混凝土生态护坡将工程护坡结构与植物护坡相结合,护坡效果非常好。其中现浇网格生态护坡是一种新型护坡专利技术,具有护坡能力极强、施工工艺简单、技术合理、经济实用等优点,是新一代生态护坡技术,具有很大的实用价值。

二、生态混凝土材料

(一)骨料

骨料宜采用单级配,粒径宜控制在20~40mm。针片状颗粒含量不宜大于15%,逊径率不宜大于10%,含泥(粉)总量不宜大于1%。

(二)水泥

生态混凝土应采用通用硅酸盐水泥作为胶凝材料,包括硅酸盐水泥、普通硅酸盐水泥、矿渣硅酸盐水泥、火山灰质硅酸盐水泥、粉煤灰硅酸盐水泥或复合硅酸盐水泥。

（三）添加剂

制作用于水上护坡、护岸的生态混凝土，空隙内应添加盐碱改良材料，以改善空隙内生物生存环境。盐碱改良材料应具有下列功能：

（1）不破坏维持混凝土稳定性、耐久性的碱性环境；

（2）避免混凝土析出的盐碱性物质对生态系统的不利影响。

用于水上护坡、护岸的生态混凝土宜添加缓释肥，或通过盐碱改良材料与混凝土析出物相互作用提供植物生长必需元素。

对有抗冻要求的地区，制作生态混凝土时应添加引气减水剂，提高抗冻融能力。

当需进一步提高生态混凝土抗压强度时，可在拌和时加入减水剂或环氧树脂、丙乳等聚合物黏合剂。

三、生态混凝土施工

（一）生态混凝土的配合比

生态混凝土的配合比应符合下列规定：

（1）生态混凝土的骨料品种和粒径、水灰比，应满足防护安全要求和构建不同生态系统的需要。

（2）骨料粒径宜为 20～400mm，水泥用量宜为 280～320kg/m²，水灰比不宜大于 0.5，必要时应加入减水剂。

（3）采用碎石或砾石作为骨料的生态混凝土，其抗压强度不应小于 5MPa。

（4）盐碱改良材料用量应根据营养基和盐碱改良材料的性能综合确定，确保植物一次播种绿化年限不应少于 5 年。

（二）生态混凝土的配制

生态混凝土的配制应符合下列规定：

（1）生态混凝土的拌和宜采取两次加水方式，即先将骨料倒入搅拌设备中，加入用水量的 50%，使骨料表面湿润，再加入水泥进行搅拌混合；然后陆续加入的 50% 用水量继续进行搅拌，以骨料被水泥浆充分包裹、表面无流淌为度。

（2）生态混凝土在运送途中，应避免阳光暴晒、风吹、雨淋，防止形成表面初凝或脱浆。如有表团初凝现象，应进行人工拌和，符合要求后方可入仓。

（三）坡式结构施工

坡式结构清基及修坡应符合下列规定：

（1）坡式结构施工前应进行清基和修坡处理，不得有树根、杂草、垃圾、废渣、洞穴及粒径 50mm 以上的土块。

（2）坡面应平整，无软基，坡面修整的坡比、表面压实度应满足设计要求和生态修复要求。

（3）修整后的坡面无天然可耕作表土时，应根据设计要求，覆盖适合植物生长的土料。

（4）对清除的表土应外运至弃土场，不得重新用于填筑边坡；对可利用的种植土料宜进行集中储备，并采取防护措施。

（四）柔性生态护坡

柔性生态护坡工程系统的根植土厚度达 0.3m 以上，完全达到园林规范要求，植被土层的厚度，可为各种草本和木本植物提供良性生长的土壤环境。

1. 结构稳定

自锁结构，整体受力，有很好的稳定性，对冲击力有很好的缓冲作用，抗震性好。生态袋具有透水、透气、不透土的性能，有很好的水环境和潮湿环境的适应性，基本不对结构产生反渗水压力。结构面通过植被的根系同原自然坡面结合成一个有机的整体，不会产生分离和坍塌等现象。对基础处理要求低，对不均匀沉降有很好的适应性，结构不产生温度应力，不需要设置伸缩缝。是永久性有生命的工程，随着时间的延续，植被根系进一步发达，结构的稳定性和牢固性也会进一步地加强。

2. 生态环保

良好的生态环境系统，乔、灌、藤、花、草结合，植被不退化。不使用传统的高耗能材料，不产生建筑垃圾，没有施工噪音污染，能与生态环境很好的融合。植物种子选择多样化，在乡土植物、地带性的前提下，充分发挥植物根系的保土、蓄水、改良环境等功能。绿维生态护坡的广泛应用，比传统做法节约 80% 以上的能源消耗，可为国家节约数以亿万计的二氧化碳等有害气体排污治理费。

3. 施工快捷

施工快捷方便，施工人员专业技术要求低。管理方便，材料轻便易运易储，运输量比传统做法减少 95% 以上。

4. 维护费低

良好的生态边坡，植被持久不会退化，不需后期维护费。相比于传统护坡，绿维柔性生态技术为植被生长提供更厚的土壤环境，延长了植被生长时间，减少了修复次数及费用。植物土壤改良方便，肥效利用明显提高，减少多次补肥费用，透水透气系统强有利植被生长，节省维护费用。就地取土，进行土壤改良，节省二次搬运费用。

四、生态袋

生态袋护坡系统针对开挖坡度 65°～75°，甚至更大坡度，易发生滑坡和垮塌的边坡，宜采用生态袋生态护坡系统进行防护施工。其核心技术是不可替代的高分子生态袋：用由聚丙烯及其他高分子材料复合制成的材料编织而成，耐腐蚀性强，耐微生物分解,抗紫外线,易于植物生长,使用寿命长达70年的高科技材料制成的护坡材料。主要特点是:它允许水从袋体渗出,从而减小袋体的静水压力;它不允许袋中土壤泻出袋外,达到了水土保持的目的,成为植被赖以生存的介质;袋体柔软,整体性好。

生态袋护坡系统通过将装满植物生长基质的生态袋沿边坡表面层层堆叠的方式在边坡表面形成一层适宜植物生长的环境,同时通过连接配件将袋与袋之间,层与层之间,生态袋与边坡表面之间完全紧密的结合起来,达到牢固的护坡作用,同时随着植物在其上的生长,进一步地将边坡固定然后在堆叠好的袋面采用绿化手段播种或栽植植物,达到恢复植被的目的。由于采用生态袋护坡系统所创造的边坡表面生长环境较好(可达到30~40cm厚的土层),草本植物、小型灌木,甚至一些小乔木都可以非常好地生长,能够形成茂盛的植被效果。近年来被广泛应用于各种恶劣情况下的边坡防护施工以及其他一些防护和生态修复领域。

施工程序:①施工准备,做好人员、机具、材料准备。挖好基础。②清坡,清除坡面浮石、浮根,尽可能平整坡面。③生态袋填充,将基质材料填装入生态袋内。采用封口扎带或现场用小型封口机封制。④生态袋和生态袋结构扣及加筋格栅的施工,基础和上层形成的结构将生态袋结构扣水平放置两个袋子之间在靠近袋子边缘的地方,以便每一个生态袋结构扣跨度两个袋子,摇晃扎实袋子以便每一个标准扣刺穿袋子的中腹正下面。每层袋子铺设完成后在上面放置木板并由人在上面行走踩踏,这一操作是用来确保生态袋结构扣和生态袋之间良好的联结。铺设袋子时,注意把袋子的缝线结合一侧向内摆放,每垒砌三层生态袋便铺设一层加筋格栅,加筋格栅一端固定在生态袋结构扣。在墙的顶部,将生态袋的长边方向水平垂直于墙面摆放,以确保压顶稳固。⑤绿化施工,喷播:采用液压喷播的方式对构筑好的生态袋墙面进行喷播绿化施工,然后加盖无纺布,浇水养护。栽植灌木:对照苗木带的土球大小,用刀把生态袋切割成一个"丁"字小口,同时揭开被切的袋片;用花铲将被切位置土壤取出至适合所带土球大小,被取土壤堆置于切口旁边;用枝剪把苗木的营养袋剪开,完全露出土球,适当修剪苗木根系与枝叶;把苗木放到土穴中,然后用花铲将土壤回填到土穴缝边,同时扎土,直到回填完好,并且盖好袋片;对于刚插植完的苗木,必须浇透淋根水;后期按绿化规范管养。

五、三维植被网

(一)三维植被网结构

三维植被网是以热塑性树脂为原料,经挤出、拉伸等工序精制而成。它无腐蚀性,化学性稳定,对大气、土壤、微生物呈惰性。

三维植被网的底层为一个高模量基础层,采用双向拉伸技术,其强度高,足以防止植被网变形,并能有效防止水土流失。三维植被网的表层为一个起泡层,膨松的网包以便填入土壤、种上草籽帮助固土,这种三维结构能更好地与土壤相结合。

作用:在边坡防护中使用三维植被能有效地保护坡面不受风、雨、洪水的侵蚀。三维植被网的初始功能是有利于植被生长。随着植被的形成,它的主要功能是帮助草根系统增强其抵抗自然水土流失能力。

（二）三维植被网的特点

由于网包的作用，能降低雨滴的冲击能量，并通过网包阻挡坡面雨水的流速，从而有效地抵御雨水的冲刷；网包中的充填物（土颗粒、营养土及草籽等）能被很好地固定，这样在雨水的冲蚀作用下就会减少流失；在边坡表层土中起着加筋加固作用从而有效地防止了表面土层的滑移；三维植被网能有助于植被的均匀生长，植被的根系很容易在坡面土层中生长固定；三维植被网能做成草毯进行异地移植，能解决需快速防护工程的植被要求。

（三）三维网植草防护的特点

使边坡具有较大的稳定性，实施三维网植草后，草根生长与三维网形成地面网系，有效防止地表径流冲刷，而根系深入原状坡面深层，使坡面土层与三维网及草坪共同组成坡面防护体系，对坡面的稳定起到重要的作用；创造一个绿意浓郁的边坡生态环境，改善高速公路的景观，符合现行环境要求；工艺简单，操作方便、施工速度快；经济可行。

（四）施工程序与施工工艺

三维网植草是一种新的边坡防护方式，该方法具有工艺操作方便、施工速度快、经济可行的特点，且一般能满足河道边坡防护和美化的要求，其施工程序与工艺如下：边坡场地处理→挂网→固定→回填土→喷播草籽→覆盖无纺布→养护管理

1. 边坡场地处理

在修整后的坡面上进行场地处理，首先清除石头、杂草、垃圾等杂物然后平整坡面、使坡面流畅并要适当人工夯实。不要出现边坡凹凸不平、松垮现象。

2. 挂网

三维网在坡顶延伸50cm埋入截水沟或土中，然后自上而下平铺到坡肩，网与网间平搭，网紧贴坡面，无皱褶和悬空现象。

3. 固定

选用植mm钢筋和8#铁丝做成的U形钉进行固定，在坡顶、搭接处采用主锚钉固定。坡面其余部分采用辅锚钉固定。坡顶锚钉间距为70cm，坡面锚钉间距为100cm。锚钉规格：主锚钉为（φ6mm钢筋）U形钢钉长20～30cm，宽10cm，辅锚钉为（小8#铁丝）U形铁钉长15～20cm，宽5cm，固定时，钉与网紧贴坡面。

4. 回填土

三维网固定后，采用干土施工法进行回填土，把黏性土、复合肥或沤制肥充分搅拌均匀，并分2～3次人工抛洒在边坡坡面上，第一次抛洒的厚度控制在3～5cm为适，第二次抛洒厚度1～2cm，回填直至覆盖网包（指自然沉降后）。每次抛洒完毕后，在抛洒土壤层的表面机械洒水，机械洒水时，水柱要分散，洒水量不能太多，以免造成新回填土流失，目的是使回填的干土层自然沉降，并要进行适度夯实，防止局部新回填土

层与三维网脱离。要求填土后的坡面平整，无网包外露。所选用的黏性土应颗粒均称，显粉末状，无石块与其他杂物存在，肥料可采用进口复合肥（N∶P∶K=15∶15∶15）或堆沤基肥，用肥量：$20g/m^2$。

采用干土施工法，具有施工操作简单，对路面不会造成污染等优点。

5. 喷播草籽

喷播草籽：液压喷播绿化技术，其原理及操作方法是应用机械动力，液压传送，将附有促种子萌发小苗木生长的种子附着剂、纸纤维、复合肥、保湿剂、草种子和一定量的清水，溶于喷播机内经过机械充分搅拌，形成均匀的混合液，而通过高压泵的作用，将混合液高速均匀喷射到已处理好的坡面上，附着在地表与土壤种子形成一个有机整体，其集生物能、化学能、机械能于一体具有效率高、成本低，劳动强度小，成坪快的优点。

草种配比：根据边坡的自然条件、立地条件、土壤类型等客观因素科学地进行草种配比，使其能在边坡坡面上良好生长，形成"自然、优美"的景观。使用的具体品种及用量视现场而定。

6. 覆盖无纺布

根据施工期间气候情况及边坡的坡度，来确定在喷播表面层盖单层或多层无纺布，以减少因强降水量造成对种子的冲涮，同时也减少边坡表面水分的蒸发，从而进一步改善种子的发芽、生长环境。

7. 养护管理

苗期注意浇水，确保种子发芽、生长所需的水分；适时揭开无纺布，保证草苗生长正常；适当施肥，一般使用进口复合肥，为草坪生长提供所需养分；定时针对性地喷洒农药，定期清除杂草，保证草坪健康生长；成坪后的草坪覆盖率达到95%以上，一片葱绿、无病虫害。

第四章 隧洞开挖施工技术

第一节 钻孔爆破法施工技术

一、施工特点及应用范围

钻孔爆破法是指通过钻孔、装药、爆破开挖岩石的方法，简称钻爆法，是水利水电工程隧洞开挖最常用的施工方法，其对岩层地质条件适应性强、开挖成本低，尤其适合岩石坚硬的隧洞施工。

钻孔爆破法最初由人工手把钎、锤击凿孔，用火雷管逐个引爆单个药包，发展到如今用凿岩台车或多臂钻台车钻孔，用毫秒微差爆破、预裂爆破及光面爆破等爆破技术。施工前，必须根据地质条件、隧洞断面大小、支护型式、工期要求以及施工设备、技术参数等相关条件，择优选定隧洞开挖方案。

钻爆参数设计的主要内容是：①确定开挖断面的炮孔布置，包括各类炮孔的位置、深度及方向；②确定各类炮孔的装药量、装药结构及堵孔方式；③确定各类炮孔的起爆方法和起爆顺序。

水工隧洞岩石开挖爆破施工主要有以下特点：①受通风、照明、噪声及水文地质等因素影响，钻爆作业条件差。②受施工场地限制，钻爆施工与围岩支护、出渣运输等工序交叉作业，施工难度大。③爆破自由面少，受围岩的挟制作用，岩石破碎难度大，岩石爆破的单位耗药量高。④水工隧洞成型断面质量要求高，按水利工程标准隧洞开挖要求严格控制超挖、不允许欠挖。⑤爆破安全要求高。受公安部门要求民爆物品从严管控的影响，从爆炸物品的审批、领用、退还都要严格控制，同时还要防止飞石、空气冲击波对隧洞内相关设施及结构的损坏；应尽量控制爆破对围岩及附近支护结构的扰动与质量影响，确保隧洞的安全稳定。

二、施工准备

（一）开工前准备

（1）成立工程项目管理机构，设立现场项目部，选择精干施工队伍，制定质量、安全目标及保证措施，建立健全项目部各项管理制度，策划项目部形象。

（2）组织管理人员及劳动力进场，了解现场详细情况，进行施工现场平面布置，如施工道路、施工用水、用电、通信建设等"四通一平"工作，安全防护设施、办公、宿舍及生活设施等搭建工作。

（3）根据工程需要及进度要求，制定劳动力进场计划、机械进场计划及材料进场计划等准备工作。

（4）妥善办理各项施工手续，做到有准备开工，按规范施工。

（二）技术准备

（1）熟悉图纸，明确施工任务，编制详细的实施性施工组织设计，学习有关技术标准及施工规范，并会同项目法人、监理单位、设计单位等做好图纸会审工作。

（2）进一步摸清现场情况及周边环境，便于施工时采取保护措施并组织好交通，避免发生意外事故。

（3）做好各种原材料试验及级配试验工作，并报监理机构审批同意后实施。

（4）施工前对测量仪器进行校核，对项目法人所交付的测量基准点进行检查复核，复核后上报监理工程师审核确认。按施工需求可加密控制网。

（5）及时组织进行施工技术交底，明确施工目标，做好职工上岗前关于质量、安全、文明施工等各项教育培训工作。

（三）劳动力准备

根据施工进度计划，组织施工班组陆续进场，并组织技术人员、特种作业人员参与岗前培训和考核，实行持证上岗。

（四）材料准备

常用的工程材料有：钢材、锚杆、水泥、砂石料等。工程材料组织水平直接关系到整个工程的施工质量、进度和造价。施工前应及时联系施工中所需材料的供应商，开展供应商调查工作，详细调查各材料供应商的质量管理水平、质量保证情况和生产能力等，根据调查结果选择满足要求的供应商。施工单位自行组织生产的材料必须制定详细的生产计划，确保材料保质保量、按时供应。

（五）机械设备准备

常用的机械设备有：挖掘机、空压机、钻机、装载机、汽车、通风机、搅拌机、喷浆机、水泵等。根据施工进度计划，结合施工实际情况，做好机械设备的维护保养工作，并及时组织机械设备分批进场。

（六）其他准备

1. 道路交通

水工隧洞爆破施工前，应修建施工道路联通隧洞与外部交通，以便原材料、设备进场及出渣料运输畅通。

2. 施工风水电配置

（1）施工供风

各施工洞口（如支洞口、输水隧洞进出口及调压井等）为明挖边坡及隧洞开挖设置供风站，提供满足钻孔施工的供风动力。对于无条件设置固定供风站的工程也可采用移动式空压机。

（2）施工供水

施工用水包括钻孔、除尘、岩壁基岩面冲洗及喷锚支护。从各洞口河道、打井或山洞取水接至蓄水池，用主管由蓄水池接至隧洞进口，再布置叉管接至各用水点。

（3）供电及洞内照明

施工用电，由安装好的变压器接引至现场后，利用架空电线或电缆将动力及照明电源接入到洞内的专用配电柜。各用电设备分别从配电柜引接，各个配电柜内都安装有漏电保护器。施工低压用电及照明符合隧洞用电要求，并指定专职电工经常对线路进行检查、维修，确保用电安全。

（4）洞内通风、排烟

洞内施工通风、排烟一般采用供、排相结合的混合可逆式机械，满足通风、排烟要求。

三、爆破开挖

在洞口明方开挖及边坡、洞口支护完成，经质量安全验收合格后方能进行隧洞爆破施工。施工前要根据隧洞断面尺寸、不同围岩类别、水文地质及周边影响等因素，进行隧洞钻爆开挖参数设计，编制隧洞爆破开挖专项施工方案，经相应爆破评估单位评审和专家论证可行后，按批复的方案施工。水工隧洞开挖方法一般分为全断面开挖、先导洞后扩大开挖、分部分块开挖等。

（一）全断面法开挖

全断面法开挖就是整个隧洞全断面一次钻孔爆破、开挖成型的施工方法。为确保安全施工，在地质条件和施工条件许可时，优先选用全断面开挖法。本方法采用传统的手风钻钻孔、人工装药爆破，其作业顺序为：测量放样→在开挖轮廓线上布好周边眼孔位→打安超前支护锚杆（Ⅲ～Ⅴ类围岩）→炮眼钻孔→分层装药爆破→通风排烟→洒水→挖掘机排险→装载机配合自卸汽车装渣运输出渣。

（二）其他爆破开挖

1. 导洞开挖

导洞开挖是以中小型机械为主的一种施工方法，先开挖隧洞断面的一部分作为导洞，再依次扩大开挖形成整个隧洞断面。一般在隧洞断面较大，受地质条件或施工条件限制，采用全断面开挖有困难时选用这种方法。导洞断面不宜过大，以能适应装渣机械装渣、出渣车辆运输、风水管路安装和施工安全为度。导洞可增加开挖爆破时的自由面，有利于探明隧洞的地质和水文地质情况，并为洞内通风和排水创造条件。根据地质条件、地下水情况、隧洞长度和施工条件，确定采用下导洞、上导洞或中心导洞等。导洞开挖后，扩挖可在挖完导洞全长之后进行，也可和导洞开挖同时作业。采用导洞开挖一般要求围岩稳定性较好，不会造成塌方等危险。

2. 分部分块开挖

分部分块开挖一般适用于围岩稳定性较差、开挖后需要及时支护的较大断面隧洞开挖。施工时对整个隧洞进行分块，先开挖一部分断面，及时做好支护，再依次扩大开挖，直至整个隧洞成型。

用钻爆法进行水工隧洞开挖，为确保安全施工，通常每次爆破从第一序钻孔开始，经过装药、爆破、通风散烟、出渣等工序，到开始第二序钻孔，作为一个隧洞开挖作业循环，应尽量设法压缩作业循环时间，以加快掘进速度。

四、支护作业

水工隧洞一般采用传统的"新奥法"施工，支护工程按设计图纸所示的永久支护及施工期临时支护相结合的方法施工。其支护类型主要包括：喷射混凝土、锚杆喷射混凝土组合、锚杆和钢筋挂网喷射混凝土组合、型钢钢拱架和格栅钢架支护等。

（一）支护准备

支护工程应做好以下准备工作：

（1）按施工图纸要求准备好锚杆、钢筋网、型钢及喷混凝土的黄砂、碎石、速凝剂等原材料，并按规定进行原材料取样试验及喷混凝土配合比试验。

（2）喷射前对喷射面进行检查，并做好以下准备工作：①清除开挖面的浮石，墙脚的石渣和堆积物；②处理好光滑岩面；③安设工作平台；④用高压风水枪冲洗喷面，对遇水易潮解的泥化岩层，采用高压风清扫岩面；⑤埋设控制喷射混凝土厚度的标志；⑥洞内作业区应具有良好的通风和充足的照明设施。

（3）喷射作业前，对施工机械设备，风、水管路和电线等进行全面检查和试运行。

（4）喷射用风采用系统集中供风；喷射用水采用系统集中供水，以供水支管接至各用水作业面；喷射用电采用系统集中供电，敷设供电支线至各作业面。

（5）在受喷面滴水部位埋设导管排水，导水效果不好的含水层可设盲沟排水，对淋水处可设截水圈排水。

（二）喷射混凝土

喷射混凝土设备有干式喷射机、湿式喷射机两种类型，以前一般采用干式喷射机，如今按国家环保及"以人为本，绿色施工"的要求，宜采用湿式喷射机施工。喷射料由现场设置的拌和站拌制，混凝土运输车运至作业场地，由自动振动下料机下料或人工上料，通过人工操作混凝土喷射机进行湿喷。

为保证喷射混凝土质量、减少回弹和降低粉尘等，喷射混凝钻孔爆破法施工技术作业时应注意以下质量控制要点：

（1）喷射混凝土作业应分段分片依次进行，喷射顺序自下而上。分层喷射时，后一层应在前一层混凝土终凝后进行，若终凝1h后再行喷射，应先用风水清洗喷层面。喷射作业应紧跟开挖工作面，混凝土终凝至下一循环放炮时间不应少于3h。

（2）喷射作业应严格执行喷射机操作规程，连续向喷射机供料，保持喷射机工作风压稳定，完成或因故中断喷射作业时，应将喷射机和输料管内的积料清除干净。

（3）根据喷射情况应适当调整风压和水压。调节好风压和水压，风压与喷射质量有密切的关系，风压过大会造成喷射速度太高而加大回弹量，损失水泥，风压过小会使喷射力减弱，混凝土密实性差。

（4）混凝土一般分2～3层喷射；分层喷射的间隔时间应根据水泥品种、速凝剂种类及掺量、施工温度（最低不宜低于+5℃）和水灰比大小等因素及喷射的混凝土终凝情况合理确定。分层喷射间隔时间不得太短，一般要求在初喷混凝土终凝之后再进行复喷。当间隔时间较长时，复喷前应将初喷表面清洗干净，将凹陷处进一步找平。

（5）洞内喷射时分段长度不超过6m，分部为先下后上，分块大小2m×2m，并严格按先墙后拱、先下后上的顺序进行喷射，以减少混凝土因重力作用而发生滑落或脱落现象。

（6）掌握好喷嘴与受喷面的距离和角度，以实现回弹量最小、喷射效果和质量最佳。喷嘴至岩面的距离为0.8～1.2m，过小或过大都会增加回弹量；喷嘴与受喷面垂直，并稍微偏向喷射的部位（倾斜角不大于10°）。

（7）岩面凹陷处应先喷和多喷，而凸出处应后喷和少喷，混凝土喷射时喷射移动可以采用螺旋形移动前进，也可以采用"S"形往返移动前进。

（8）喷射混凝土的回弹率：洞室拱部不应大于25%，边墙不应大于15%。

（三）锚杆施工

1. 锚杆种类及选用

锚杆支护是指在边坡、岩土深基坑等地表工程及隧洞、采场等地下硐室施工中采用的一种加固支护方式。用金属件、木件、聚合物件或其他材料制成杆柱，打入地表岩体或洞室周围岩体预先钻好的孔中，利用其头部、杆体的特殊构造和尾部托板（亦可不用），或依赖于黏结作用将围岩与稳定岩体结合在一起产生悬吊效果、组合梁效果和补强效果，以达到支护目的。锚杆支护具有成本低、支护效果好、操作简便、使用灵活、占用施工净空少等优点。根据隧洞围岩地质情况、工程断面和使用条件等不同，锚杆分为以下类型：①全长黏结型锚杆：普通水泥砂浆锚杆、早强水泥砂浆锚杆、树脂卷锚杆、水泥卷锚杆。②端头锚固型锚杆：机械锚固锚杆、树脂锚固锚杆快硬水泥、卷锚固锚杆。③摩擦型锚杆：缝管锚杆、楔管锚杆、水胀锚杆。④预应力锚杆：机械胀壳预应力锚杆、树脂预应力锚杆、水泥药卷预应力锚杆。⑤自钻式锚杆：根据其钻头型式不同分为"一"字型、"十"字型和"圆锥"型。施工时，根据隧洞围岩地质情况、工程断面和使用条件，结合设计要求选用。水工隧洞采用最多的是普通水泥砂浆锚杆或药卷锚杆。

2. 锚杆施工质量控制要点

为保证锚杆支护质量，锚杆施工过程中应注意以下质量控制要点：

（1）钻孔

①钻孔由测量测出控制点，根据图纸所示间排距确定具体孔位，孔位在任何方向的偏差应小于 100mm，除非监理工程师另有指示，钻孔方位偏差不应大于 5°。开孔前，由现场技术人员确定孔位、孔向正确后，发出书面或口头通知，方可开孔。

②锚杆钻孔一般采用 YT-28 手风钻造孔，孔径为 $\phi42mm$。若为下倾或深锚孔，采用 100B 潜孔钻造孔，其钻孔孔径应大于锚杆直径 15mm 以上；若为上仰锚孔，其钻孔直径应大于锚杆直径 25mm 以上。

（2）钻孔冲洗

将吹风管插入孔底，采用循环清水或用高压水气混合物冲洗干净钻孔内的碎石和岩粉，直到回水清洁为止。

（3）注浆

①注浆采用 MZ-30 锚杆注浆机边拌和边注浆。注浆水泥采用 425 号普通硅酸盐水泥，拌和砂浆的时间应不少于 3min，砂浆一经拌和必须尽快使用，拌和后超过 1h 的砂浆不能再用。

②水泥砂浆配合比按设计配合比配制，一般为水泥∶砂∶水 =1∶（1~2）∶（0.38~0.45），水灰比为 0.3~0.5。

③对于下倾孔，注浆管应插至孔底不大于 1m 处，并从注浆管注浆直至孔口冒浆为止。在灌浆过程中，若发现有浆液从岩石锚杆附近流出应及时堵填，以免继续流浆。对于上仰孔，从孔口灌注浆液，直到安装在孔底的排气管孔口返浆为止。

（4）水泥砂浆锚杆安装

对于下倾孔，采用"先注浆后安装锚杆"的方法，用人工将锚杆尽快插入充满浆液的孔内直到孔底，钻孔直径应大于锚杆直径 15mm 以上。对于上仰孔，采用"先安装后注浆"的方法。钻孔直径应大于锚杆直径的 25mm 以上。

（5）锚杆制作

钢筋在使用前必须进行取样试验，合格后方能投入使用。锚杆长度按图纸要求在加工厂下料加工，当锚杆由二根钢筋连接构成时，采用对焊的方式连接。

（6）质量检验

开挖岩石表面安装同一种类型砂浆锚杆每20根为一组，抽样进行质量控制荷载检验试验，锚杆试验的最大荷载至锚杆钢筋拉断为止，如不符合要求，必须重新布置。

（四）钢筋网施工

隧洞挂网钢筋一般选用 $\phi 6.5$、$\phi 8$ 两种，间距在 15cm×15cm ~ 25cm×25cm 之间，通常在围岩较破碎、节理裂隙发育等稳定性较差部位结合锚杆使用。

隧洞挂钢筋网一般在锚杆安装完成后进行，采用人工编制，经过锚杆位置处与锚杆头绑扎或焊接牢固，在较空或塌方较大部位，要打设锚钉加强稳固。

（五）钢拱架及格栅拱施工

钢拱架及格栅拱一般在隧洞进洞口及较差的Ⅳ~Ⅴ类围岩中使用，与锚杆、喷射混凝土形成支护体系，确保隧洞稳定及施工安全。

钢拱架及格栅拱施工包括制作和安装。制作一般在洞外完成，待隧洞开挖成型后，运入洞内组装，具体施工工序如下：

（1）钢拱架及格栅拱制作：钢拱架采用型钢（如工字钢、槽钢等），在洞外根据隧洞施工图纸轮廓线用专门的型钢弯曲机弯制；格栅拱一般按隧洞开挖断面将钢筋制作成矩形钢筋笼；根据隧洞尺寸不同，一般分3~5片，用10mm厚的铁片做连接钢板（即法兰），其与工字钢间采用双面焊，焊接应符合设计要求。

（2）钢拱架及格栅拱安装：按照监理工程师指示或在超前勘探查明的岩石破碎软弱地段安装钢拱架。钢拱架及钢格栅运入工作面，按设计开挖轮廓线装设，装设不得占用衬砌设计断面。钢拱架及格栅拱每侧拱脚处设置锁脚锚杆，具体锚杆数量按设计要求。钢拱架间用钢筋（$\phi 22$ 或 $\phi 25$）连成一体，间距根据设计要求确定，连接位置为上翼缘内侧。

（3）钢拱架安装支护后，对破碎软弱地带的围岩稳定性进行监测，遇有危险情况，及时增强钢拱架或采取其他加强措施，确保施工安全。

（六）超前支护

超前支护是为保证隧洞工程开挖工作面稳定而采取超前于掌子面开挖支护的一种辅助措施。水工隧洞超前支护方式主要有超前锚杆、小导管、管棚等。

1. 超前锚杆

超前锚杆是沿开挖轮廓线，以稍大的外插角（一般10°~15°），向开挖面前方安装锚杆或小钢管，形成对前方围岩的预锚固定，在提前形成的围岩锚固圈的保护下进行开挖、出渣等作业。

超前锚杆的设置充分考虑岩体结构面特性，一般可以仅在拱部设置，必要时可在边墙局部设置。超前锚杆纵向两排的水平投影,应有不小于1m的搭接长度。

超前锚杆支护,宜和钢支撑配合使用,并从钢支撑腹部穿过。超前锚杆宜采用药卷早强锚杆,使其充分发挥超前支护的作用;超前锚杆的安装误差,一般要求孔位偏差不超过10cm,外插角不超过1°～2°,锚入长度不小于设计长度的96%。超前锚杆尾端,一般置于钢支撑腹部或焊接于系统锚杆尾部的环向钢筋,以增强共同支护作用。超前锚杆可根据围岩具体情况,采用双层或三层超前支护。

2. 超前小导管

小导管一般用于Ⅳ、Ⅴ类围岩开挖过程中的超前支护,是在遇到不稳定围岩洞段,为了防止开挖时掌子面前方围岩不自稳易出现坍塌而采用的超前支护手段。

隧洞开挖前按设计要求打设超前注浆小导管,并通过小导管向围岩压注起胶结作用的浆液,待浆液硬化后,隧洞周围岩体形成了有一定厚度的加固圈,在加固圈的保护下即可安全地进行开挖等作业。

超前小导管的施工参数按设计要求确定,一般沿洞顶钻外倾角为10°左右的孔,钻孔孔径62mm,单长L=4.5m,环向间距0.4m;孔内的钢管为φ42mm花管,花管前端加工成扁尖形,用风动推进器按要求打入孔内,外露端用φ16mm钢筋焊连并与钢支撑连接。

小导管采用水泥砂浆注浆,注浆终压:1.0～1.5MPa,扩散半径不小于50cm。注浆完成后小导管端部焊接在钢拱架上,施工前做压浆试验,确定合理的设计参数,据以施工。注浆结束后进行注浆效果检查。

3. 管棚

当小导管不能从根本上解决松散体洞段的施工问题时,将采取管棚施工。水工隧洞Ⅴ类围岩支护拟采用系统工字钢和管棚超前支护相结合的方案。

管棚一般采用φ80mm钢管,拟用潜孔钻机或G-70锚索钻机钻眼成孔,当围岩破碎时跟管钻进,成孔后退出钻具安装管棚、放置钢筋束并注浆固结形成较为稳定加固体,采用钢支撑复合支护。

管棚注浆采用分段后退式注浆,利用自制的注浆套管与管棚用套丝连接,注浆套管上准备出气管与进浆管,由阀门来控制开关,然后安装塑料管作为排气管,连接注浆管等各种管路,利用锚固剂封闭掌子面与管棚间的孔隙,防止漏浆。关闭孔口阀门,开启注浆泵进行管路压水试验,试验压力等于注浆终压,如有泄漏及时检修。

五、不良地质段施工

水工隧洞可能经过断层破碎带、软弱夹层、浅埋段、溶洞、地下河等地质复杂地段,为防止施工中隧洞坍塌、突泥、涌水等事故,必须在开挖中采用科学有效的防护措施。

(一) 易坍塌地段施工

在断层及破碎松软、渗水、漏水、流砂等不良地质构造中进行隧洞施工,防止围岩坍塌和衬砌沉陷变形是关键。对于Ⅰ～Ⅲ类围岩洞段，初期支护主要采用锚喷支护，对于破碎带、断层及其他复杂地层洞段，结合以往施工经验，主要采取以下相应措施。

1. 一般处理措施

（1）思想上要重视，提前开展有关情况调查，根据调查情况，认真分析研究，选择合理施工方法，制定相应的技术措施避免在施工中造成困难，影响工程进展。

（2）采用地质超前预报，对地质和水文条件进行预报，根据预报结果和已揭露的岩石情况综合判断，对前方地质情况做到心中有数。

（3）缩短开挖进尺，严格控制爆破的单段起爆药量，确保爆破震动速度控制在2.0cm/s以内，同时加强爆破振动速度监测，及时调整爆破参数。

（4）爆破后要及时出渣，及时进行支护，减少掌子面暴露时间，并根据围岩量测情况判断该洞段是否加强支护。

（5）技术人员必须现场旁站值班，随时观察了解掌子面的情况，及时采取有效措施。

2. 塌方预防措施

防止塌方是保证安全施工和快速掘进的关键，因此施工人员必须从思想上引起足够重视，施工前根据设计提供的地质勘探资料，制订切实可行的施工方案。施工过程中严格执行以下措施避免发生塌方：

（1）勤观测。随时观察和监测现场工程地质及水文地质变化情况，钻研变异规律，据以制订施工对策，在地质构造复杂地段，埋设YST型钢丝收敛计，及时预报岩体稳定情况。随时观察和监测有无异常，根据观察和监测结果，不断修正、完善设计方案和施工方案。

（2）短开挖。岩性不良地段，严格控制进尺，紧跟作业面一次支护快速衬砌，多打孔，少装药，放小炮，保证断面规整，为初期支护创造条件。

（3）强支护。及时支护是消除塌方的重要手段，强支护是预防塌方的主要措施，施工中利用小导管注浆、长管棚、格栅拱等进行强支护。

3. 塌方处理措施

由于地下工程塌方情况十分复杂，塌方处理要视现场情况研究决定。根据以往的施工经验做到未雨绸缪，一旦发生塌方，能够及时采取有效措施，把损失减到最小。不同类型的塌方对应不同的处理方案，对预计可能发生的几种塌方情况提出以下处理措施：

（1）裂隙扩张造成的小塌方。此类塌方多发生在轻微风化或裂隙较密集的围岩中，主要是由于开挖和支护方法不当造成，常发生在爆破后的几小时内，虽然塌方数量不大，但威胁工作面的施工安全，施工中采用加强锚喷法。

（2）塌方体窄长的小塌方。此类塌方多发生在断层破碎带较窄且两侧岩体比较完整的地段，施工中可采用挑梁法安装钢支撑，然后对塌方处锚喷。挑梁法是指将型钢穿过临时架立支撑的顶梁直抵掌子面，形成一排挑梁，在挑梁上架设木垛，填塞洞穴。

（3）中等塌方。塌方量较大，塌方范围在10m左右，多发生在两条相邻、倾向相对的断层带或两种岩层交接带。在塌方之前常有掉块现象，其频率及块度随爆破振动烈度、振动频率和地下水活动强度的增加而提高。塌方后常有较稳定的顶板，继续塌方的可能性不大，一般采用锚喷法、插筋排架法、护顶法、管棚法等处理。

（4）大塌方。该类塌方在100m³以上，塌穴高度在10m以上，当洞顶岩层较薄时，易发生冒顶。处理措施为：若塌方堵塞整个隧洞，且对塌方规模和规律不了解，可采用锚喷法、管棚法等多种处理措施；当塌方段埋藏较浅或地质条件较为复杂时，从洞内处理难以保障安全，可采用灌浆法和环行导洞法综合处理。

4. 施工防护措施

根据现场详细地质情况，针对性地提出以下施工防护措施。

（1）超前小导管注浆施工。断层破碎带视岩性及涌水具体情况采取不同措施，如果断层破碎和涌水不严重，可采用全断面光面爆破法施工，否则可采用微台阶法开挖、小导管超前注浆。

（2）管棚法。用潜孔钻机钻孔，采用ϕ108mm钢管，管长根据现场地质情况而定，一般为10~20m，管内灌砂浆，并采用钢支撑复合支护。

（3）格栅拱喷混凝土复合支护。格栅拱由四根ϕ22mm或ϕ25mm螺纹钢，20cm×20cm正方形间距布置，外弧杆与内弧杆之间用ϕ10mm钢筋交叉焊接成整体，根据断面大小将榀分成四部或五部，中间用法兰连接。

（二）松散地层施工

松散地层的特点是结构松散、胶结性弱、稳定性差，在施工中极易发生坍塌，若有地下水时则更甚。松散地层的隧洞施工方法是：先护后挖、密闭支撑、边挖边封闭。在这类地层中开挖坑道，主要是减少对围岩的扰动，及早控制地下水，必要时可采用超前注浆预加固地层，具体处理防护措施如下：

1. 超前预支护

爆破前，将超前锚杆或小钢管打入掘进前方稳定的岩层内，末端支撑在拱部围岩内。打设专为超前锚杆提供支点的径向悬吊锚杆，或支承在作为支护的结构锚杆上，使其起到支护掘进进尺范围内拱部上方的作用，以有效约束围岩在爆破后一定时间内不发生松弛坍塌，为大断面开挖与喷锚支护创造条件。此外，超前预支护施工还应注意以下事项：

（1）施工中，因超前锚杆与悬吊锚杆外露端往往不易直接相交，故以ϕ22mm的横向短钢筋焊在邻近的悬吊锚杆上，再焊在超前锚杆的末端。

（2）超前锚杆或小钢管的末端支撑在格栅拱支撑上，格栅拱结构要进行检算。

2. 超前小导管预注浆

小导管锚杆做成尖楔状，在管前部2.5~4m范围内按梅花形布置，钻好ϕ6mm的注浆孔，以便钢管顶入地层后对围岩空隙注浆。

(三)断层地段施工

1. 探明断层地带情况

施工前,切实掌握所遇断层带的全部情况。当断层破碎带的宽度较大,破坏程度严重,破碎带的充填物情况复杂,且有较多地下水时,应先开挖调查导坑。利用调查导坑详细测绘地质状况,能预先了解隧洞断层的实际地质情况,并有利于排水后及时做好封闭。调查导坑穿过断层后,再施工正洞工作面,以加快施工进度。

2. 选择合理施工方法

在断层带施工,应根据有关施工技术、机具设备条件、进度要求和材料供给等,慎重选择通过断层地段的施工方法。当断层带内充填软塑状的断层泥或特别松散的颗粒时,比照松散地层中的超前支护,采用先拱后墙法,墙部的首轮马口,可用挖井法施工;如断层带特别破碎,则二、三轮马口应以扩井法施工,然后挖去核心土,随即筑抑拱;如断层地段出现大量涌水,则宜采取排堵结合的治理措施。

3. 施工工序

(1)通过断层带各施工工序之间的距离宜尽量缩短,并尽快地使全断面衬砌封闭,以减少岩层的暴露、松动和地压增大。

(2)采用上下导坑,先拱后墙法施工时,其下导坑不宜超前过多,并改用单车道断面,掘进后随即将下导坑予以临时衬砌。上下导坑间的漏斗间距宜加大到5m左右,并全部以框架框紧。

4. 开挖作业

(1)采用爆破法掘进时,应严格掌握炮眼数量、深度及装药量。原则上应尽量减小爆破对围岩的震动。

(2)采用分部开挖法时,其下部开挖宜左右两侧交替作业。如遇两侧软硬不同时,应用偏槽法开挖,按先软后硬顺序交替进行。

5. 支护作业

(1)断层地带的支护应宁强勿弱,并经常检查加固。

(2)在断层地带中,开挖面要立即喷射一层混凝土,并架设有足够强度的钢架支撑。

(3)当采用分部开挖,袭用以往木支撑时,要注意上导坑和扩大两工序间的支撑倒换工作,并需预留足够的支撑沉落量,防止因倒拆横、纵梁及反挑顶而引起坍方。此外,当拱圈封顶后应立即设置拱脚卡口梁,并应以木楔切实塞紧。

第二节　盾构法施工技术

一、盾构法的概念及特点

（一）盾构法的概念

盾构法是地下暗挖施工中一种全机械化的施工方法，在我国和日本习惯上将用于软土地层的全断面隧道掘进机称为盾构机，它由稳定开挖面、盾构机挖掘和衬砌三大部分组成。盾构法施工是将盾构机械在地中推进，通过盾构机外壳和管片支承四周围岩防止发生往隧道内的坍塌，同时在开挖面前方用切削装置进行土体开挖，通过出土机械运出洞外，靠千斤顶在后部加压顶进，并拼装预制混凝土管片，形成隧道结构的一种机械化施工方法。

盾构机与 TBM 的主要区别就是具备泥水压、土压等维护掌子面稳定的功能。盾构施工主要由稳定开挖面、掘进及排土、管片衬砌及壁后注浆三大要素组成，其中开挖面的稳定方法是盾构机工作原理的主要方面，也是盾构机区别于 TBM 的主要方面。

（二）盾构法施工的特点

盾构机是地下暗挖施工隧道的专用工程机械，具有一个可以移动的钢结构外壳（盾壳），内装有开挖、排土、拼装和推进等机械装置，可实现开挖、支护、衬砌等多种作业一体化施工，广泛应用于地铁、铁路、公路、市政、水电隧道工程建设。

盾构机集液压、机电控制、测控、计算机、材料等各类技术于一体，属于技术密集型产品。目前，在欧美等工业发达国家使用盾构机进行施工的城市隧道占 90% 以上。盾构法施工普遍具有以下优点和缺点。

1. 盾构法施工的优点

（1）在盾构支护下进行地下工程暗挖施工，不受地面交通、河道、航运、潮汐、季节、气候等条件的影响，能较经济合理地保证隧道安全施工。

（2）盾构机的推进、出土、衬砌拼装等可实行自动化、智能化和施工远程控制信息化，掘进速度较快，施工劳动强度较低。

（3）施工中没有噪声和扰动，地面人文自然景观受到良好保护，不影响地面交通与设施，穿越河道时不影响航运，同时不影响地下管线等设施。

（4）在松软地层中，开挖埋置深度较大的长距离、大直径隧道，具有经济、技术、安全、军事等方面的优越性。

2. 盾构法施工的缺点

（1）盾构机施工时不可后退。
（2）盾构机械造价较昂贵，隧道的衬砌、运输、拼装、机械安装等工艺较复杂。
（3）在饱和含水的松软地层中施工，地表沉陷风险极大。
（4）需要设备制造、气压设备供应、衬砌管片预制、衬砌结构防水及堵漏、施工测量、场地布置、盾构转移等各项施工技术配合，系统工程协调难度大。
（5）建造短于750m的隧道没有经济性。
（6）隧道曲线半径过小或隧道埋深较浅时，施工难度大。
（7）施工环境较差。

二、施工准备

采用盾构法施工时，首先要在隧道始端和终端开挖基坑或建造竖井，用作盾构机及其设备的拼装和拆卸井，特别长的隧道，还应设置中间检修工作井。拼装和拆卸用的工作井，其建筑尺寸应根据盾构机装拆的施工要求确定。拼装井的井壁上设有盾构机出洞口，井内设有盾构机基座和推进后座。井的宽度一般应比盾构机直径大1.6～2.0m，以满足铆、焊等操作要求。采用整体吊装的小盾构机时，井宽可酌量减小，井的长度除了满足盾构机内设备安装要求外，还应考虑盾构机推进出洞时拆除洞门封板、在盾构机后面设置后座以及垂直运输所需的空间。中、小型盾构机的拼装井长度还应兼顾设备车架转换需求。

盾构机在拼装井内拼装就绪经运转调试后，即可拆除出洞口封板、推出工作井开始隧道掘进施工。盾构机拆卸井设有盾构机进口，井的尺寸需满足盾构机起吊和拆卸要求。

盾构机初期掘进必须完成以下准备工作：①洞门范围内的车站围护结构墙已被凿除。②洞门橡胶密封圈安装到位。③反力架安装到位。④临时管片准备就绪。⑤渣土运输准备工作就绪。⑥盾构已准确定位。⑦地面监测点已布设完毕并获得初始成果。⑧盾尾密封刷已涂满密封油脂。

三、开挖与推进

（一）土层开挖

盾构机开挖土层过程中，为保障安全并减少对地层的扰动，一般先将盾构机前面的切口贯入土体，然后在切口内进行土层开挖，开挖方式一般分为以下四种：

（1）敞开式开挖：适用于地质条件较好、掘进时能保持开挖面稳定的地层。由顶部开始逐层向下开挖，可按每环衬砌宽度分数次完成。
（2）机械切削式开挖：采用装有全断面切削大刀盘的机械化盾构机开挖土层。大刀盘分为刀架间无封板和有封板两种，分别在土质较好和较差的条件下使用。在含水不稳定的地层中，可采用泥水加压平衡式盾构机和土压平衡式盾构机进行开挖。

（3）挤压式开挖：分全挤压和局部挤压。全挤压式盾构机掘进时不出土或部分出土，对地层有较大扰动，易引起地表隆起变形，因此隧道选址应尽量避开地下管线和地面建筑物，此种方法不适用于城市道路和街坊下的施工，仅能用于江河、湖底或郊外空旷地区。局部挤压式盾构机开挖时要根据地表变形情况严格控制出土量，使地层扰动和地表变形减少到最低限度。

（4）网格式开挖：开挖时要掌握网格的开孔面积，格子过大会丧失支撑作用，过小会产生对地层的挤压扰动等不利影响。在饱和含水的软泥土层中，网格式开挖具有出土效率高、劳动强度低、安全性好等优点。

（二）掘进

盾构机掘进由操作司机在中央控制室内进行，工地技术人员根据隧道埋深、土层性质和地面超载等计算、初设正面土压力值。开始施工前在盾构机的正面及机体上、下方设置土、水压传感器监控平衡系统。依次打开出渣闸门、出渣管道机械、螺旋机和大刀盘，推进千斤顶，调试各千斤顶工作油压。各项准备工作到位后大刀盘切削土体，盾构前进。

（三）出渣、进料运输

进入正常掘进后，出渣、进料的运输将直接影响掘进速度。泥水加压平衡式盾构机的出渣和进料都采用管道运输，必须保证管道畅通、配套设备正常运转以及相关配件贮备齐全。隧道掘进过程中，同步注浆浆液的拌制和泵送均在工作井地面上进行，浆液输送采用管道泵送，须始终保证注浆工作有序进行。

（四）掘进中的方向控制和纠偏

以业主单位移交的坐标点，每个区间组成地面坐标和基准点建立独立控制网。根据平面控制网点投影到工作井下，尽可能利用盾构工作井设两个精度高的较远控制点，再向隧道内引设导线点，根据导线点来测量盾构机及隧道衬砌与设计轴线的相对偏差。

（五）注浆

盾构机在掘进过程中，管片与土体之间形成的空隙采用浆液回填，浆液通过设在后续台车上的注浆泵，经盾构机尾部的四个注浆孔注入空隙。注浆须与掘进保持同步，以更好地防止地面沉降并在管片周围形成稳定的防水层和保护层。

（六）防水施工

盾构管片防水施工须符合以下要求：①管片上的弹性密封垫要粘贴牢固，材料种类和位置符合设计要求，尤其注意管片角部的材料粘接要闭合牢固。②管片在吊运过程中应避免触碰密封垫，发现密封垫脱落须及时粘贴回去，管片安装前，须设置一道密封垫检查工序。③盾构机操作注意均衡，尤其在转弯处，避免盾构机方向变化时角度较大导致管片出现较大的错台，影响密封垫搭接和密封贴。④及时对管片背后的孔隙进行回填注浆，出现接缝渗水时应及时进行二次注浆。

四、衬砌施工

(一) 管片钢模

钢筋混凝土管片精度由钢模加工和合龙振捣后的精度保证。因此，钢模在正式投入管片制作前必须经过四阶段检测：加工装配精度检测、运输到厂钢模定位后精度复测、试生产后钢模精度同实物精度对比检测以及管片三环水平拼装精度综合检测。

正常生产状态下对钢模实施两种检查管理，即浇捣前的快速检查和钢模定期检查。浇捣前的快速为暂定检查周期，如有特殊情况，可缩短其检查周期或作针对性检查。

对管片脱模和起吊后的钢模，必须在不损伤钢模本体的前提下进行彻底清理。确保钢模内表面和拼接缝不留有残浆和微小颗粒，以保证钢模合龙的精度。

脱模剂应使用专门的工具均匀喷刷在混凝土所有接触面上，避免留下影响管片质量的隐患，确保脱模剂喷刷质量。

(二) 管片钢架制作和入模

1. 钢筋原材料检验

(1) 根据采购程序控制对钢筋供应商进行严格评审，选择信誉好、质量优、价格合理的钢筋供应商，并提交工程师审核签认后正式确定。

(2) 每批钢筋进场须附有对应批次的质量保证书，注意必须是同等级、同直径、同铸造号、同批号（堆号）的钢筋方可称为同一批。

(3) 钢筋原材料复验检测频率以每 $\leq 60t$ 为一单位，按检验要求的尺寸和数量从不同批次取样，并按国家规范规定项目和要求进行测试。

(4) 由业主单位指定的符合资质要求的第三方测试单位进行测试，并出具有效的测试报告。报告经工程师确认后，该批钢筋挂片牌标识进入待用状态。

2. 钢筋材料运输和堆放

钢筋吊运严防损伤钢筋，严禁钢筋自落卸车和运输途中被污染。钢筋进场后以标识状态分类、整齐地堆放在水平支架上，采取相应保护措施防止钢筋发生畸变生锈。

3. 钢筋断料和弯曲成型

(1) 进入断料和弯曲成型阶段的钢筋必须是标识可用状态的钢筋。

(2) 钢筋断料、弯曲成型之前必须经过详细翻样确认并填写尺寸、形状明细表，同时准备好样棒和校核基模，以保证在断料、弯曲成型过程中快速检测。

(3) 切断和弯曲工序的操作和公差控制需遵循有关条款规定。切断和弯曲成型后的钢筋应分类存放在支架上，并标识状态。

4. 钢筋骨架总装

(1) 管片钢筋骨架制作精度的特殊性要求各单体部件制作成型精度必须满足总装精度要求。因此，需根据各单体部件和总装工艺的精度，专门加工相应的制作靠模，以达到各单体部件和总装的精度要求。

（2）各单体部件和总装工序中钢筋连接均采用低温焊接工艺，焊接操作工人须经过培训、考核合格后持证上岗。

（3）按照设计和有关规定对总装完成的钢筋骨架进行严格质量检查，主要检查外观、焊接和精度（公差）三个方面，检查确认合格后可挂牌标识进入成品堆放区待用。

5. 成品堆放和运输

（1）钢筋骨架成品堆放应按批准的施工平面布置图分类整齐并呈拱形堆放在指定区域。堆放高度不允许超过规定高度。

（2）钢筋骨架吊装使用横担式专用工具，确保骨架在吊装过程中不产生变形。

（3）钢筋骨架运输使用手推支架车，以保证运输速度能满足管片制作需求。

6. 钢筋骨架入模

（1）钢筋骨架的隔离器使用专用塑料支架，选用标准：符合厚度、承受力和稳定性要求，承载力和耐久性不低于管片混凝土，支架颜色同管片混凝土保持基本一致，并经工程师检验签认。

（2）隔离器根据不同部位分别选用支架形和齿轮形两种。其中支架形用于内弧底部，对称设垫6只，封顶块底部对称设垫4只。齿轮形用于侧面和端面，除封顶块外每块两侧面设垫6只，封顶块设垫4只，端面每块两侧设垫8只。隔离器设垫位置正确、布设均匀。

（3）钢筋骨架入模条件：①经检验确认合格的骨架；②形状同钢模相符合；③骨架表面符合要求（须一直保持到混凝土浇捣前）。若钢筋骨架表面发生恶化，不符合使用标准，则需采用工程师同意的处理方法，处理后经工程师检验合格方能进行下道工序。

（4）钢筋骨架入模位置须保持正确，骨架任何部分不得与钢模、模芯等接触，并按规定留有间隙。入模工序全部完成后，必须经工程师检查签认后方能进行混凝土浇筑工序。

（三）管片混凝土

1. 管片混凝土浇筑

管片混凝土浇筑必须具备以下条件：

（1）钢模合拢精度和钢筋骨架入模均符合要求并经工程师检查签认。

（2）混凝土搅拌系统处于正常状态，振捣器能正常运作。

2. 混凝土供料和运输

（1）混凝土由搅拌站供应，搅拌的上料系统、搅拌系统及试验室等辅助设施均应经工程师确认能满足本标段管片制作要求。

（2）经模拟对比试验后，由工程师签认的管片混凝土搅拌配合比作为基本配合比，混凝土开拌前，根据每天的气候、气温和骨料含水量变化，出具当日混凝土搅拌配合比。

（3）根据当日混凝土配比单调整称量、计量系统。称量、计量系统应定期校核，把称量、计量公差控制在允许范围内，以保证上料计量系统始终在受控状态下工作。

（4）混凝土搅拌要充分、均匀，现场测试混凝土坍落度公差（-10，+10）mm。

（5）每次浇捣留置混凝土试块不少于3组，其中2组进入标准养护室养护，作28d强度试验（2组中1组作备用）；另1组与管片同条件养护，检测到吊时的抗压强度。

（6）混凝土倒入专用1m³贮料斗内，由汽车运输到管片车间，经桁车垂直提升运到浇筑位置，下料入模。

（四）混凝土布料、振捣和成型

1. 布料

初始阶段混凝土由贮料斗从钢模一侧均匀布料，当封上盖板后，混凝土从钢模中间下料。下料速度须与振动效果相匹配，尤其在每块钢模即将布满时，更要控制布料速度，以防混凝土溢出钢模。

2. 振捣

振捣是管片成型质量的关键工序，振动时间、混凝土坍落度、布料速度和振动器效率是决定振捣效果的四大要素。在管片正式生产前，必须经过模块试验和试生产来确定有关制作参数。

3. 成型

（1）成型后的管片外弧面混凝土收水应根据气温条件间隔一定时间后进行，时间间隔一般以管片外弧面混凝土表面已达初凝来控制。收水的目的是使混凝土表面压实抹光，保证外弧面平整和顺，因此该工序应由熟练的抹面工操作。

（2）钢模内侧面和端面的螺孔芯棒严禁向外抽动。当混凝土初凝后再次松动芯棒，直至混凝土达到自立强度后方可拆下螺孔芯棒（一般根据气温条件凭经验控制拆芯棒的时间间隔）。

（五）管片脱模、养护

浇捣结束静养2h后开始蒸养，升温速度每小时不超过15℃，最高温度为60℃。恒温时间2h，恒温时相对湿度不小于90%。降温速度每小时不超过20℃。整个蒸养过程中，蒸养控制室须安排专人值班，如实记录各温度测点的温度变化，确保同一蒸养窑内温度的同一性，使管片均匀升温或降温。管片蒸养后达到规定的强度方可脱模，脱模应注意以下事项：

（1）先拆卸侧板，再卸端头板，脱模时严禁硬撬硬敲，以免损坏管片和钢模。

（2）管片脱模要使用专门吊具，平稳起吊，不允许单侧或强行起吊，起吊时吊具和钢丝绳必须垂直。

（3）起吊的管片应在专用翻身架上成侧立状态。

（4）在管片翻身架上拆除螺栓手孔活络模芯及其他附件，并清除管片外露构件表面的砂浆，拆除工序应按规定操作，严禁硬撬硬敲，以防损坏活络模芯、附件及管片。

（5）翻身架与管片接触部位必须有柔性材料予以保护。

（6）在管片内弧面醒目处应注明管片型号、生产日期和钢模编号。

（7）脱模过程中遇有管片混凝土剥落、缺损，大缺角应用SC-1混凝土粘结剂修补，密封垫沟槽两侧、底面的大麻点应用107号胶结剂加水泥腻子填平，并经监理签认后方可出厂。

（8）管片脱模后吊运至养护水池进行7d水养护，注意管片与水的温度差不得大于20℃。

五、盾构出洞及解体外运

（一）盾构机出洞

在现场、井内设备布置及盾构机调试完后，沿上行线进行盾构机出洞施工。为保证出洞施工的安全和质量，准备工作必须细致，施工方案必须周密到位。设置接收架以接收盾构机进洞，接收架高低必须根据最后测定的盾构机实际高低进行调整。

（二）盾构机解体、外运

盾构机进洞到达工作井后，通过移动托架平移到盾构井孔位置，盾构机在此解体，解体前拆除所有经编号后管线及连接处，切断高压电源，回收电缆到末节台车上。清除盾构机土仓内泥土，按盾构切口环、支撑环和盾尾三部分对原焊缝逐段割断，盾尾钢环再分上、下两半分割以留出空间进行切环和支撑环分离，解体后由起重机吊出。盾构机具体拆卸顺序如下：①在出口井中安放盾构基座，为减少盾构滑移阻力，在盾构基座面上涂抹油脂。②拆除刀盘的边刀和高位切割刀，以防轨道损伤刀具。③缓缓将盾构主机推入基座轨面上，依次拆除刀盘、切口环、支承环、盾尾并从井下吊出。④将螺旋输送机、运输管道以及后续设备等依次从井下吊出。

完成盾构机拆、吊及隧道内的其他工作后，对盾构机进、出工作井留孔进行封闭，做好顶部防水、分层夯填土恢复地貌。

第五章 混凝土工程施工技术

第一节 模板工程

一、模板基本类型

模板按形状可分为平面模板和曲面模板;按受力条件可分为承重模板和非承重模板;按制作材料可分为木模板、钢模板、钢木组合模板、塑料模板、铝合金模板、重力式混凝土模板、钢筋混凝土镶面模板等;按架立和工作特征可分为固定式、拆移式、移动式和滑动式模板。固定式模板多用于起伏的基础部位或特殊的异形结构如蜗牛壳或扭曲面,因大小不等,形状各异,难以重复使用。拆移式、移动式和滑动式模板可重复或连续在形状一致或变化不大的结构上使用,有利于实现标准化和系列化。

(一)拆移式模板

拆移式模板适应于浇筑块表面为平面的情况,可做成定型的标准模板,其标准尺寸,大型的为100cm×(325~525)cm,小型的为(75~100)cm×150cm。前者适用于3~5m高的浇筑块,需小型机具吊装;后者用于薄层浇筑,可人力搬运。

平面木模板由面板、加劲肋和支架三个基本部分组成。加劲肋(板样肋)把面板联结起来,并由支架安装在混凝土浇筑块上。

架立模板的支架，常用围檩和桁架梁。桁架梁多用方木和钢筋制作。立模时，将桁架梁下端插入预埋在下层的混凝土块内U形埋件中。当浇筑块薄时，上端用钢拉条对拉；当浇筑块大时，则采用斜拉条固定，以防模板变形。钢筋拉条直径大于8mm，间距为1~2m，斜拉角度为30°~45°。

悬臂钢模板由面板、支撑柱和预埋联结件组成U形面板采用定型组合钢模板拼装或直接用钢板焊制。支撑模板的立柱有型钢梁和钢桁架两种，视浇筑块高度而定。预埋在下层混凝土内的联结件有螺栓式和插座式（U形铁件）两种。

采用悬臂钢模板，由于仓内无拉条，模板整体拼装为大体积混凝土机械化施工创造了有利条件。且模板本身的安装比较简单，重复使用次数高（可达100多次）。但模板重量大（每块模板重0.5~2t），需要起重机配合吊装。由于模板顶部容易移位，故浇筑高度受到限制，一般为1.5~2m。用钢桁架作支撑柱时，浇筑高度也不宜超过3m。

此外，还有一种半悬臂模板，常用高度有3.2m和2.2m两种。半悬臂模板结构简单，装拆方便，但支撑柱下端固结程度不如悬臂模板，故仓内需要设置短拉条，对仓内作业有影响。

一般标准大模板的重复利用次数即周转率为5~10次，而钢木混合模板的周转率为30~50次，木材消耗减少90%以上。由于是大块组装和拆卸，故劳力、材料、费用大为降低。

（二）移动式模板

对定型的建筑物，根据建筑物外形轮廓特征，做一段定型模板，在支撑钢架上装上行驶轮，沿建筑物长度方向铺设轨道分段移动，分段浇筑混凝土。移动时，只需将顶推模板的花篮螺钉或千斤顶收缩，使模板与混凝土面脱开，模板即可随同钢架移动到拟浇混凝土的部位，再用花篮螺钉或千斤顶调整模板至设计浇筑尺寸。移动式模板多用钢模板，作为浇筑混凝土墙和隧洞混凝土衬砌使用。

（三）自升式模板

这种模板的面板由组合钢模板安装而成，桁架、提升柱由型钢、钢管焊接而成。这种模板的突出优点是自重轻，自升电动装置具有力矩限制与行程控制功能，运行安全可靠，升程准确。模板采用插挂式锚钩，简单实用、定位准、拆装快。

（四）滑动式模板

滑动式模板是在混凝土浇筑过程中，随浇筑而滑移（滑升、拉升或水平滑移）的模板，简称滑模，以竖向滑升应用最广。

滑升式模板是先在地面上按照建筑物的平面轮廓组装一套1.0~1.2m高的模板，随着浇筑层的不断上升而逐渐滑升，直至完成整个建筑物计划高度内的浇筑。

滑模施工可以节约模板和支撑材料，加快施工进度，改善施工条件，保证结构的整体性，提高混凝土表面质量，降低工程造价。其缺点是滑模系统一次性投资大，耗钢量大，且保温条件差，不宜于低温季节使用。

滑模施工最适于断面形状尺寸沿高度基本不变的高耸建筑物，如竖井、沉井、墩墙、烟囱、水塔、筒仓、框架结构等的现场浇筑，也可用于大坝溢流面、双曲线冷却塔及水平长条形规则结构、构件施工。

滑升模板由模板系统、操作平台系统和液压支撑系统三部分组成。模板系统包括模板、围圈和提升架等。模板多用钢模或钢木混合模板，其高度取决于滑升速度和混凝土达到出模强度（0.05～0.25MPa）所需的时间，一般高1.0～1.2m。为减小滑升时与混凝土间的摩擦力，应将模板自下向上稍向内倾斜，做成单面0.2%～0.5%模板高度的正锥度。围圈用于支撑和固定模板，上下各布置一道，它承受由模板传来的水平侧压力和由滑升摩阻力、模板与圈梁自重、操作平台自重及其上的施工荷载产生的竖向力，多用角钢或槽钢制成。如果围圈所受的水平力和竖向力很大，也可做成平面桁架或空间桁架，使其具有大的承载力和刚度，防止模板和操作平台出现超标准的变形。提升架的作用是固定围圈，把模板系统和操作平台系统连成整体，承受整个模板和操作平台系统的全部荷载，并将竖向荷载传递给液压千斤顶。提升架一般用槽钢做成，由双柱和双梁组成的"开"形架，立柱有时也采用方木制作。

操作平台系统包括操作平台和内外吊脚手，可承放液压控制台，临时堆存钢筋或混凝土，以及作为修饰刚出模的混凝土面的施工操作场所，一般为木结构或钢木混合结构。

液压支撑系统包括支撑杆、穿心式液压千斤顶、输油管路和液压控制台等，是使模板向上滑升的动力和支撑装置。

1. 支撑杆

支撑杆又称爬杆，它既是液压千斤顶爬升的轨道，又是滑模装置的承重支柱，承受施工过程中的全部荷载。

支撑杆的规格与直径要与选用的千斤顶相适应，目前使用的额定起重量为30kN的滚珠式卡具千斤顶，其支撑杆一般采用φ25mm的Q235圆钢。支撑杆应调直、除锈，当Ⅰ级圆钢采用冷拉调直时，冷拉率控制在3%以内。支撑杆的加工长度一般为3～5m，其连接方法可使用丝扣连接、榫接和剖口焊接。丝扣连接操作简单，使用安全可靠，但机械加工量大。榫接连接也有操作简单和机械加工量大的特点，滑升过程中易被千斤顶的卡头带起。采用剖口焊接时，接口处倘若略有偏斜或凸疤，则要用手提砂轮机处理平整，使能通过千斤顶孔道。当采用工具式支撑杆时，应用丝扣连接。

2. 液压千斤顶

滑模工程中所用的千斤顶为穿心液压千斤顶，支撑杆从其中心穿过。按千斤顶卡具形式的不同可分为滚珠卡具式和楔块卡具式。千斤顶的允许承载力，即工作起重量一般不应超过其额定起重量的1/2。

3. 液压控制台

液压控制台是液压传动系统的控制中心，主要由电动机、齿轮油泵、溢流阀、换向阀、分油器和油箱等部分组成。液压控制台按操作方式的不同，可分为手动和自动两种控制形式。

4. 油路系统

油路系统是连接控制台到千斤顶的液压通路，主要由油管、管接头、分油器和截止阀等组成。

油管一般采用高压无缝钢管或高压耐油橡胶管，与千斤顶连接的支油管最好使用高压胶管，油管耐压力应大于油泵压力的 1.5 倍。

截止阀又称针形阀，用于调节管路及千斤顶的液体流量，以控制千斤顶的升差，一般设置于分油器上或千斤顶与油管连接处。

（五）混凝土及钢筋混凝土预制模板

混凝土及钢筋混凝土预制模板既是模板，也是建筑物的护面结构，浇筑后作为建筑物的外壳，不予拆除。素混凝土模板靠自重稳定，可作直壁模板，也可作倒悬模板。

钢筋混凝土模板既可作建筑物表面的镶面板，也可作厂房、空腹坝顶拱和廊道顶拱的承重模板。这样避免了高架立模，既有利于施工安全，又有利于加快施工进度，节约材料，降低成本。

预制混凝土和钢筋混凝土模板质量较大，常需起重设备起吊，所以在模板预制时都应预埋吊环供起吊用。对于不拆除的预制模板，对模板与新浇混凝土的结合面需进行凿毛处理。

（六）压型钢板模板

压型钢板模板，是采用镀锌或经防腐处理的一种薄钢板，经成型机冷轧成具有梯波形截面的槽型钢板或开口式力盒状钢壳的一种工程模板材料。它具有加工容易，重量轻，安装速度快，操作简便和避免支、拆模板的繁琐工序等优点。

压型钢板模板常用于现浇组合楼板里面，组合楼板由压型钢板、混凝土板通过抗剪连接措施共同作用形成。

压型钢板模板主要从其结构功能分为组合板的压型钢板和非组合板的压型钢板。组合板的压型钢板既是模板又是用作现浇楼板底面的受拉钢筋，主要用在钢结构房屋的现浇钢筋混凝土有梁式密肋楼板工程。非组合板的压型钢板只起模板作用，一般用在钢结构或钢筋混凝土结构房屋的有梁式或无梁式的现浇密肋楼板工程。组合板的压型钢板按抗剪连接构造分为楔形肋压型钢板、带压痕压型钢板、焊横向钢筋压型钢板。

（七）隧洞钢模台车

钢模台车是一种为提高隧洞衬砌表面光洁度和衬砌速度，并降低劳动强度而设计、制造的专用设备，有边顶拱式、直墙变截面顶拱式、全圆针梁式、全圆穿行式等。采用钢模台车浇筑功效比传统模板高 30%，装模、脱模速度快 2~3 倍，所用的人力是过去的 1/5。使用钢模台车不仅可以避免施工干扰、提高施工效率，更重要的是大大提高了隧洞内的衬砌施工质量，同时也提高了隧洞施工的机械化程度。

钢模台车由钢模和台车两部分组成。以圆形钢模台车为例：钢模板 3m 长为一组，共 5 组；每组由一块顶模、四块边墙模板组成。钢模台车由车架、行走机构、水平千斤顶、垂直千斤顶及液压操作机构等主要部件组成。钢模台车主要用来运输、安装和拆卸钢模。它的 4 个液压垂直千斤顶上的托轮，是用来托住钢模兼调整钢模位置，使钢模中心与隧洞中心一致。连接螺栓将钢模与台车连接起来。脱模时，千斤顶将顶模向下拉。液压操作机械是产生和分配高压油的装置。台车行走是通过电动机和减速器来驱动。台车行走也可以采用卷扬机、钢丝绳牵引。

（八）移置模板

滑框倒模是在滑模基础上发展起来的新工艺。它既具有滑模连续施工、上升速度快的优点，又克服了滑模易拉裂表面混凝土、停滑不够方便、调偏不易控制等缺点，不损伤混凝土，可根据施工安排随时停滑、随时调整偏差。滑框倒模的基本工艺是：在混凝土浇筑过程中，模板的围檩由提升系统带动沿着模板的背面滑动，模板不动，下层模板待混凝土达到允许拆模强度时拆除并倒至上层支立。

滑框倒模由操作平台、提升架、围圈、滑道、模板、液压系统、卸料平台等组成。在围圈与模板之间设置滑道，滑道间距 30cm。滑道采用 $\phi 48 \times 3.5mm$ 钢管制作，固定在围圈上。在滑道外侧沿水平方向安装四层模板，四层模板总高宜大于 1.5m。滑升阻力为滑道与模板之间的摩擦力，比滑模的滑升阻力减少约 50%，可以少用千斤顶，而且由于滑升阻力分布较为均匀，平台提升时不易跑偏。根据提升力的要求，可以采用 GYD-35 或 GYD-60 型液压千斤顶。

（九）悬臂翻升模板

悬臂翻升模板是国内大体积碾压混凝土施工普遍采用的模板型式，是对悬臂模板的一种改进。其主要由面板、支撑件、锚固件、工作平台以及其他辅助设施组成。该模板分为两层，下层模板浇满混凝土后，吊装上层模板，上层模板沿下层模板的导向机构准确就位后，将桁架后部连杆铰接，上下层模板连接成一个整体，成为新的悬臂模板。上层模板浇满混凝土后，拆除下层模板，如前述方法再安装，如此循环翻升，实现了碾压混凝土真正意义上的连续浇筑。该模板结构合理、操作方便、使用可靠、值得推广。

二、模板的制作、安装和拆除

（一）模板的制作

大中型混凝土工程模板通常由专门的加工厂制作，采用机械化流水作业，以利于提高模板的生产率和加工质量。模板制作的允许误差应符合表 5-1 的规定。

表 5-1 模板制作的允许偏差

偏差项目		允许偏差
木模板	小型模板：长和宽	±2
	大型模板（长、宽大于 3m）：长和宽	±3
	大型模板对角线	±3
	模板面平整度： 相邻两板面高差 局部不平（用 2m 直尺检查）	0.5 3
	面板缝隙	1
钢模板、复合模板及胶木（竹）模板	小型模板：长和宽	±2
	大型模板（长、宽大于 3m）：长和宽	±3
	大型模板对角线	±3
	模板面局部不平（用 2m 直尺检查）	2
	连接配件的孔眼位置	±1

（二）模板的安装

模板安装必须按设计图纸测量放样，对重要结构应多设控制点，以利检查校正。模板安装好后，要进行质量检查；检查合格后，才能进行下一道工序。应经常保持足够的固定设施，以防模板倾覆。水工建筑物混凝土模板安装的允许偏差，应根据结构物的安全、运行条件、经济和美观要求确定，大体积混凝土模板安装的允许偏差见表 5-2；大体积混凝土以外现浇结构和预制件的模板安装允许偏差应遵循相关规范与规定。

表 5-2 大体积混凝土模板安装的允许偏差（单位：mm）

项次	偏差项目		混凝土结构的部位	允许偏差
		外露表面	隐蔽内面	
1	平板平整度	相邻两面板高差	钢模：2 木模：3	5
2		局部不平 （用 2m 直尺检查）	钢模：3 木模：5	10
3		板面缝隙	2	2

4	结构物边线与设计边线	内模板：-10 ~ 0 外模板：0 ~ 10	15
5	结构物水平截面内部尺寸		±20
6	承重模板标高		0 ~ 5
7	预留孔、洞	中心线位置	±10
		截面内部尺寸	-10

（三）模板的拆除

拆模的迟早直接影响混凝土质量和模板使用的周转率。施工规范规定，非承重侧面模板，混凝土强度应达到2.5MPa以上，其表面和棱角不因拆模而损坏时方可拆除。混凝土表面质量要求高的部位，拆模时间宜晚一些。而钢筋混凝土结构的承重模板，要求达到下列规定值（按混凝土设计强度等级的百分率计算）时才能拆模。

（1）悬臂板、梁。跨度≤2m，75%；跨度＞2m，100%。

（2）其他梁、板、拱。跨度≤2m，50%；跨度2 ~ 8m，75%；跨度＞8m，100%。

拆除芯模或预留的内模时，应在混凝土强度能保证不发生塌陷和裂缝时，方可拆除。

拆模的程序和方法：在同一浇筑仓的模板，按"先装的后拆、后装的先拆，先拆非承重模板、后拆承重的模板"的原则，按次序、有步骤地进行，不能乱撬。拆模时，应尽量减少对模板的损坏，以提高模板的周转次数。要注意防止大片模板坠落；高处拆组合钢模板时，应使用绳索逐块下放，模板连接件、支撑件及时清理；收检归堆。

第二节　碾压混凝土

一、原料选择及配合比设计

（一）原料选择

1. 水泥

（1）用于配置碾压混凝土的水泥品种主要包括硅酸盐水泥、普通硅酸盐水泥、中热硅酸盐水泥、低热硅酸盐水泥，质量要求应符合相关国家标准规范规定。

（2）在选择配制碾压混凝土所用水泥时，应根据设计要求通过试验进行选择。

（3）大体积碾压混凝土宜采用中低热水泥。

（4）有特殊要求时，针对不同工程特性，宜对水泥品种的矿物质成分、细度、水化热和碱含量等提出专门要求，并优先采用散装水泥。

（5）水泥强度等级不宜低于32.5级。

2. MgO 微膨胀水泥

MgO 微膨胀水泥是将水泥熟料中 MgO 的含量从 1.5%~2.0% 提高到 3.5%~5.0%，可更好的发挥其微膨胀作用，有助于补偿混凝土温降收缩，提高混凝土的抗裂能力。若含量超过 5%，则须进行试验验证确定。也可在混凝土中掺入轻烧 MgO 粉末。

3. 掺合料

为了改善碾压混凝土性能，节约水泥用量，降低水化热温升，在碾压混凝土中应掺用掺合料。

掺合料按其性能分活性和非活性两大类。碾压混凝土应优先考虑掺入适量的Ⅰ级或Ⅱ级粉煤灰、粒化高炉矿渣粉、磷渣粉、火山灰等活性掺合料。若施工现场无粉煤灰资源时，可就近选择技术经济指标较合理的其他活性或非活性掺合料，如凝灰岩、磷矿渣、高炉矿渣、尾矿渣、石粉等，经磨细后掺合，其掺量应通过试验论证。

掺合料在掺入碾压混凝土时可采用一种活性掺合料单掺或多种掺合料混掺的方式，实际工程中已经用到的多种掺合料混掺的组合形式有：磷渣粉与天然凝灰岩混合、粉煤灰与石粉混合、铁矿渣与石灰石粉混合等。各种掺合料取代水泥的最大限量一般都有规定，其最大限量的大小与掺合料的活性直接相关，应通过试验验证确定。掺用掺合料混凝土拌合物应确保搅拌均匀，其搅拌时间应通过试验确定。

粉煤灰是碾压混凝土最为主要的掺合料，用量大。从近年来的工程使用经验来看，碾压混凝土坝大多采用Ⅱ级粉煤灰，掺量一般在 50%~65% 的范围；Ⅰ级粉煤灰主要使用在大型水利水电工程及高等级混凝土中。

4. 骨料

骨料占碾压混凝土总质量的 80%~85%，是碾压混凝土的主要组成材料。碾压混凝土对骨料的品质要求，只要能满足常态混凝土要求的骨料，一般都可用于碾压混凝土。

（1）粗骨料

粗骨料分为人工粗骨料、天然粗骨料和混合粗骨料三种。粗骨料质量应符合以下要求：①质地坚硬，表观密度大，抗压强度适中。②级配连续，粒形宜为立方体形或球形。③最大粒径适宜。既要考虑节约胶凝材料，又要考虑骨料分离情况并结合施工条件选择，碾压混凝土粗骨料最大粒径不宜超过 80mm。另外，最大骨料粒径须小于铺料厚度的 1/3，才不会影响振动碾压的压实效果。④其他要求：粗骨料的其他质量要求见《水工混凝土施工规范》（DL/T 5144-2015）。

（2）细骨料

碾压混凝土可以使用天然砂、人工砂或两者混合的砂作为细骨料。

①细骨料要求质地坚硬，级配良好。人工砂细度模数宜为 2.2~2.9，天然砂细度模数宜为 2.0~3.0。应严格控制超径颗粒含量，砂含水率应不大于 6%。使用细度模数小于 2.0 的天然砂，应经过试验论证。

②人工砂中的石粉（d < 0.16mm）颗粒含量宜控制在 12% ~ 22% 之间，其中 d ≤ 0.08mm 的微粒含量不宜小于 5%。最佳石粉含量随母岩不同而变化，应通过试验确定。

③其他要求：细骨料的其他质量要求见《水工混凝土施工规范》（DL/T 5144-2015）。

5. 外加剂

外加剂是配置高品质碾压混凝土中不可缺少的重要材料。根据碾压混凝土的设计指标、不同工程及施工季节的要求，掺入混凝土外加剂不但能够改善碾压混凝土的性能，使之便于施工，而且能节约工程费用。外加剂的掺入效果随工程所用原料的不同而不同，因此在选择碾压混凝土的外加剂品种时，应通过试验论证，尤其是外加剂与胶凝材料的适应性最为重要。

（1）对大体积及高温季节碾压混凝土施工应采用缓凝减水剂或缓凝高效减水剂。

（2）对有抗冻、抗渗要求的混凝土，应考虑掺用引气剂或引气减水剂；对有防冻或微膨胀要求的混凝土，还应掺用防冻剂或膨胀剂。

6. 拌和用水

碾压混凝土拌和用水质量标准与常态混凝土相同；凡符合国家标准的生活饮用水均可拌制碾压混凝土。

（二）配合比设计

1. 一般要求

在满足设计要求强度、耐久性和施工要求的工作度条件下，通过选择设计参数、计算、试拌和必要的调整，经济合理地确定碾压混凝土单位体积中各材料的用量。在进行碾压混凝土配合比设计时，应考虑下列要求：

（1）水胶比：根据设计要求的混凝土强度、拉伸变形、绝热温升和抗渗抗冻性等指标确定，其值不宜大于 0.65。

（2）砂率的选择：应通过试验选取最佳砂率值。一般情况下，采用天然砂石料时，三级配碾压混凝土的砂率为 28% ~ 32%，二级配碾压混凝土的砂率为 32% ~ 37%；采用人工砂石料时，各级配碾压混凝土的砂率相应地增加 3% ~ 6%。

（3）单位用水量的选择：可根据碾压混凝土施工工作度（VC 值）、骨料最大粒径、砂率及外加剂等选定。

（4）掺合料：掺合料种类、掺量应通过试验确定，掺量若超过 65% 时，应做专门的试验论证。

（5）必须掺加外加剂，以满足可碾性、缓凝性及其他特殊要求，外加剂的品种和掺量应通过试验确定。

（6）对于大体积建筑物内部的混凝土，其总胶凝材料用量（水泥、粉煤灰或其他有机活性材料之和）不宜低于 130kg/m³，当低于 130kg/m³ 时应专题试验论证。

（7）碾压混凝土拌和物的工作度（VC值），现场宜选用2～12s为宜。机口VC值应根据现场施工的气候条件变化，动态地选用和控制，宜为2～8s。

2. 常用配合比计算方法

碾压混凝土配合比设计的基本方法有绝对体积法、表观密度法和包裹理论法等。一般推荐采用绝对体积法进行配合比计算。

（1）收集配合比设计所需资料

在进行碾压混凝土配合比设计之前，应收集与配合比设计有关的全部文件及技术资料。其主要有：混凝土的设计指标及技术要求，如混凝土的强度、抗渗、变形、热学性能等；使用原材料的品质及单价等。

（2）初步配合比设计

①初步确定配合比参数

初步确定配合比参数，主要是确定水胶比、掺合料的掺量、砂率、浆砂比等。配合比参数的选择方法有：a.单因素试验分析法；b.正交试验设计选择法；c.工程类比选择法。

②计算单方混凝土中各材料的用量

a.采用绝对体积法进行计算

基本原理：1m³新拌混凝土拌合物的体积等于各组成材料的绝对体积与空气体积之和，其计算公式为：

$$C/\rho_c + F/\rho_F + W/\rho_w + S/\rho_s + G/\rho_G + E/\rho_E + A = 1$$

式中：C、F、W、S、G、E——水泥、掺合料、水、细骨料、粗骨料、外加剂用量，kg/m³；

ρ_c，ρ_F，ρ_W，ρ_S，ρ_G，ρ_E——水泥密度、掺合料密度、水的密度、细骨料及粗骨料饱和面干表观密度、外加剂密度，kg/m³；

A——混凝土含气量，1%～2%。

b.假定表观密度法进行计算

基本原理：1m³新拌混凝土的质量等于各组成材料的质量之和。1m³新拌混凝土的表观密度通过试验求得，试拌时假定混凝土的表观密度，若测得的混凝土密度与假定密度有差异，则各材料用量应分别乘以实测密度与假定密度比值，即得出碾压混凝土单位体积材料用量，计算公式为：

$$\rho = C + F + W + S + G$$

c.采用填充包裹法进行计算

基本原理：混凝土中细骨料孔隙恰好被灰浆所填充，即灰浆体积与砂孔隙体积之比为$a=1$；粗骨料孔隙恰好被砂浆所填充，即砂浆体积与粗骨料孔隙体积之比为$\beta=1$。实际施工过程中为增加混凝土的工作性及可碾性，除了填充孔隙外，还应有富裕的灰浆比和砂浆来包裹粗、细骨料表面。其计算公式如下：

$$C/\rho_c + F/\rho_E + W/\rho_W + S/\rho_S + G/\rho_G + E/\rho_E + A = 1$$

$$\alpha = (1 - S/\rho_s - G/\rho_G)/(S/r_s - S/\rho_s)$$

$$\beta = (1 - G/\rho_G)/(G/r_G - G/\rho_G)$$

式中：r_S，r_G——粗、细骨料的紧密密度，kg/m³。

（3）室内试拌调整

按初步确定的配合比进行室内试拌，测定拌合物的 VC 值，如 VC 值大于设计要求，则应在保持水胶比不变的情况下增加用水量；若拌合物的抗分离性差则增加砂率等。

（4）室内配合比确定

根据室内的试验结果，确定室内的配合比。

（5）现场碾压试验调整

一个工程在进行碾压混凝土施工之前宜进行现场碾压试验。其目的除了确定施工参数、检验施工生产系统的运行和配套情况，落实施工管理措施之外，通过现场碾压试验还可以检验设计出的碾压混凝土配合比对施工设备的适应性（包括可碾压性、易密性等）及拌合物的抗分离性能，必要时可以根据碾压试验情况适当进行调整。

二、施工准备

（一）施工组织准备

施工组织准备的主要内容是施工组织设计和混凝土配合比试验及试验块浇筑，应按施工组织设计和试验要求进行具体条件准备和展开工作。施工组织准备的过程如图 5-1 所示。

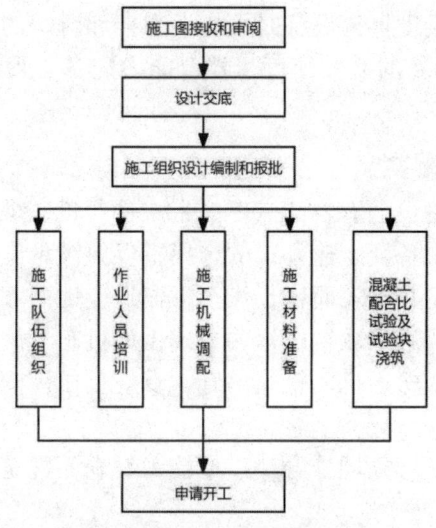

图 5-1　施工组织准备过程

碾压混凝土要实现快速施工，原材料供应、仓位准备（主要是模板安装）、碾压混凝土输送、机械设备配置等是主要环节。

1. 砂石生产系统配置

原材料供应必须充分，尤其用量较多的砂石骨料。为满足碾压混凝土高强度的填筑施工，原材料成品必须有足够的储备，一般备料量应经常保持日平均填筑工程量的 5～7 倍。国内多数工程采用湿法或干湿结合工艺生产砂石料；江垭、棉花滩等水电站碾压混凝土坝采用干法生产人工砂石料，具有较好的技术经济效益。

砂石骨料系统的生产能力可按下式计算：

$$Q_h = KQ/T$$

式中：Q_h——系统小时生产能力，t/h；

K——生产过程中的损耗系数，一般取 1.1～1.2；

Q——高峰月混凝土骨料用量，t；

T——月生产小时数，h，一般按 1 个月 25d、1d、12～15h 计。

2. 混凝土生产系统配置

混凝土生产系统应根据高峰月混凝土浇筑强度配置，其生产能力可按下式计算并满足最大仓面浇筑要求：

$$Q_h = KQ_m/T$$

式中：Q_h——混凝土小时拌和强度，m³/h；

K——不均匀系数，与使用时段有关，一般取 1.5～2.0；

Q_m——高峰月混凝土浇筑量；

T——月拌和时间，h，一般取 400～500h。

一般常态混凝土拌合机均可用于同级配的碾压混凝土拌合，但是拌和时间较常规混凝土适当延长，在选择混凝土拌合设备时，应考虑拌和时间的延长对生产率的影响，一般按铭牌产量乘以 0.7～0.9 的系数即可，拌合能力配备必须满足施工需要并有一定的富余。

3. 混凝土运输设备配置

碾压混凝土常用的运输设备有自卸汽车、带式输送机、塔带机和胎带机、真空负压溜槽、斜面滑道等。运输设备及运输方式的选择不仅要满足施工强度需要，还要满足防止混凝土骨料分离的要求。相比较而言，汽车运输适应性强、机动灵活、直接入仓，可减少分离。其他运输工具一般采取组合运输方式，如机车与吊机组合、带式输送机与溜槽组合等。自卸汽车、带式输送机、箱式满管、真空负压溜槽（管）等已成为碾压混凝土运输的主要手段。

运输碾压混凝土的设备必须同拌合楼生产能力、仓面铺筑能力相匹配。常用运输设备的配置计算方法如下：

（1）自卸汽车运输碾压混凝土生产率的计算见下式。

$$C_m = T_1 + T_2 + T_3 + T_4 + T_5 + T_6 + T_7$$

$$T_4 = (L_1/30 + L_2/10) \times 3600$$

式中：T_1—定位装载时间，可按 45～60s 计；

T_2—洗车时间，可按 45～60s 计；

T_3—定位卸料时间，可按 60～90s 计；

T_4—重车运行时间，s；

L_1—坝外运输距离，km；

L_2—坝内可能运行最大距离，km；

T_5—空车返回行走时间，可取 $T_5=0.9T_4$；

T_6—拌和楼处停等时间，可按 60～90s 计；

T_7—混凝土倒车待卸时间，可按 60～90s 计。

考虑汽车配置时还要考虑一定的备用系数。

（2）带式输送机输送碾压混凝土能力见表 5-3。

表 5-3 带式输送机输送碾压混凝土能力

带速（m/s）		0.8	1.0	1.25	1.6	2.0	2.5	3.15	4.0
带宽（mm）	500	156	184	244	312	382	464	—	—
	650	262	328	412	528	646	782	—	—
	800	—	556	696	890	1092	1322	1648	—
	1000	—	870	1088	1392	1706	2066	2466	—
	1200	—	1310	1638	2096	2568	3112	3716	4404
	1400	—	1882	2230	2854	3496	4236	5056	5990

（3）塔带机和胎带机基本特性见表 5-4。

表 5-4 塔带机和胎带机基本特性

名称	型号	基本特性	输送能力
塔带机	TG2400-84	工作幅度 84m，输送带宽 76cm，固定式，塔柱抗弯力矩 3400t·m，吊钩以下高度 95m，给料胶带和送料胶带长分别为 90m 和 130m，电源总功率 300kW，塔柱有自升功能，也可改作塔吊使用。操作、维护、管理每班 3 人	三级配：7m³/min 四级配：5m³/min
胎带机	CC200X24	工作幅度 61m，输送带宽 61cm，自行式 360°回转伸缩臂最大仰角 30°，最大俯角 15°，给料胶带长 19.8m 电源总功率 220kW，自重 99880kg，螺旋给料机型号为 AM20/20 型，料斗容量 8m³，混凝土运输车型号为 BigDog，斗容量 12m³。配有电子秤的橡胶鼻管	三级配：4.5m³/min 四级配：2.5m³/min

（4）真空负压溜槽

真空负压溜槽的输送能力取决于溜槽的大小和倾角，且与进料和出口接料密切相关，一般50cm半圆形真空负压溜槽的输送能力为200m^2/h。

4. 仓面准备

（1）仓面工艺设计

碾压混凝土坝由于浇筑量大、仓面面积大、施工快速、施工强度高，为保证混凝土施工质量，需根据不同的浇筑高程、气象条件、浇筑设备的能力、不同坝段的形象面貌要求等合理划分浇筑仓，并在混凝土浇筑前，对浇筑仓号进行仓面工艺设计。

①分析仓面特征

a. 升层厚度

升层厚度对混凝土施工速度、施工质量和施工费用有很大影响，根据结构特点、仓面面积、浇筑难度、入仓手段、模板配置、温控要求及气象等因素确定浇筑高度。一般分仓浇筑仓面升层厚度为3m，局部位置为1~2m，通仓连续浇筑可更高，龙滩水电站上游碾压混凝土围堰一次连续浇筑上升24m。

b. 混凝土强度等级级配及配筋情况

混凝土强度等级级配应符合设计要求，对于找平层混凝土、钢筋密集区和浇筑盲区混凝土，可采取小级配（或富浆）替代方案，减少混凝土骨料分离。仓面设计及审核人员应熟悉仓内钢筋分布情况，认真分析钢筋部位的施工难度及浇筑强度。混凝土强度等级级配品种过多，会造成混凝土铺料过程中，切换混凝土品种次数频繁，造成施工程序复杂，影响混凝土入仓速度和施工质量。不同强度等级、级配的混凝土价格不同，使用不当会影响混凝土质量和施工成本。

c. 分析周边影响浇筑的因素

相邻结构块高差、备仓安排、渗水处理及其他平行作业等对混凝土浇筑均有一定的影响，需提前审查施工计划及制定相应的施工保证措施。

d. 混凝土入仓强度

混凝土入仓强度决定了仓面资源配置，混凝土入仓、平仓、碾压设备及人员的配置。

e. 相关技术要求

仓面设计时，不同的施工部位、不同的浇筑时段，其施工技术要求会有所不同。如在夏季高温季节时和基础约束区的部位，温控要求较高，而对于溢流面等高速水流通过的部位，则混凝土外观质量要求较严；在钢衬、闸门槽等与金属结构埋件相关联的施工部位，则对混凝土密实性控制较严。

②确定浇筑参数

a. 浇筑手段

确定浇筑方案时应综合考虑设备性能、拌合楼维护、钢筋密集区及盲区平仓振捣困难等因素，作为仓面设计依据。当采用两台或两台以上的设备浇筑同一仓面时，应确定各台设备的浇筑范围和顺序，以达到铺料顺序的要求，必要时对浇筑设备的运行方式作限定，以确保设备的安全运行。

b. 允许铺料间歇时间

综合考虑不同强度等级的混凝土初凝时间、气温影响及温控要求，确定合理的混凝土接头覆盖时间。如超过允许间歇时间，由现场质量工程师和监理工程师共同判断混凝土接头是否出现初凝。当出现初凝时，应视初凝面积、部位决定采取处理措施后继续浇筑或停仓处理。

c. 铺料方法

碾压混凝土施工根据仓面面积的大小、拌合楼生产强度、运输设备的入仓强度、平仓碾压设备的平仓碾压强度、变态混凝土的处理强度以及气候条件，可采用平层法和斜层法铺料，斜层法铺料的斜度在1：10~1：15之间。

d. 铺层厚度

铺层厚度综合考虑入仓手段、入仓强度、允许铺料间歇时间等因素，一般为30cm；对于特殊情况，可采用25cm，并要求在仓面设计上注明原因。

e. 特殊部位混凝土下料、振捣方法

对于仓内止水、灌浆、观测仪器等不能直接下料的部位，以及闸墩门槽和钢衬下部等钢筋密集、空间狭窄、进料困难的部位，应按照相关技术要求，调整混凝土下料、平仓振捣方法。混凝土下料可采用下料皮筒、缓降溜槽、混凝土泵车和人工进料等方法。上述部位的混凝土振捣应采用小型手持振捣器，适当加强振捣。

③确定资源配置

资源配置主要包括机械设备、一般工具和人员三个方面。主要机械设备有：入仓设备、振捣机、插入式振捣器、降（保）温设施、平仓机、振动碾、切缝机等；一般工具有：分散骨料工具、排除泌水工具、仓内保洁工具等。人员包括：仓面指挥、盯仓质检员、安全员、卸料指挥、机械操作手、辅助工及各工种值班人员。对大坝混凝土仓的资源配置应根据浇筑强度明确规定。对存在浇筑盲区、抹面层区或有特殊要求的仓位，根据实际情况增加资源投入。

④制定质量保证措施

对于一般仓位，在仓面设计图表"注意事项"栏加以说明；对于结构复杂、浇筑难度大及有特殊要求的仓位，要求提供专项质量保证措施，作为仓面设计的补充。

（2）仓面组织管理

为保证碾压混凝土正常、连续、快速实施，应建立一个组织严密、运行高效、信息反馈及时的仓面组织管理体系，同时在现场指挥中心设置现场监测系统，以便及时了解、掌握、处理现场问题。

（3）模板、钢筋及预埋件

模板安装是碾压混凝土快速施工的重要环节，是能否确保碾压混凝土连续上升的关键。适用于碾压混凝土施工的模板有钢模板、木模板、混凝土模板等。模板结构型式有组合钢模板、半悬臂模板、悬臂模板、连续上升式翻转模板、混凝土预制模板。在选择碾压混凝土模板时，须根据碾压混凝土浇筑升层高度来确定，并考虑其经济性。

碾压混凝土坝体内的钢筋一般很少，只有廊道、电梯井等孔洞周边布有钢筋，这些钢筋应在碾压混凝土开仓前安装完毕。孔洞周边一般采用常态混凝土或变态混凝土与碾压混凝土同时浇筑。施工中应注意保护架立好的钢筋，避免在碾压混凝土卸料、平仓、碾压过程中损坏。钢筋的制作安装按照有关规定执行。

对于碾压混凝土坝中的钢衬、门槽、引水管等预埋工作应事先制订预埋方案，一般采用二期预埋和浇筑混凝土的办法。

5. 合理的施工布置

（1）拌合楼位置的选择

混凝土从拌合楼到浇筑仓面的运输，一般采用汽车或胶带机。碾压混凝土筑坝，由于其施工速度快、工期短，故应优先考虑使用汽车运输。当采用汽车运输时，拌合楼位置和浇筑仓面距离、高差都不能过大，下仓道路弯道要少，坡度要控制在 5% ~ 10%，以便减少运输时间和提高运输能力。由于运输碾压混凝土的车辆较多，拌和楼卸料口附近的道路应比较宽畅和平坦。

（2）汽车直接入仓的道路布置

一般根据地形条件进行布置，即按道路修筑工程量较小、修筑方便、速度快和汽车运输条件较好的原则布置。如清江隔河岩围堰工程，围堰下部及上部的汽车入仓道路为单线封闭式道路，中间部分为环形循环路。环形路干扰少，大大加快了混凝土的运输速度。岩滩围堰工程不能布置环形路，但上游围堰由于渣源充足（基坑开挖弃渣），每 5m 高差就布置一条路；下游围堰因渣源困难，只布置了 3 条汽车入仓道路，每条路控制浇筑高度分别为 7.2m、11.9m 和 14.9m。

（3）吊机入仓的布置

吊机高程选择，应以不翻高或少翻高为原则。吊机翻高，影响混凝土浇筑的正常进行，不利于快速施工。吊机是否行走，则应根据线路修筑工程量大小和难易程度而定，一般应以能行走考虑。

（二）仓块浇筑准备

每一仓块碾压混凝土浇筑前需制作一份浇筑要领图，将拟浇仓块的相关信息和施工要求标注在要领图中，如浇仓块的范围、桩号、高程、混凝土量、最大仓面面积、摊铺的条带布置、平仓碾压方向、止水设施、切缝、埋件、预留孔洞位置、变态混凝土施工要求、模板架立要求、混凝土入仓方式和浇筑方法，以及注意事项等。现场按照浇筑要领图的要求进行施工准备，验收合格后方可准予浇筑。

1. 模板安装

为便于碾压混凝土机械化、快速施工作业，目前国内大体积碾压混凝土施工普遍采用连续上升翻转模板，面板有 3m×3.1m、3m×2.1m、3m×1.55m 三种。一般在仓面配置小吨位吊车吊装，如 3 ~ 5t 仓面吊或 5 ~ 8t 汽车吊，吊装一块模板的时间一般需 15 ~ 30min。

2. 埋件安装

碾压混凝土埋件有观测仪器和电缆、止水片、分缝预制块、冷却管和灌浆管等。观测仪器和电缆一般采用在碾压完成后的混凝土体内挖坑埋设的方法，对没有方向性要求的仪器，坑槽深度以能埋设仪器和电缆即可；对有方向性要求的仪器，坑槽的深度应能保证在仪器安装就位后上部最少有 20cm 厚的人工回填压实混凝土保护层。止水片安装一般采用钢筋架支撑保护，并在碾压混凝土施工过程中随时检查，发现损坏及时修复。分缝预制块一般在碾压混凝土拱坝中采用，预制块中设有灌浆管道，埋设时位置要准确，预制块两侧混凝土料摊铺时要均匀，防止预制块在施工中错位导致灌浆管路失效。冷却管和灌浆管都在碾压后的层面上埋设，管道埋设后应先铺盖混凝土料后才允许设备行走，管道埋设的时间应满足碾压混凝土层间覆盖时间要求。

3. 切缝

碾压混凝土坝体中的伸缩缝一般采用切缝形成，切缝时间可在碾压前也可在碾压后，切缝前应先在伸缩缝两端的模板上放样，切缝时采用拉线方法控制缝距、方向及斜度，缝内按设计要求填充砂子、塑料纸或铁片等材料。

4. 变态混凝土施工

变态混凝土主要用于大坝上下游贴近模板面的部位、靠岸坡部位、止水埋设处、廊道及电梯井和其他孔口周边以及振动碾碾压不到的地方。变态混凝土应与碾压混凝土同步浇筑，并在两种混凝土初凝前振捣或碾压完毕。在止水埋设处的变态混凝土施工过程中，应采取措施支持和妥善保护止水材料，对该部位混凝土中的大骨料应人工予以剔除，振捣应仔细，以免产生渗水通道。变态混凝土浇筑有水平铺浆法和垂直注浆法两种施工方法：水平铺浆法按碾压层中加浆部位分类，有底部加浆、顶部加浆和中部加浆等不同方式；垂直注浆法是在一个碾压层混凝土摊铺后，均匀地在混凝土面上垂直造孔，然后将水泥粉煤灰净浆注入孔中的施工方法。变态混凝土中掺加水泥粉煤灰净浆的数量可通过试验确定，遵循便于振捣密实的原则，加浆量一般在 4%～6%。

三、仓面施工工艺

（一）运输入仓方式

碾压混凝土运输方式选择应满足碾压混凝土施工速度快的特点，碾压混凝土运输设备可采用自卸汽车、带式输送机、箱式满管、真空溜槽（管）、真空缓降溜管、布料机、胎带机、塔带机、顶带机、缆机、门塔机、斜面滑道等。最常用运输方式是采用自卸车、带式输送机、箱式满管、真空溜槽（管）、真空缓降溜管、布料机和胎带机等，相比较而言，自卸车直接入仓是最简便有效的方式，自卸汽车运输具有适应性强、机动灵活，直接入仓，可减少分离等优点，在中低坝宜尽可能采用汽车进仓，在高坝尽可能创造条件采用汽车进仓，其他运输工具常采用组合运输方式。碾压混凝土常用运输组合方式见表 5-5。

碾压混凝土的入仓方式应根据机械设备配制、施工布置特点和地形条件等综合因素进行选用。

表5-5 碾压混凝土常用运输方式

序号	组合方式	应用水电站
1	自卸汽车直接入仓	普遍适用
2	自卸汽车＋带式输送机＋仓面汽车转料	大朝山、龙开口、彭水
3	自卸汽车（带式输送机）＋真空溜槽（管）＋（带式输送机）仓面汽车转料	龙滩、沙牌、大朝山、江垭、普定、招徕河、棉花滩、索风营
4	自卸汽车（带式输送机）＋箱式满管＋（带式输送机）仓面汽车转料	光照、沙沱、金安桥、思林、鲁地拉
5	自卸汽车（带式输送机）＋真空缓降溜管＋（带式输送机）仓面汽车转料	大花水、思林、格里桥
6	高速带式输送机＋塔带机（顶带机）入仓	龙滩、三峡水利枢纽、向家坝
7	自卸汽车＋高速带式输送机＋罗泰克胎带机＋塔带机	三峡水利枢纽纵向围堰
8	自卸汽车＋真空溜槽＋水平带式输送机＋垂直落料混合器（附抗分离装置）＋仓面汽车转料	棉花滩
9	斜坡轨道车	普定
10	自卸汽车＋缆机（或门机）	龙首

（二）卸料与铺料

1. 卸料

碾压混凝土施工采用大仓面薄层连续铺筑或间歇铺筑,当压实厚度为30cm左右时,可一次铺筑;当为了改善分离状况或压实厚度较大时,可分2~3次铺筑。卸料方式有自卸汽车直接入仓卸料、塔带机（顶带机）卸料、布料机卸料、吊罐卸料、带式输送机卸料等。采用自卸汽车卸料时,一般采用退铺法两点叠压式卸料,按梅花形依次堆卸。每次卸料时,为了减少骨料分离,汽车都应将混凝土料卸于铺筑层摊铺前沿的台阶上,再由平仓机将混凝土从台阶上推到台阶下进行移位式平仓。汽车在碾压混凝土仓面行驶时,尽量避免急刹车、急转弯等有损碾压混凝土质量的操作。

采用塔带机、布料机、带式输送机卸料时,布料厚度宜控制在45~50cm左右,橡皮筒距仓面高度不大于1.5m,采用鱼鳞式分布法形成坯层,以减少骨料分离。

采用吊罐卸料时，控制卸料高度不大于1.5m，否则需用储料斗，然后在仓内采用自卸汽车、装载机等分送至仓面。

卸料应按浇筑要领图的要求和逐层条带的铺筑顺序进行，并尽可能均匀，料堆旁出现有分离大骨料时，应由人工或用其他机械将其均匀地摊铺到未碾压的混凝土面上。

2. 摊铺

碾压混凝土摊铺也称平仓，一般采用串链摊铺作业法，按条带台阶式薄层摊铺均匀。平仓主要采用平仓机进行，局部人工辅助。

针对碾压混凝土工程量大、工期紧的特点，我国碾压混凝土坝施工采用的摊铺方法有平层通仓法和斜层平推法。对于相对较小的仓面采用平仓浇筑，对于大仓面则采用斜层平推法浇筑。对于主要建筑物周边、廊道、竖井、岸坡、监测仪器、预埋件等部位，采用"边角"部位的混凝土及变态混凝土施工工艺。

我国常采用碾压层厚为30cm（摊铺厚度34～36cm），最大骨料粒径为80mm的三级配碾压混凝土。江垭水电站采用RCC法（薄层碾压法）施工，压实层厚度为30cm，摊铺层厚度为34cm。观音阁水电站采用RCD法（厚层碾压法），压实层厚度为75cm，每一碾压层分三层台阶式卸料摊铺，每层厚27cm，并使用推土机在摊铺过程中对碾压混凝土进行预压实；待三层摊铺完毕，再进行振动碾压。

（三）碾压

目前，碾压混凝土的压实机械均为振动碾压机，我国碾压混凝土多采用BOMAG BW系列振动碾压实。重型碾用于坝体内部，靠近模板及无法靠近的部位采用轻型或其他手扶小型振动碾。

（1）施工中采用的碾压厚度及碾压遍数宜经过试验确定，并与铺筑的综合生产能力等因素一并考虑。根据气候、铺筑方法等条件，可选用不同的碾压厚度。碾压厚度不宜小于混凝土最大骨料粒径的3倍。

（2）需作为水平施工缝停歇的层面，达到规定的碾压遍数及表观密度后，宜进行1～2遍的无振碾压。

（3）碾压方向应垂直于水流方向，从而可避免碾压条带接触不良形成渗水通道，故迎水面在3～5m范围内碾压方向一定要平行于坝轴线方向。碾压条带相互搭接，碾压条带间的搭接宽度为10～20cm，端头部位的搭接宽度宜为1m左右，这主要是为了改善振动碾外侧混凝土的隆起，改善搭接部位的压实质量。

（4）振动碾压行走速度一般控制在1.0～1.5km/h范围内，行走速度的快慢直接影响碾压效率和压实质量。

（5）连续上升铺筑的碾压混凝土，为保证碾压混凝土层间结合良好，必须控制施工层间间隔时间（指下层混凝土拌和物拌和加水起到上层混凝土碾压完毕为止）。应控制在初凝时间以内，且混凝土拌和物从拌和到碾压完毕的历时宜不大于2h。

（6）在碾压过程中，应根据现场的气温、昼夜、阴晴、湿度等气候条件，适当调整出机口VC值，仓面VC值一般以2～12s为宜，以碾压完毕时混凝土层面达到全面泛浆、人在上面行走有微弹性、仓面没有骨料集中等作为标准。如果受气温、风力等因素的影响，碾压层面因水分蒸发而导致 VC 值过大，发生久压不泛浆的情况时，应采取有效措施补碾，使碾压表面充分泛浆。

（7）每个碾压条带作业结束后，应及时按网格布点检测混凝土的表观密度。如所测相对密实度低于规定指标时应重新增加碾压遍数再重新检测，如还达不到需查明原因并处置，必要时可增加测点，并查找原因，采取相应措施。

（四）成缝

碾压混凝土坝施工宜不设纵缝，但由于受到温度应力、地基不均匀沉陷等作用，往往需要在垂直坝轴线方向设置一定数量的结构缝，即横缝。横缝可用切缝机切割、手工切缝、设置诱导孔或隔板等方法形成，缝面位置及缝内填充材料均应满足设计要求。

目前碾压混凝土施工成缝使用的切缝机基本上可以分为两种类型：一种是以液压挖掘机改装的液压振动切缝机；另一种是使用电动冲击夯改装的电动冲击式切缝机。振动切缝机多用于大型工程，冲击式切缝机多用于中小型工程。

（1）采用切缝机切缝，宜根据工程情况采用"先碾后切"或"先切后碾"的方式。采用"先碾后切"，填充物距压实面 1~2cm，切缝完毕后用振动碾压 1~2 遍。"先碾后切"虽然施工干扰较小，但切缝效率较低且容易造成缝边角的破损。成缝面积每层应不小于设计缝面的 60%。设置填缝材料时，衔接处的间距不得大于 100mm，高度应比压实厚度低 30~50mm。

（2）诱导孔造缝。当采用薄层连续铺筑施工时，诱导孔可在混凝土碾压后由人工打钎或风钻钻进形成；当采用间隔式施工时，可在层间间隔时间内用风钻钻成。成孔后孔内应填塞干燥沙子，以免上层施工时混凝土填塞诱导孔，达不到诱导缝的目的。

（3）模板成缝。当仓面分区浇筑，或个别坝段提前升高时，可在横缝位置立模，拆模后即成缝。

（4）预埋分缝板造缝。在混凝土平仓时（后），设置钢板，相邻隔板间距不得大于 10cm，以保证成缝质量和面积；隔板高度比压实厚度低 2~3cm。

（五）层面及缝面处理

1. 层面处理

碾压混凝土层面处理的目的是要解决层间结合强度和层面抗渗问题，所以层面处理的主要衡量标准（尺度）就是层面抗剪强度和抗渗指标。不同的层面状况、不同的层间间隔时间及质量要求需采用不同的层面处理方式。一般常用的碾压混凝土层面处理方式如下。

（1）正常层面状况（即下层碾压混凝土在允许层间间隔时间之内浇筑上层碾压混凝土的层面）：①避免或改善层面碾压混凝土骨料分离状况，尽量不让大骨料集中在层面上，以免被压碎后形成层间薄弱面和渗漏通道；②如层面产生泌水现象，应采用适当的排水措施，并控制 VC 值；③如碾压完毕的层面被仓面施工机械扰动破坏，应立即整平处理并补碾密实;④对于采用上游二级配混凝土进行防渗的,其上游防渗区域的碾压混凝土层面应在铺筑上层碾压混凝土前铺一层水泥粉煤灰净浆或水泥净浆;⑤碾压混凝土层面保持清洁,如被机械油污染的应挖除被污染的碾压混凝土。

(2)超过直接铺筑允许时间的层面,应先在层面上铺垫层拌和物,再铺筑上一层碾压混凝土。超过了加垫层铺筑允许时间的层面应按施工缝处理。

(3)为改善层面结合状况,还常采用下列措施:①加快施工速度,提高施工效率,加强施工管理,在已有的混凝土拌和设备下尽力提高混凝土质量,在铺筑面积既定情况下提高碾压混凝土的铺筑强度,充分发挥碾压混凝土施工优势;②对碾压混凝土配合比进行优化,选取适合的水灰比和外加剂,优化粉煤灰掺量及胶凝材料用量;在碾压混凝土配合比设计中,增加胶凝材料用量,可有效提高碾压混凝土的层间结合质量;③缩短碾压混凝土的层间间隔时间;④加强碾压混凝土仓面温控措施;⑤防止外来水流入层面,并做好防雨措施。

2. 缝面处理

施工缝应进行缝面处理,缝面处理可用刷毛、冲毛等方法清除混凝土表面的浮浆及松动骨料,达到微露粗砂即可。其目的是增大混凝土表面的粗糙度,以提高层面粘结能力。冲毛、刷毛时间可根据施工季节、混凝土强度、设备性能等因素,经现场试验确定,不应过早冲毛。缝面处理完成并清洗干净,经验收合格后,及时铺垫层拌和物,然后铺筑上一层混凝土,并在垫层拌和物初凝前碾压完毕。根据国内外许多大型碾压混凝土坝工程的施工经验,在处理过的施工缝上铺厚10~15mm的砂浆能保证上、下层混凝土粘结良好。为使砂浆厚度均匀,可采用刮板进行刮铺。砂浆层铺完应马上摊铺混凝土,防止已铺的砂浆失水干燥或初凝,并应在砂浆初凝以前碾压完毕。

因施工计划的改变、降雨或其他原因造成施工中断时,应及时对已摊铺的混凝土进行碾压。停止铺筑的混凝土面边缘宜碾压成不大于1:4的斜坡面,并将坡脚处厚度小于150mm的部分切除。当重新具备施工条件时,可根据中断时间采取相应的层缝面处理措施后继续施工。

缝面处理的具体要求如下:

(1)采用高压水冲毛,水压力一般为20~50MPa,冲毛必须在混凝土终凝后进行,一般在混凝土收仓后20~36h进行,夏季取小值,冬季取大值。高压水冲毛作业时,喷枪口距缝面10~15cm,夹角为75°左右。

(2)碾压混凝土浇筑前,施工缝必须冲洗干净,且无积水、污物等。

(3)在已处理好的施工缝面上按照条带均匀摊铺一层厚15mm左右的水泥砂浆垫层,然后再开始铺筑碾压混凝土。

(4)连续上升铺筑的碾压混凝土,层间间隔时间应控制在直接铺筑允许时间内。为确保层间质量,次高温和高温季节施工已碾压完毕的层面必须覆盖。施工缝及冷缝必须进行缝面处理。缝面处理可用冲毛等方法清除混凝土表面的浮浆及松动骨料,缝面处理完成并清洗干净,经验收合格后,再均匀铺15mm厚左右的砂浆,然后摊铺碾压混凝土,并在 1.5h 内碾压完毕。

四、温度控制

碾压混凝土坝温度控制设计应研究基础容许温差、上下层新老混凝土温差、内外温差和坝内最高温度,提出温度控制标准及防裂的措施,并应提出遭遇寒潮和冬季混凝土表层的保温设计。常用的温控措施有:

(1)碾压混凝土应采用合适的碾压混凝土原材料,优化混凝土配合比、改善碾压混凝土性能,改进混凝土施工管理和施工工艺,提高碾压混凝土的抗裂能力。

(2)在不影响碾压混凝土强度及耐久性的前提下,应采用发热量较低的水泥、合理确定掺合料的掺量、使用高效减水剂等措施,以减少水化热温升。碾压混凝土坝主要以Ⅱ级粉煤灰为主,掺量高达胶凝材料的 50%~65%。

(3)根据工程特点、温度控制、施工条件、气候条件和施工进度安排等确定合适的碾压层厚、升程高度及碾压方式;优先采用连续均匀上升碾压混凝土铺筑方式,避免在基础约束范围内长期间歇。

(4)合理分缝、分层、分块浇筑。

(5)合理安排混凝土浇筑进度,充分利用低温季节的有利时段浇筑碾压混凝土。

(6)温度控制可采取以下方法:①在粗骨料堆上洒水、喷雾,骨料堆高、地垄取料或加设凉棚;②用冷却水或加片冰拌和混凝土;③骨料预冷;④仓面喷雾或流水养护;⑤在碾压混凝土运输过程中防止热量倒灌;⑥埋设冷却水管。

(7)对于重要部位及易产生裂缝部位宜合理布置限裂钢筋。

(8)根据坝址的气候条件及施工情况进行坝面、仓面及侧面的保温和保湿养护(大坝表面全面保温是防止混凝土裂缝的关键)。对孔口、廊道等通风部位应及时封闭。严寒及寒冷地区应重视越冬层面保温和保温材料的揭开方式。

五、异种混凝土浇筑

异种混凝土结合部位是指不同类别两种混凝土相结合的部位,如碾压混凝土与变态混凝土的结合部位、碾压混凝土与常态混凝土的结合部位等。

(1)对于常态混凝土与碾压混凝土的结合部位,两种混凝土应交叉浇筑,按先碾压后常态的步骤进行。常态混凝土应在初凝前振捣密实,碾压混凝土应在允许层间间隔时间内碾压完毕。

(2)结合部位的常态混凝土振捣与碾压混凝土碾压应相互搭接。

(3)在结合部振捣完毕后再采用大型振动碾压机进行骑缝碾压 2~3 遍。

第三节 水下混凝土

一、概述

在陆地（干处）拌制而在水下浇筑（灌注）、凝结硬化的混凝土，称为水下混凝土。水下混凝土主要依靠混凝土自身质量流动摊平，靠混凝土自重及水压密实，并逐渐硬化，具有强度。因此，水下浇筑混凝土具有足够的流动性、抵抗泌水、抗分离的稳定性。为抑制水下混凝土施工中的骨料离析，提高水下补强加固工程的质量与基底有较好的粘结性，开发研制了抗分散剂，形成具有较强粘聚力，在水下不分散、自流平、自密实、不泌水的水下不分散混凝土（NDC）。其优点是施工工艺简单，施工成本低，具有很广阔的应用前景。

水下混凝土在水下虽然可以凝固硬化，但浇筑质量较差，强度较低。因此，只是在其他方法无法满足经济、技术要求的情况下，或在一些次要建筑物的水下部分，才采取水下混凝土浇筑的方法。水下混凝土适用于围堰、码头、港口、护岸等工程的防渗墙结构或基础工程，水下建筑物加固与水下抗磨蚀部位混凝土的修补等工程。

二、分类及施工条件

（一）分类

水下混凝土按用途和材料组分分类，具体见表5-6。

表5-6 水下混凝土分类及适用条件

类别	基本要求	常用施工方法	适用条件
水下普通混凝土	水下混凝土是在与环境水隔离条件下施工的，为减少水的不利影响，强调施工过程的连续浇筑且不间断；凝固后要清除与水接触部位强度不符合要求的混凝土。浇筑中导管始终埋入已浇筑混凝土中1m左右，保证刚出管口的混凝土与水隔离	导管法、泵压法、柔性管法、开底容器法、袋装叠置法、预填骨料压浆法、进占法	除水下薄壁结构以外的结构
水下不分散混凝土	水下不分散混凝土同样有与环境水隔离条件要求，但容许混凝土在水中有30~50cm落差	导管法、泵压法、柔性管法、开底容器法、进占法	包括薄壁结构（20~30cm板厚）在内的水下结构

（二）施工条件

水下混凝土工程应选择适宜的气候条件进行施工，并应具备下列条件：

（1）要求在静水或流速较低（流速一般不宜大于 0.5m/s）的动水状态下水中浇筑，水温及酸碱度等水环境要满足其硬化的适宜条件。当流速大于 3m/s 时，应采取相应措施降低流速，如围挡、套箱、格栅等方法。

（2）要求混凝土具有良好的流动性及自密性；同时构筑物的钢筋不宜过密。

（3）浇筑时，水下混凝土宜连续供应，中间不能间断。

（4）密闭结构封底混凝土时，应考虑内外水头差形成的渗透压力对新浇混凝土的影响，必要时采取内外连通等平压措施。

（5）在浇筑过程中不应出现大的分离，形成的混凝土结构应均匀，无夹渣夹泥现象。硬化后的混凝土强度及结构尺寸应满足设计要求。

三、原材料及配合比设计

（一）原材料

（1）水泥：宜用普通硅酸盐水泥或硅酸盐水泥，强度等级不低于 42.5。

（2）细骨料：宜采用中粗砂（水洗河砂），含泥量不高于 3%，其余要求同常规混凝土。水下不分散混凝土用砂细度模数在 2.6~2.9。

（3）粗骨料：最大粒径不宜超过 40mm，且不得超过构建最小尺寸的 1/4，或钢筋最小间距的 1/2。水下不分散混凝土的粗骨料最大粒径不宜大于 20mm，含泥量不高于 1%。

（4）掺合料：可根据需要掺加一定量的粉煤灰、硅粉等。

（5）外加剂：可根据工程条件及需要有选择地掺入抗分散剂、高效减水剂、缓凝剂或引气剂；当掺入两种以上时，应注意外加剂的相容性；外加剂应符合《水工混凝土外加剂技术规程》（DL/T 5100-2014）标准要求。

（二）配合比设计

配合比设计应遵循常态混凝土的配合比设计程序进行，参照《水工混凝土配合比设计规程》（DL/T 5330-2015）执行。水下混凝土的配合比设计指标应根据施工工艺和经验确定。

水下浇筑混凝土强度一般为陆上正常浇筑混凝土强度的 50%~90%，影响深度达 15cm 以上，水下新老混凝土粘结强度仅为干地结合强度的 40%~60%。而掺加抗分散剂的水下不分散混凝土（NDC）具有较强的粘聚力，与陆上（空气中）强度相比相差较小。

四、施工

(一)施工准备

施工前应熟悉图纸,根据水流流速、潮汐变化等施工条件对水下混凝土的影响,确定满足设计要求的施工工艺。必要时,应进行施工工艺性试验。水下混凝土浇筑宜优先采用导管法。

测量放线应确保施工位置、结构尺寸、浇筑高度满足要求,对设计没有分缝要求的宜一次性浇筑完毕;水上施工所采用的船舶、施工平台等其他设备应满足安全施工要求和定位要求。

(二)清基

浇筑前应按规定进行基面清理,软土地基应铺碎石或卵石垫层找平;对硬基应清除基底的浮泥、沉积物和风化岩块等杂物;混凝土结合处应凿毛并清理干净;桩孔成孔后应按规定进行清孔,沉渣厚度应符合设计及规范要求,泥浆密度应保证孔壁稳定。水下清基,按清基的深浅和工程量大小通常采取下列方法:

(1)高压水枪、风枪清基;潜水员水下清渣。
(2)索铲或抓斗等机械清基。
(3)对水深大于4m以上的粒径10cm以内的砂石和淤泥可采用气举反循环或抽砂泵进行管吸清理,清淤管管径为200mm、300mm至600mm。
(4)当有较大孤石时,可采用水下爆破,然后清除。为防止水下爆破影响已浇混凝土,可采用水下气泡帷幕或其他减震措施。

(三)模板

水下混凝土模板可根据工程特点和现场施工条件确定,要考虑运输、起吊、沉放、适应基础起伏不平等要求。

模板类型主要有沉井、沉箱、预制混凝土模板、组合钢模板及模袋等。水下模板一般做成整体式或装配式,水上吊装,以减少水下安装的工作量。可先在内侧搭设高出水面的施工平台,然后在四周将模板拼好后采用倒链葫芦等工具将模板沉放水中。水下模板应具有较高的稳定性,宜优先选用钢模板或预制混凝土模板。预制混凝土模板一般作为水下混凝土的一部分,无需拆除,有较大的优越性,其强度应与水下混凝土强度相同。预制混凝土模板与结构混凝土的结合面应做凿毛处理。

模板组装应严密,避免砂浆从接缝处漏失。若模板与旧混凝土或岩石接缝处有较大缝隙,宜用袋装混凝土或砂袋堵塞,对水下局部的高点可在立模前采取水下爆破等方式予以整平。

由于水下混凝土的流动性好,并且凝结时间有所延缓,所以水下混凝土浇筑对模板的侧压力比普通混凝土的要大。因此,模板侧压力要以可靠资料、工程实例或试验数据为依据来确定。为安全起见,也可将模板按受液体压力计算。

（四）运输

水下混凝土拌和宜采用强制式搅拌设备，准确称量，其拌和能力应满足混凝土施工强度要求。拌和时间应根据试验决定，不分散混凝土宜为 120~300s，自密实混凝土宜不少于 90s。

水下混凝土应选用坍落度损失少的方法快速运输，及时浇筑。混凝土搅拌和运输能力应不小于平均计划浇筑速度的 1.5 倍，技术性能匹配，运输路线顺畅，确保混凝土能连续供应。

浇筑现场内的运输方式可选用混凝土泵、吊罐、溜槽、溜管等。100m 以内可采用泵送，如转运距离大于 100m，优先选用混凝土搅拌车转运，也可考虑就近水上拌和或陆上拌和，水上运输。施工中采用的吊车、输送泵等混凝土输送设备的选型应根据水下混凝土浇筑场所、管输条件、可泵性、一次浇筑量、浇筑速率等因素选定。泵送混凝土时，应采取扩大管径、降低输送速度、减少弯头和软管、提高泵送能力等措施。吊罐运输混凝土时，其卸料口开关应灵活可靠，关闭时不应漏浆，在进料及卸料时应避免发生离析。

（五）混凝土浇筑

水下混凝土浇筑有导管法、泵压法、预填骨料压浆法（简称压浆法）、开底容器法、倾倒推进法和袋装堆筑法等方法。为保证质量，宜优先采用导管法；水深较浅时，可采用倾倒推进法施工；对次要的混凝土工程，可采用袋装堆筑法和模袋法。

1. 导管法浇筑

浇筑系统由承料漏斗、导管及隔水球构成。

导管要有足够的强度，导管壁厚不宜小于 3mm，宜优先选用无缝钢管，管径不小于骨料最大粒径的 8 倍且不宜小于 200mm；为便于施工，导管中间节长度可为 2m，底节可为 3~4m，漏斗下可用 1.0m 长导管。导管接头宜采用自带丝扣的快速接头，底节只需一端设置接头。承料漏斗位于导管顶端，漏斗上方装有振动设备以防混凝土在导管中阻塞。提升机具用来控制导管的提升与下降，常用的提升机具有卷扬机、电动葫芦、起重机等。隔水球可用软木、橡胶、泡沫、塑料等制成，其直径比导管内径小 15~20mm。

导管在使用前应试拼、试压，不得漏水，各节应统一编号，在每节自上而下标识刻度；并在浇筑前进行升降试验，导管吊装设备能力应满足安全提升要求。

在施工时，先将导管放入水中，底部距离基础面约 300~500mm，尽量安置在地基低洼处；再用绳索将浮球悬吊在导管内水位以上 0.2m，然后浇入混凝土，当球塞以上导管和承料漏斗装满混凝土后，剪断浮球吊绳，混凝土靠自重推动球塞下落，冲向基底，并向四周扩散。球塞冲出导管，浮至水面，可重复使用。冲入基底的混凝土将管口包住，形成混凝土堆。同时不断地将混凝土浇入导管中，管外混凝土面不断被管内的混凝土挤压上升。随着管外混凝土面的上升，导管也逐渐提高（升到一定高度，可将导管顶段拆下）。但不能提升过快，必须保证导管下端始终埋入混凝土内，其最大埋置深度不宜超过 5m。混凝土浇筑的最终高程应高于设计标高约 100mm，以便清除强度低的表层混凝土。

水下浇筑的混凝土必须具有较大的流动性和黏聚性以及良好的流动性保持能力,能依靠其自重和自身的流动能力来实现摊平和密实,有足够的抵抗泌水和离析的能力,以保证混凝土在堆内扩散过程中不离析,且在一定时间内其原有的流动性不降低。施工开始时采用低坍落度,正常施工时则用较大的坍落度,且维持坍落度的时间不得少于1h。

每根导管的作用半径一般不大于3m,所浇混凝土覆盖面积不宜大于30m²,当面积过大时,可用多根导管同时浇筑。混凝土浇筑应从最深处开始,相邻导管下口的标高差不应超过导管间距的1/20～1/15,并保证混凝土表面均匀上升。

导管法浇筑水下混凝土的关键:一是保证混凝土的供应量大于导管首次埋置深度(1.0～3.0m)和填充导管所需的混凝土量;二是严格控制导管提升高度,且只能上下升降,不能左右移动,以避免造成管内返水事故。浇筑水下不分散混凝土时,在导管内充满混凝土且能保证连续供料条件下,可将导管下端从混凝土中拔出300～500mm,让混凝土在水中自由落下。

2. 泵压法浇筑混凝土

泵压法是指混凝土由混凝土泵直接压送至混凝土输送管进行浇筑。在泵送混凝土之前,一般在输送管内先泵送水下不分散砂浆。当泵管内有水时,先投入海绵球或在泵管的出口处安装活门,管内充满混凝土后,关上活门再沉放到既定位置。当混凝土输送中断时,为防止水的反窜,应将输送管的出口插入已浇灌的混凝土中,埋入深度不宜小于300mm。当浇灌面积较大时,可采用挠性软管,由潜水员水下移动浇灌。在移动时,不得扰动已浇灌的混凝土。

施工中,当转移工位及越过横梁等需移动水下泵管时,为了不使输送管内的混凝土产生过大的水中落差及防止水在管内反窜,输送管的出口端应安装特殊的活门或挡板。

3. 压浆混凝土施工

压浆混凝土又称预填骨料压浆混凝土,是将混凝土的粗骨料预先填入立好的模板中,尽可能振实以后,再利用输浆管把水泥砂浆压入,凝固而成结石。这种施工方法适用于钢筋稠密、预埋件复杂、不容易浇筑和捣固的部位,也可以用在混凝土缺陷的修补和钢筋混凝土的加固工程。洞室衬砌封拱或钢板衬砌回填混凝土时,用这种方法施工,可以明显减轻仓内作业的工作强度和干扰。

(1)管路布置:压浆管路布置方式,应根据结构的形状及断面大小进行设计,一般多竖直放置。压浆管距离模板不宜小于1.0m。压浆管的直径、间距与位置应根据灌浆压力、压浆管作用半径、砂浆流动度等事先进行试验确定,管径一般采用38～51mm。

(2)施工程序:水下清基及安装沉井模板,并封闭接缝→分层填放冲洗干净的骨料(如设备条件具备,可加振捣)→同时填埋好压浆管路→压送砂浆(一般采用柱塞泵或隔膜泵)。

（3）压浆：压浆系统要保证有一定的输送能力，移动次数最少，且输送管路最短；压浆前机械设备应试运转，对管路进行压水试验，检查有无漏水；砂浆拌和时间不少于3min；压浆开始时，先输送水泥较多的砂浆，以润滑管道；压浆时不能间断；压浆压力由试验确定，一般采用0.2～0.3MPa；砂浆生涨速度应保证每小时50～100cm。

（4）配合比：应根据试验求得压浆混凝土强度与砂浆强度的关系；再按砂浆强度要求，确定砂浆的配合比。砂浆要有一定的流动性，当石子最小粒径大于20mm时，流动度宜为22～25s。

粗骨料应采用干净的卵石或碎石，配合比宜采用间断级配，最小粒径不应小于2cm，一般孔隙率在40%左右。细骨料使用细砂，大于2.5mm的粒径应予筛除。具有很好的流动性和抗离析，常掺加粉煤灰，并可掺用减水剂、引气剂等，掺入量由试验确定。

4. 开底容器法

开底容器法与采用吊罐浇筑普通混凝土类似，施工简单，适用于对强度和抗渗性要求不高的封底等临时结构。其方法是在浇筑部位采用开底容器将混凝土沉入水下，距基础面约50cm，然后打开容器将混凝土排出，再提出容器，循环作业直至浇筑至水面以上。由于混凝土下料易与水搅和，故优先选用水下不分散混凝土；浇筑时轻放缓提，并保证混凝土水中自由落差不大于50cm。

开底容器宜采用大容器；罐底形状采用锥形、方形或圆柱形。

5. 倾倒推进法

倾倒推进法亦称水平推进法，适用于水深不超过1.5m的浅水中填筑次要的混凝土结构。如水深小于50cm，也可采用混凝土搅拌车、溜槽、溜筒等直接倾倒灌注法（及用混凝土赶水的浇筑方式）一次性将混凝土浇筑出水面。采用这种方法时，混凝土坍落度可以控制在7～10cm。第一批出水面以前的混凝土应适当加大水泥用量，第一罐下料时要有2m³以上混凝土，一次性下完。混凝土浇筑出水面后在其堆顶继续浇筑。同时，用振捣器在料堆干处振捣，待混凝土面快与水面齐平时在其上继续下料振捣，使后浇的混凝土把先浇的混凝土推开，将水推移赶走，始终保证只有外围的混凝土与水接触，整体混凝土不掺和到外水，保证整体混凝土水灰比不发生改变，不断挤向另一端，直到浇筑块浇筑完毕。由于推进法混凝土下料接触面容易与水拌和，故优先选用水下不分散混凝土。

6. 袋装堆筑法

袋装堆筑法用麻袋或土工模袋装入拌好的混凝土，缝好袋口，依次沉放砌筑。在堆筑时，麻袋要交错放置，相互压紧。装混凝土的袋子应选用坚韧的纤维织品，如麻布、土工布等。装入袋中的混凝土不宜太满，一般在1/2左右，以保证堆筑时达到最大的密实性。混凝土的坍落度采用5～7cm为宜。此方法适用于工程量小、水浅、流速不大等标准较低的临时性混凝土结构。

水溶性薄膜袋装法是将混凝土装入具有一定强度的水溶性薄膜袋中，投入水中后，由于薄膜袋柔软可自由变形，层层挤压，使袋与袋之间紧密接触，混凝土隔水凝固硬化，薄膜袋溶解。例如日本某工程用聚乙烯醇薄膜，膜厚 0.045mm，薄膜强度 49MPa；装入水灰比为 0.55 的混凝土（28d 抗压强度为 21.0MPa），在 10℃ 淡水中施工，混凝土 4h 硬化，薄膜 4.5h 溶化；施工完毕取样测得 28d 混凝土强度为 20.0MPa。在另一工程中，用聚乙烯薄膜，膜厚 0.05mm，薄膜强度 60.0MPa，装入水灰比为 0.53，28d 强度为 27.5MPa 的混凝土，并在袋中装有长 15cm 的铁钉，以利于袋与袋之间结合。在 10℃ 淡水中施工，5h 薄膜完全溶化；取样测得 28d 混凝土强度为 26.0MPa。混凝土之间抗拉强度为 4.1MPa。

第四节　其他混凝土施工技术

一、自密实混凝土

（一）概述

自密实混凝土又称自流平混凝土，是一种具有高的流动性、间隙通过性和抗离析性，浇筑时无需振捣靠自重便能均匀密实成型的新型混凝土。自密实混凝土在配合比设计上用粉体取代了相当数量的石子，通过高效减水剂的分散和塑化作用，使浆体具有优良的流动性和黏聚性，能够有效包裹输运石子，从而实现良好的力学工作性能，达到"自密实"的效果。其主要用于钢筋密集、空间狭窄、无操作净空而难以振捣甚至传统施工方法无法浇筑等部位。

与普通混凝土相比，自密实混凝土具有提高生产效率、保证混凝土良好密实性、改善工作环境和安全性、改善混凝土的表面质量、增加结构设计的自由度、避免振捣对模板产生磨损等一系列优点。但由于自密实混凝土骨料粒径小、砂率高、流动性大，水泥用量、水化热相对较大，干缩大，收缩应力大，成本高，在水电工程中主要用于地下洞室混凝土衬砌或断面尺寸较小的二期混凝土（如闸门槽）回填，压力钢管槽回填，水电站厂房蜗壳及座环下部回填，各种基础埋件二期回填。

（二）原料选择及配合比设计

1. 原料选择

（1）水泥

水泥强度等级根据混凝土的试配强度等级选择，同时，考虑与减水剂相容性问题，通常自密实混凝土比普通混凝土水泥用量多、水泥强度等级高。由于自密实混凝土中往往都掺有粉煤灰或磨细矿物掺合料，为避免硬化混凝土强度发展较慢的问题，可优先使用不含矿物掺合料或矿物掺合料含量较少的硅酸盐水泥或普通硅酸盐水泥。为确保水工自密实混凝土在施工时不因流动性损失过快而影响其自密实性能，水工自密实混凝土不宜采用早强水泥。考虑到工作性要求及坍落度经时损失小的要求，应优先选择C3A和碱含量小、标准稠度需水量低的水泥。

（2）骨料

考虑到拌和物的间隙通过性、分层离析概率以及流动阻力，粗骨料宜采用连续级配或2个单粒径级配的石子，最大粒径不宜大于20mm；《水工自密实混凝土技术规程》（DL/T 5720-2015）中规定最大粒径不应大于40mm。配制自密实混凝土要求砂石的品质更高，石子的含泥量不大于1.0%、泥块含量不大于0.5%、针片状颗粒含量不大于8%，石子孔隙率小于40%。

为使自密实混凝土有好的黏聚性和流动性，砂浆的含量就较大，砂率就较大，并且为减小用水量，故细骨料选择细度模数大且级配合格的中砂，细度模数宜为2.3～2.8。另外，砂的含泥量应小于1%，砂中所含小于0.125mm的细粉对SCC流变性能非常重要，一般要求不低于10%。

（3）掺合料

自密实混凝土通常胶凝材料用量大，致使其早期水化热和硬化混凝土收缩大，为提高自密实混凝土的体积稳定性及耐久性，一般采用大掺量矿物掺合料的技术措施。品种适宜的矿物掺合料可以和水泥颗粒形成良好的级配，降低水泥用量、降低胶凝材料的需水量，起到调整黏度、调节凝结时间、调节水化热、增加对外加剂的适用性等作用，从而改善拌和物的工作性。

常用的超细矿物掺合料有Ⅰ级粉煤灰、矿粉和硅粉，矿物掺合料的细度和吸水量是重要的参数，一般认为直径小于0.125mm的细矿物掺合料对自密实混凝土更有利，并且要求0.063mm孔径筛的通过率大于70%。硅粉掺量宜控制在40kg/m²以内。

（4）外加剂

对高流动混凝土外加剂性能的要求为：有优质的流化性能，保持拌和物流动性的性能、合适的凝结时间与泌水率、良好的泵送性；对硬化混凝土力学性质、干缩和徐变无不良影响、耐久性（抗冻、抗渗、抗碳化、抗盐浸）好。

自密实混凝土是随着高效减水剂的发展而产生的，减水剂对其性能有着决定性的影响，即使在设计强度等级要求不高的情况下，也要使用高效减水剂。减水剂的作用相当于振捣棒，均匀分散水泥颗粒于水中形成浆体，骨料通过浆体浮力和黏聚力悬浮于水泥浆中。目前，几乎所有的高流动性混凝土使用的均是聚羧酸系减水剂。

同时，为了使拌和物在高流动性条件下获得适宜的黏度、良好的黏聚性而不离析，有必要时采用黏度改良剂或增稠剂，并应通过试验确定。增稠剂的种类主要有纤维素水溶性高分子、丙烯酸类水溶性高分子、葡萄糖或蔗糖等生物高聚物等，其中纤维素醚和甲基纤维素应用最广泛。

（5）对水的要求

自密实混凝土的拌和水和养护用水应符合《水工混凝土施工规范》（DL/T 5144-2015）的规定。

2. 配合比设计

与普通混凝土相比，自密实混凝土的配合比设计通常具有以下特点：粗骨料含量低、浆体含量高、水粉比低，减水剂掺量高，以及可能会加入增黏剂。

（1）设计原则

自密实混凝土应根据工程结构形式、施工工艺以及环境因素进行配合比设计，并应遵循工作性能和强度等级并重的原则，合理选择原材料，确定骨料最大粒径以及配合比其他参数，按绝对体积法计算初始配合比。经过试验室试配、调整后确定自密实混凝土配合比。

计算配合比时，其各参数间关系按以下原则确定：

①水胶比。除了与常态混凝土一样，混凝土水胶比的选择应满足混凝土各项性能外，还必须考虑大流动度混凝土为保持良好的黏聚性需要对最大水胶比的限量。减小水胶比，可以增加混凝土的黏聚性。由试验结果得到，当水胶比在 0.35～0.40 之间时，骨料可以随着浆体通过多层钢筋网，当水胶比大于 0.40 时，骨料通过钢筋网的能力减弱。因此，当钢筋比较密集时，水胶比以小于 0.40 为佳。但对于较大的浇筑块体，钢筋相对较少时，亦可适当增大水胶比。

②胶凝材料用量。为了达到大流动和保持混凝土良好的黏聚性，混凝土胶凝材料不应过低。在水工混凝土中，不希望用过高的胶凝材料用量，这样会增大水泥水化温升，而过低的胶凝材料用量，又会使混凝土黏聚性变差，根据三峡水利枢纽工程经验，胶凝材料用量大致在 350～450kg/m³ 之间选定。

③单位用水量。增加单位用水量，可以增大混凝土流动度，但混凝土易发生离析，增大混凝土泌水，影响混凝土的和易性。要得到优质的混凝土，在保证混凝土流动度前提下，应采用较小的单位用水量。为此在配制自密实混凝土时，应选用减水率高的且能保持混凝土结构稳定的外加剂，对自密实混凝土而言，外加剂选择成为决定自密实混凝土性能的关键因素。混凝土的水胶比、胶凝材料用量及用水量三者之间是互相关联的一个整体，需进行综合比较后确定，为了得到流变性好的自密实混凝土配合比，应采用较低的骨料含量和足够黏度的砂浆，水泥浆与骨料的体积比应为 35∶65。

④矿物掺合料用量。掺入细磨粉煤灰的微珠效应和复合高效减水剂作用叠加，赋予混凝土良好的免振自密实性能，而且掺入粉煤灰可以降低水泥水化热温升。为了满足最低胶凝材料用量，在胶材总量不变的情况下，选取合适的粉煤灰掺量，可以满足各种强度等级混凝土要求。

⑤砂率。自密实混凝土的砂率大小，影响着免振与振捣强度比的大小，增大砂率能够减小砂浆与粗骨料之间的相互分离作用，但砂率过大时会影响自密实混凝土的弹性模量和抗压强度。一般情况下，自密实混凝土砂率应在普通混凝土的基础上提高 3%～5%。试验表明，砂子在砂浆中的体积含量超过 42%，堵塞随砂体积含量的增加而增加。当砂率达到 44% 时，堵塞概率为 100%，故砂浆中砂体积含量不能超过 44%；当砂率小于 42% 时，可完全不堵塞，但砂浆的收缩度随砂体积含量的减小而增大，故砂子在砂浆中的体积应不低于 42%。

⑥骨料粒径与级配。为了减小骨料分离，也为了能采用混凝土泵输送入仓，骨料最大粒径应不超过40mm，且中石与小石比例采用50∶50或40∶60为宜。

（2）试配

根据新拌混凝土性能调整配合比。①当试拌混凝土不能达到所需新拌混凝土性能时，应对外加剂、单位体积用水量、水粉比和单位体积粗骨料用量进行调整；②当上述调整仍不能满足要求时，应对混凝土原材料进行变更，若变更较困难时应对配合比重新进行综合分析，调整新拌混凝土性能指标，重新进行配合比设计。

验证硬化混凝土性能，如硬化混凝土性能不符合要求，应对材料和配合比进行适当调整，重新进行试拌和性能试验。

（三）施工

1. 运输

自密实混凝土由于坍落度大，一般采用混凝土罐车运输，罐车的型号以 8～12m^3 容积为宜。运输过程中需采取防晒、防寒等措施，罐车滚筒应保持 3～5r/min 的匀速转动。运送时间不宜大于90min，如需延长运送时间，应采取相应的有效技术措施，并通过试验验证。卸料前，运输车罐体宜快速旋转20s以上方可卸料。

2. 搅拌

由于组成材料多，必须注意搅拌均匀，目前多采用双卧轴强制式搅拌机，搅拌时间比普通混凝土长1～2倍，约60～180min。搅拌不足的拌和物不仅因不均匀而影响硬化后的性质，而且在泵送出管后流动性进一步增大，会产生离析现象。搅拌时，宜先向搅拌机投入粗骨料、细骨料、水泥、掺合料和其他材料，搅拌1min，再加入水和外加剂，并继续搅拌2min。

3. 浇筑

自密实混凝土入仓一般采用泵送为主，对少量回填混凝土也可采用搅拌车卸至吊罐吊运入仓，施工前需对吊罐卸料口进行处理，尽量减少卸料门的缝隙，以防漏浆。由于自密实混凝土流动性大，浇筑时对模板或其他结构产生的侧压力或浮力比普通混凝土大，演算时应按液体压力计算，施工前做好加固措施。入仓时应保证混凝土浇筑

要有良好的流动性，最大水平流动距离应根据施工部位的具体要求而定，最大不宜超过7m。柱、墙模板内的混凝土倾落高度应在5m以下，当不能满足规定时，应加设串筒、溜槽、溜管等装置。浇筑时宜对称均衡进行，防止钢材发生扭曲变形。为防止浇筑不均匀现象及表面气泡的产生，必要时可以采用振捣器辅助振捣，对于浇筑结构复杂、配筋密集的混凝土构件，可在模板外侧进行辅助敲击。

成型模板应拼装紧凑，不得漏浆；对于薄壁、异形等构件宜延长拆模时间。

4. 养护

自密实混凝土浇筑完毕，应及时采取养护措施，养护时间不少于14d，混凝土表面与内部温差小于25℃。

(四) 堆石混凝土施工

堆石混凝土（Rock Filled Concrete，RFC），是利用自密实混凝土（SCC）的高流动性、抗分离性能好以及自流动的特点，在粒径较大的块石（实际工程可采用块石粒径在300mm以上）内随机充填自密实混凝土形成混凝土堆石体。它具有水泥用量少、水化温升小、综合成本低、施工速度快、良好的体积稳定性、层间抗剪能力强等优点，在迄今进行的筑坝试验中已取得了初步的成果。堆石混凝土在大体积混凝土工程中具有广阔的应用前景。目前，已成功应用于山西清峪水库、黑龙江东升电站、四川沙坪二级水电站、云南松林水库90m堆石混凝土重力坝等工程。

堆石混凝土所用的堆石材料应新鲜、完整、质地坚硬，不得有剥落层和裂纹。堆石料粒径不宜小于300mm，不宜超过1.0m。当采用150~300mm粒径的堆石料时应进行论证；堆石料最大粒径不应超过结构断面最小边长的1/4、厚度的1/2。

堆石混凝土所用高自密实混凝土的工作性能应采用坍落试验、坍落扩展度试验、V形漏斗试验和自密实性能稳定试验检测，其坍落度为260~280mm，坍落扩展度650~750mm，V形漏斗通过时间7~25s，自密实性能稳定性≥1h。堆石混凝土宜设防渗层，并对坝体与坝基的连接进行防渗设计。采用自密实混凝土作为防渗层时，其厚度为0.3~1.0m，宜配温度钢筋，并与堆石混凝土一体化浇筑成型。堆石施工分层厚度不宜超过2.0m；堆石宜采用挖掘机平仓，靠近模板位置的堆石应人工堆放。

混凝土浇筑时最大自由落下高度不宜超过5m，浇筑点布置均匀，浇筑点间距不宜超过3m。分层浇筑时，应在下一层混凝土初凝前将上一层混凝土浇筑完毕。对于从建基面开始浇筑的堆石混凝土，宜采用抛石型堆石混凝土施工方法。堆石混凝土收仓时，除达到结构物设计顶面外，高自密实混凝土浇筑宜以大量块石高出浇筑面50~150mm为限，以加强层面结合。

二、高性能混凝土

(一) 概述

高性能混凝土（HPC）是一种新型高技术混凝土，被称为"21世纪混凝土"，受到全世界的关注。其性能和普通混凝土基本相同，只是在配比的设计中更多地考虑工程结构和环境所需的强度和耐久性。

高性能混凝土是采用常规材料和工艺生产，具有混凝土结构所要求的各项力学性能，并具有高耐久性、高工作性和高体积稳定性的混凝土。高性能混凝土一般即是高强混凝土（C60~C100），也是流态混凝土（坍落度大于200mm）。主要技术特征为强度高、耐久性好、变形小，并具有较大流动性、易于浇筑、拌和不离析、施工方便等优点。凝固后，早期强度高而后期强度不倒缩、韧性好、体积稳定性好，在恶劣的使用环境条件下寿命长。高性能混凝土也是满足某些特殊性能要求的均质性混凝土，也可掺入某些纤维材料以提高其韧性。

高性能混凝土是水泥混凝土的发展方向之一。它将广泛地被用于桥梁工程、高层建筑、工业厂房结构、港口及海洋工程、水工结构等工程中。

(二) 原材料及配合比设计

1. 原材料

配制高性能混凝土应选用质量稳定的优质水泥和掺合料、级配良好的优质骨料、与水泥匹配的高效减水剂。

(1) 水泥

配制高性能混凝土的水泥一般选用R型硅酸盐水泥或普通硅酸盐水泥，强度等级不低于42.5MPa。

(2) 细骨料

细骨料宜选用质地坚硬、洁净、级配良好的天然中、粗河砂，其质量要求应符合普通混凝土用砂石标准中的规定。砂的粗细程度对混凝土强度有明显的影响，一般情况下，砂子越粗，混凝土强度越高。配置C50～C80的混凝土用砂宜选用细度模数大于2.3的中砂，对于C80～C100混凝土用砂宜选用细度模数大于2.6的中砂或粗砂。砂中含泥量不应高于1%，且不含泥块。

(3) 粗骨料

高性能混凝土必须选用强度高、吸水性低、级配良好的粗骨料。宜选表面粗糙、外形棱角、针片状含量低的硬质砂岩、石灰岩、花岗岩及玄武岩碎石，级配符合规范要求。由于高性能混凝土要求强度较高，就必须使粗骨料具有足够高的强度，岩石的抗压强度与混凝土强度之比不低于1.5，控制压碎指标不大于10%。最大粒径不应大于25mm，宜采用5～15mm和15～25mm两级粗骨料配合，以10～20mm为佳，这是因为较小粒径的粗骨料内部产生缺陷的概率减小，与砂浆的粘结面积增大，且界面受力均匀。另外，还应注意粗骨料的粒形、级配和岩石种类，一般采用连续级配，其中尤以级配良好、表面粗糙的石灰岩碎石为最佳。粗骨料的膨胀系数要尽可能地小，这样能大大减小温度应力，从而提高混凝土的体积稳定性。

一般情况下，不宜采用碱活性骨料。当骨料含有碱活性成分时，必须按规范规定进行检验骨料的碱活性，并采取预防危害的措施。

(4) 细掺和料

配制高性能混凝土时，掺入活性细掺和料可以使水泥浆的流动性大为改善，空隙得到充分填充，使硬化后的水泥石强度有所提高。更为重要的是，加入活性细掺和料改善了混凝土中水泥石与骨料的界面结构，使混凝土的强度、抗渗性与耐久性均得到提高。活性细掺和料是高性能混凝土必用的组成材料。在高性能混凝土中常用的活性细掺和料有硅粉 (SF)、磨细矿渣粉 (BFS)、粉煤灰 (FA)、天然沸石粉 (NZ)、偏高岭土粉以及其复合微细粉等。所选矿物细粉必须对混凝土和钢材无害。高性能混凝土中矿物微细粉取代水泥的最大用量为：硅粉不大于10%；粉煤灰不大于30%；磨细矿渣粉不大于40%；天然沸石粉不大于10%；偏高岭土粉不大于15%；复合微细粉不大于40%。当采用粉煤灰时超量值不宜大于25%。

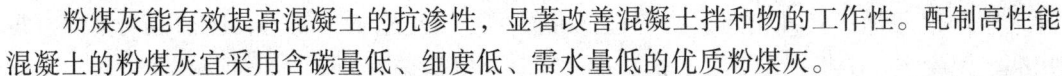

粉煤灰能有效提高混凝土的抗渗性，显著改善混凝土拌和物的工作性。配制高性能混凝土的粉煤灰宜采用含碳量低、细度低、需水量低的优质粉煤灰。

（5）减水剂及缓凝剂

在低水胶比（一般小于0.35）的情况下，要使混凝土具有较大的坍落度，就必须使用高效减水剂，其减水率宜在20%以上。有时为减小混凝土坍落度的损失，在减水剂内还宜掺有缓凝的成分。此外，由于高性能混凝土水胶比低，水泥颗粒间距小，能进入溶液的离子数量也少，因此减水剂对水泥的适应性表现更为敏感。

2. 配合比设计

高性能混凝土配合比设计应符合国家现行相关标准的规定，并应经试验后确定施工配合比。

高性能混凝土的配合比设计应根据混凝土结构工程的要求，确保其施工要求的工作性，以及结构混凝土的强度和耐久性。耐久性设计应针对混凝土结构所在外部环境中的劣化因素的作用，使结构在设计使用年限内不超过容许劣化状态。

处于多种劣化因素综合作用下的混凝土结构宜采用高性能混凝土。根据混凝土结构所处环境条件，高性能混凝土应满足下列一种或几种技术要求：①水胶比不大于0.38；②56d龄期的6h总导电量小于1000C；③300次冻融循环后相对动弹性模量大于80%；④胶凝材料抗硫酸盐腐蚀试验的试件15周膨胀率小于0.4%，混凝土最大水胶比不大于0.45；⑤混凝土中可溶性碱含量小于3.0kg/m³。

高性能混凝土单方用水量不宜大于175kg/m³；胶凝材料总量宜采用450～600kg/m³；其中矿物微细粉用量不宜大于胶凝材料的40%；宜采用较低的水胶比；砂率采用37%～44%；高效减水剂掺量应根据坍落度要求确定。

（三）施工

1. 搅拌

混凝土原材料应严格按照施工配合比要求进行准确称量，称量最大允许偏差应符合下列规定（按质量计）：胶凝材料（水泥、掺和料等）±1%，外加剂±1%，骨料±2%，拌和用水±1%。采用电子计量系统计量原材料。应采用卧轴式、行星式或逆流式强制搅拌机搅拌混凝土，搅拌时间不宜少于2min，也不宜超过3min。炎热季节或寒冷季节搅拌混凝土时，必须采取有效措施控制原材料温度，以保证混凝土的入模温度满足规定要求。

原材料投料顺序宜为：粗骨料、细骨料、水泥、微细粉投入（搅拌约0.5min）→加入拌和水（搅拌约1min）→加入减水剂（搅拌约0.5min）→出料。当采用其他投料顺序时，应经试验确定搅拌时间，确保搅拌均匀。搅拌C50以上等级强度混凝土或采用引气剂、膨胀剂、防水剂和其他添加剂时，应相应延长搅拌时间。

2. 运输

高性能混凝土宜采用搅拌运输车运送，运输车装料前应将筒内积水排净。在运输过程中严禁添加计量外用水。当高性能混凝土运输到施工现场时,应抽检坍落度,每100m³混凝土应随机抽检3~5次,作为质量评定依据。

运输中应采取有效措施,保证混凝土在运输过程中保持均匀性及各项工作性能指标不发生明显波动;对运输设备采取保温隔热措施,防止局部混凝土温度升高(夏季)或受冻(冬季),并应采取适当措施防止水分进入运输容器或蒸发。

3. 浇筑

(1)混凝土入模前,应采用专用设备测定混凝土的温度、坍落度、含气量、水胶比及泌水率等工作性能;只有拌和物性能符合设计或配合比要求的混凝土方可入模浇筑。混凝土的入模温度一般宜控制在5~30℃。

(2)混凝土浇筑时的自由倾落高度不得大于2m。当大于2m时,应采用滑槽、串筒、漏斗等器具辅助输送混凝土,保证混凝土不出现分层离析现象。

(3)混凝土的浇筑应采用分层连续推移的方式进行,间隙时间不得超过90min,不得随意留置施工缝。

(4)新浇混凝土与邻接的已硬化混凝土或岩土介质间浇筑时的温差不大于15℃。

4. 振捣

可采用插入式振动棒、附着式平板振捣器、表面平板振捣器等振捣设备振捣混凝土。振捣时应避免碰撞模板、钢筋及预埋件。采用插入式振捣器振捣混凝土时,宜采用垂直点振方式振捣。每点的振捣时间以表面泛浆或不冒大气泡为准,一般不宜超过30s,避免过振。若需变换振捣棒在混凝土拌和物中的水平位置,应首先竖向缓慢将振捣棒拔出,然后再将振捣棒移至新的位置,不得将振捣棒放在拌和物内平拖。

5. 养护

高性能混凝土早期强度增长较快,一般3d达到设计强度的60%,7d达到设计强度的80%,因而混凝土早期养护特别重要。通常在混凝土浇筑完毕后采取以带模养护为主,浇水养护为辅,使混凝土表面保持湿润。养护时间不少于14d。

6. 质量检验控制

除施工前严格进行原材料质量检查外,在混凝土施工过程中,还应对混凝土的以下指标进行检查控制:①混凝土拌和物:水胶比、坍落度、含气量、入模温度、泌水率、匀质性。②硬化混凝土:标准养护试件抗压强度、同条件养护试件抗压强度、抗渗性等。

三、干贫混凝土

(一)概述

干贫混凝土是在砂石骨料掺入少量胶凝材料拌制而成的一种干硬性填筑材料,掺量不大于100kg/m³,又称经济混凝土。其VC值在10s以上或基本不"泛浆"。干贫混凝土填筑施工速度较快,又具有较高的强度和刚度,水稳性好、抗冲刷能力强,能缓和地基的不均匀变形，消除不利影响，使地基承载力和变形满足设计要求。

目前，干贫混凝土在水电工程中主要用于软基换填处理，破碎带基层处理，路面的半刚性基层处理，堆石坝的回填边坡固坡等工程中。一般对干贫混凝土的强度要求不高，施工时对拌和均匀性要求也不高。

（二）配合比

1. 原材料

干贫混凝土主要的设计指标一般有变形模量、压实干密度等，对骨料要求与碾压混凝土相同，凡符合国家标准的水泥均可使用，一般粗骨料最大粒径为80mm。

2. 配合比

干贫混凝土一般采用连续级配。其砂率一般要求较低，小于5mm的含量不高于30%，水泥掺量为3%左右。砂、石料用料可用体积法或密度法计算，在采用体积法时应计入含气量。

（三）施工

1. 拌和

干贫混凝土拌制机械采用强制式或自落式拌和机，拌和时间30～40s。由于干贫混凝土的生产强度一般要求比较高，连续作业时间长，故有的工程采用反铲和装载机拌制，虽然其拌和物均匀性较差，但也可满足施工和质量要求。

2. 运输

干贫混凝土一般采用自卸汽车运至施工地点。对于高差较大、修筑运输道路又困难的工程，可先采用溜槽或溜管运至作业面，再用其他措施转运、摊铺。溜槽坡度控制在1：0.75～1：1.2；如坡度大于1：0.75，宜采用溜管。为了尽量减少卸料过程中的骨料分离，卸料堆不宜高于1.0m。

3. 摊铺

干贫混凝土摊铺厚度应根据振动碾能量大小通过试验选定。我国目前一般采取的铺料厚度为30～60cm。主要采用推土机进行摊铺；较为狭窄的部位采用人工配合反铲进行摊铺。

4. 碾压

碾压干贫混凝土的振动碾应具有振动频率高、激振力大、行走速度可调、回转灵活等特性，可采用碾压土石的单钢轮振动碾，也可采用碾压混凝土的双钢轮碾。

振动碾碾压线路要求不漏碾、合理、省时，通常采用"进退错距法"。碾压遍数一般是先静压两遍，再振动碾压6遍，最终以达到设计的干密度为准。边角部位采用液压平板夯或冲击夯进行夯实。其施工缝面可以不作处理，连续在上面回填，待终凝后采用洒水养护，养护时间7～14d。

第六章 水利水电工程项目管理

第一节 水利水电工程合同管理

一、水利水电工程施工的合同管理

在水利水电工程施工过程中，合同管理是工程项目建设管理的重要组成部分。随着我国市场经济的高速发展，在水利水电工程建设施工合同管理方面也存在着许多问题，从水利水电施工合同管理的概念及作用出发，提出相关的建议。

（一）水利水电施工合同管理的概念

合同管理是建设工程项目的重要内容之一。水利水电施工合同管理是指各级工商行政管理机关、水行政主管部门以及工程各参与方，包括发包人（建设单位）、监理单位、勘察设计单位、施工单位、材料设备供应单位等，依据合同、法律法规、规章制度、技术标准等，对合同关系进行组织、指导、协调及监督，保护合同当事人的合法权益，处理施工合同纠纷。防止违约行为，保障合同按约定履行实现合同目标的一系列活动。既包括各级工商行政管理机关、水行政主管部门对水利水电工程合同进行宏观管理，也包括合同当事人对合同进行微观管理。

(二) 合同管理的作用

施工合同作为约束发包方和承包方权利和义务的依据，合同管理的作用主要体现在以下几个方面：一是促使施工合同的双方在相互平等、诚信的基础上依法签订切实可行的合同；二是有利于合同双方在合同执行过程中进行相互监督，以确保合同顺利实施；三是合同中明确地规定了双方具体的权利与义务，通过合同管理确保合同双方严格执行；四是通过合同管理，增强合同双方履行合同的自觉性，调动建设各方的积极性，使合同双方自觉遵守法律规定，共同维护当事人双方的合法权益。

在水利水电工程项目建设过程中，在整个建设过程中的每一个阶段都融合了合同管理工作，合同管理是项目管理的核心，作为其他管理工作的指南，对整个工程建设的实施起总控与总保证的作用。

(三) 合同管理的特点

工程建设合同管理持续时间长。合同的形成是一个渐进的过程，合同的履行是一个持续的过程。因此，合同管理必然在项目生命周期内长时间连续地、不间断地进行，它不仅包括施工期，而且包括招标投标和合同谈判以及保修期，所以一般至少1～2年，长的可达5年或更长的时间。

合同管理对工程经济效益影响很大。由于工程项目规模大，合同价格高，合同管理对经济效益影响很大。据统计，对于正常的工程，合同管理成功和失误对经济效益产生的影响之差能达工程造价的20%。

合同管理必须实行动态管理。由于合同的形成和履行是一个逐步磨合的过程，特别是在合同履行过程中内外的干扰事件多，合同变更也较多，合同实施必须按变化了的情况不断地调整，这要求合同管理必须是动态的，在合同实施过程中，合同控制和合同变更管理显得极为重要。

合同管理影响因素多，风险大。由于现代工程项目的复杂性，使合同关系越来越复杂、合同条件越来越复杂、合同的权利和义务的定义异常复杂、合同实施过程愈加复杂，要完整地履行一个合同，必须完成几百个甚至几千个相关的合同事件。另外，工程实施时间长、涉及面广，合同管理受外界环境的影响大，并且许多因素难以预测，不能控制，都会妨碍合同的正常实施，造成经济损失。因此，影响合同管理的因素既存在于项目本身的微观环境，也存在于项目的外部宏观环境；既涉及合同的当事人双方，往往也牵扯到第三方。这样大量、复杂的因素的存在，使合同管理极为复杂、烦琐，也充满风险。在合同形成和执行过程中，合同风险管理至为重要。

(四) 加强合同管理的建议

增强合同风险防范意识，依法进行合同管理。在工程承包施工中，没有风险的合同是绝对没有的，水利水电施工工程更为甚之。过去的水利水电施工企业在合同谈判和签订中，由于合同风险防范意识不强，而对合同条款分析、审核不严，掉入一些合同陷阱，给企业造成了难以挽回的损失。为此，必须增强合同风险防范意识。

目前，我国建设行业法律法规越来越完备，尤其是《招标投标法》《合同法》的颁布实施，对工程招标及合同管理提出了具体要求，各行各业也根据国家法律制定了有关条例。因此，合同当事人在签订合同时应当认真阅读有关法律法规，并对所签合同的标的、计量标准、质量要求、价款支付方式、合同履行期限、地点、违约责任以及合同条文的释疑等内容，应做出明确具体的解释，防止出现歧义，提高合同的严密性和可操作性。

增强合同履约过程控制意识，督促合同双方自觉履行合同。合同一旦正式签订，双方就要全面地、实际地履行合同规定的条款，这不仅是合同履行的基本原则，也是当事人双方全面地、实际履行合同中的约定的义务。在合同执行过程中，承包商应正确地全面履行义务，关键是要认真组织实施。

水利水电工程涉及勘测设计、工程建设、咨询等方方面面，合同种类繁多数量较大，建立合理清晰的合同管理台账尤为重要。由计划合同处建立以合同编号为核心的管理台账，通过台账可以随时掌握某工程合同的执行情况，还可以时时掌握整个工程概算执行情况，为工程控制提供实时资料。

在合同执行过程中，主管部门及建设单位应定期检查合同执行情况，并建立完善的合同检查考核制度。对合同执行过程中出现的偏差问题，认真进行分析、纠正，对随意违反合同条款的行为要认真查处，使合同管理步入正规化、规范化管理渠道，防止因合同违规而造成不良后果。

提高合同管理人员的素质。一切管理工作的实施是以人为本的，施工合同管理没有合同管理人员和全员的参与、主动配合就无从谈起，合同管理人员能动性的发挥和素质的高低极大地制约着合同管理的绩效。如何将两者有效地结合起来，最大限度地发挥人的主观能动性。降低企业成本，使企业利益最人化，是施工项目合同管理中的重要课题。过去一部分合同管理人员综合素质低，缺乏必要的理论知识、实践经验和管理能力，管理知识、技术水平未达到应有的要求，是制约合同管理水平提高的重要因素，加之企业对项目合同管理重视不够，致使项目合同管理处于低水平状态。为此，首先要求项目经理要有较高的综合素质，他不但应有较高的政治素质、领导素质、身体素质，还应具备一定的专业素质和实践经验，要高度重视、熟悉、了解合同条款和执行情况，要能够把握索赔时机。其次合同管理人员应积极参与合同管理体系，从投标报价开始、直到合同终止的全过程对项目进行预测、计划、分析、核算和控制，建成施工项目合同管理的一整套网络体系，进行全过程管理。

选择好的监理队伍是做好合同管理的重要保证。监理工程师是联系建设方和承包方的重要纽带，在合同管理中起着举足轻重的作用，高素质的监理工程师能够公平、诚信地处理合同执行过程中遇到的实际问题，对工程项目实施有较好的预见性，给工程建设创造一个宽松良好的环境，可以确保工程建设顺利实施。

二、水利水电工程项目监理中的合同管理

（一）监理合同管理的重要性

施工合同是建设单位和施工单位签订的具有法律效力的重要文件，是建设工程的主要合同，是工程建设质量控制、进度控制、投资控制的主要依据，是明确发、承包双方在工程实施中的权利和义务，确定工期、质量目标及承包价格等的书面文件，在合同履行过程中对整个项目的实施起着总控制和总保证作用。因此，合同管理必然是工程监理工作的核心，可以说，离开合同就没有工程质量，也没有对进度与投资的管理。因此，建立以合同管理为核心的工程监理体系，是提高项目管理水平的重要途径。

（二）监理合同管理的主要内容

按照时间顺序，监理过程中合同管理工作主要分为施工准备和施工实施两个阶段。

在施工准备阶段，监理单位应参与施工合同制订和谈判，并依据合同约定对开工前承包人的施工准备情况、质量保证体系、进场施工设备、试验室条件进行检查，审批施工组织设计等技术方案和施工图纸的核查与签发等。同时，还应熟悉监理合同和施工合同等工程建设有关文件，充分了解自身的权利和义务，严格按照合同文件处理和解决问题。

在施工实施阶段，监理单位的主要工作为质量、进度、投资控制，工程计量、计价、工程款支付审核，以及对工程施工过程中发生的各类违约、变更、索赔等进行审核处理，并组织工程验收、结算等工作。

（三）如何做好合同管理

合同管理工作的好坏直接影响着投资、进度、质量控制，是建设工程监理方法体系中不可分割的组成部分，监理单位要做好合同管理，应当注意以下几个方面的问题。

建立健全现场监理机构，配备相应合同管理人员。要做好现场监理工作，首要条件是建立和健全现场监理机构，除了根据工程实际情况足额配备相应的专业监理工程师外，还应配备具有相应法律知识、高素质的合同管理人员，同时建立和健全相关的规章制度。合同管理人员应当对建设工程合同实施登记、审查等监督管理，特别针对实施过程中出现的合同无台账的普遍问题，应加强改进，建立合同台账，并对台账进行定期的统计和检查。

积极参与施工招标文件编制和施工合同谈判。监理单位积极参与施工招标文件编制和施工合同谈判，对了解签订合同双方和合同内容都有好处，也为今后的合同管理奠定良好的基础，是掌握合同管理的最好办法。

施工招标应当具备的条件之一为监理单位已确定。因此，监理单位有条件也有义务参与工程施工招标和合同谈判活动。监理单位是具备相应资质，专业且有相应经验的单位，在前期积极参加招标文件编制和合同制订、谈判，尽可能减少合同内容错、漏，力求合同全面、准确、严密并具有可操作性，这样既有利于合同的执行，又有利于监理单位实施合同管理，更可进一步减少合同履行过程中纠纷和争端的发生。

增强法律和合同意识，熟悉和理解合同内容。根据有关规定，当合同内容与国家法律、法规相抵触时，应以法律和法规为准，即法律和法规效力高于合同。因此，增强监理人员的法律意识，学习并理解相关法律、法规，掌握法律、法规和合同之间的关系，是做好合同管理的基础。

　　熟悉掌握并充分理解合同条款，这是监理工程师开展合同管理工作的前提。如果对合同不熟悉或理解不够透彻往往会严重影响监理工作质量，甚至使监理工作陷入被动局面。因此，在现场监理机构成立后，应尽快组织监理人员认真学习、熟悉相关合同，充分了解合同双方的责任和义务，并认真分析合同内容风险，为全面开展监理工作做好充分的准备。

　　此外，由于施工合同涉及内容较多，无论合同制订得多么详细，都不可能全面预见和解决工程建设过程中出现的一切问题。在合同谈判、签订阶段难免会出现疏漏、错误、不完善或者容易产生歧义的地方，在合同执行过程中如发现上述问题，监理单位应及时提醒和告知合同双方，及时组织对存在的合同问题进行研究分析，并促成合同双方通过补充协议或会议纪要等形式予以完善和补充，尽量避免和减少日后出现不必要的争议和纠纷。

　　严格执行合同，督促和协调合同各方履行义务。监理与业主虽然是委托与被委托的关系，但其身份应为"独立、公正的第三方"。在监理活动中，监理单位应站在公正的立场，运用自己的专业知识与技能，科学地分析和处理施工中出现的问题，做到以法律为准绳、以合同为依据，根据监理合同赋予的权力，率先垂范、不偏不倚，在不违背国家法律、法规和合同的基础上，独立、公正地提出处理意见和决定，严格按合同约定处理工程监理事务。

　　工程建设合同详细规定双方所承担的责任、权利和义务，明确了合同双方的法律和经济关系，在合同履行过程中，合同双方都有权利用合同来维护自己正当合理的经济利益。在合同双方发生纠纷和争端时，可以通过协商、调解、仲裁等方式解决，但无论采用何种方式，都必须以合同规定的有关条款为依据。监理单位在工程建设过程中，应起到沟通桥梁的作用，督促和协调合同各方严格依据合同履行各自应尽的义务。

　　及时、谨慎、正确处理变更、违约和索赔事项。由于水利水电工程施工工期长、地质情况复杂、施工条件多变，施工过程的动态规律必然会出现因设计调整、施工工序和方法改变、设备与材料价格波动等原因造成的一系列合同变更。合同项目变更往往会引起合同双方的争议，因此，监理单位应特别慎重对待合同变更问题。在变更情况发生后，监理单位应及时对变更事项进行审核认定，并督促施工单位及时对变更项目进行申报，同时做好变更基础资料的收集准备工作，按照合同约定原则及时审核处理变更事项，避免因申报、审核超过时效，原始依据收集不足难以溯源等原因带来不必要的争议和造成各方损失。

　　违约和索赔处理是工程建设合同管理的重要内容之一。在工程建设中，合同双方的经济利益目标是不同的，业主单位希望尽可能用更省的投资完成工程建设，而施工单位则会利用一切机会尽可能获得更多的报酬。虽然，在国内工程建设中发生的工程索赔行为并不多见，遇到索赔事宜，合同双方会首先考虑用友好协商的办法，采取弥补的方式解决，但是基于维护己方利益，当协商不成后，作为最后的减少风险损失的手段，也会采取索赔方式。当索赔事项发生时，监理单位应该认真对待，不回避、不推迟，严格按照合同约定条款，有理有据对索赔事项进行分析和判断，并及时做出审核意见。无论是发包方还是承包方的索赔，监理工程师都应该本着公平、公正、独立的原则予以处理。

加强监理队伍自身建设，不断提高业务水平。建设监理制已经成为工程建设基本制度，法律赋予了监理工程师对工程项目施工进行质量、进度和投资控制及合同管理的职责。同时，工程建设监理本身也是一种委托服务的合同关系，能否服务好工程建设，否能让施工合同双方都满意，除了有一个良好宽松的社会环境，还必须有规范和过硬的业务能力，否则监理单位难以在工程实施中树立威信，也难以让施工合同双方满意，更难以承担起法律赋予的建设监理的责任。因此，加强监理队伍自身建设必须从监理人员的思想素质、专业素质、道德水平等方面进行全方位培养和锻炼，这样才能够真正规范监理行为，才能管理好合同，服务好工程建设。

合同管理是监理的重要任务，是质量、进度、投资控制及其他管理工作的基础和核心。在工程监理过程中，监理单位应牢固树立合同的法治观念，加强建设工程项目的合同管理，严格按照合同约定，依法、依规、科学有序开展监理工作，这样才能确保工程在质量、进度、投资受控的情况下顺利实现工程项目的建设目标。

三、水利水电工程施工合同的索赔与管理

（一）工程索赔的相关理论概述

工程索赔的内涵。所谓工程索赔就是工程承包当事人由于另一方没有按照合同要求而导致当事人因为承担风险而遭受了损失，并向违反合同的一方提出索赔来弥补损失要求的一种维护自身利益的行为。实际上，索赔是双向的，需要双方的参与。一般情况下，我们所说的索赔是指工程的承包人在施工过程中，由于外界原因而对工程预期的时间、费用等造成一定影响，进而要求补偿损失的一种要求，表明了一种权利责任关系。

导致工程索赔的因素很多，所以按照不同的标准，可以将工程索赔分为不同的类别。例如，如果以工程合同的索赔依据为标准，可以将工程索赔分为两类，即合同中规定的索赔和合同中为表明的索赔；如果以工程索赔的目的为分类标准，可以将其分为工期索赔和费用索赔；如果以工程索赔事件的性质为标准，就将工程索赔分为工程变更索赔、加速索赔和意外索赔等。

在工程建设的过程中，意外时有发生，而且意外的形式却是多种多样。所以，这些事件是不是属于索赔范畴还很难确定，因为有时索赔事件的发生会引起变更。例如，工程设计需要减少或者增加工程量，就会对原有合同规定的工期产生影响，即使增加或减少的工程量也按照合同上的规定而进行支付，工程的承包者也可以提出延长或者缩短工期，也就意味着产生了工程索赔。另外，如果上面例举事件，若是要求工程工期不发生变化，那么承包者可以因为增加的工程投入而提出弥补成本损失。再如，工程设计的变

化会导致工程量的变化，所以承包者就会因为工期、利润、设备成本增加等原因而提出索赔问题，而索赔问题往往都伴随着风险。因此，在进行工程索赔时对风险进行分析。

引起工程索赔的原因。工程索赔的原因主要包括两类，即外界因素和自身因素：其中外界因素主要是由自然因素和政治因素引起的，例如一些不可抗力因素，暴风、洪水、地震和战争等；而自身因素则是指有工程引起的因素，例如工程图纸设计的精确度、工程量的变化；双方违反合同中所规定的双方应该承担的义务和责任；业主在施工过程中提出的要求；工程建设需要的搬迁；工程进度为按照工期完成；工程质量不符合标准以及其他的违反合同事件。

（二）水利水电工程施工合同的索赔管理

合同双方在水利水电工程施工合同的管理的各个阶段都要时刻主义者索赔的风险，特别是综合性的风险，为了有效降低风险程度，降低工程索赔的发生，可以在工程合同的索赔管理中采取以下措施：

第一，时时关注工程质量，根除由工程质量所带来的索赔。工程量的变更能够反映出工程量的质量，因此，在进行工程设计时要严格谨慎，这也是对工程设计的变更量进行控制的有效手段。由于时间的问题会影响到工程的勘察，设计人员也以此为依据进行工程设计，将会给工程的设计质量造成重大影响。如果时间紧迫，会影响工程设计的严密性，各方面之间也会缺乏协调，所以在设计时也会出现误差，对设计的反复修改会增加工程量和工程投资成本，以至于无法按照合同所规定的工期竣工，进而出现工程索赔。

遇到这种情况，可以采取以下措施解决该问题：首先，对工程设计进行招标，中标后双方签署合同，确认双方的义务和责任；其次，为工程勘察提供充足的实践，以免因为时间紧迫而影响勘察结果，再次，选取最佳设计方案，并优化工程建设的管理；最后，工程业主与设计人员签订合同后提供设计图，并安排工程建设、制定各种建成制度和管理方法。

通过招标的方式选取设计单位，可以设计出最佳的设计方案，同时最佳设计单位会预算处合理的报价，并且具有高素质、技术高的设计人员，可以大大降低工程量的修改和变更。同时，为了促进设计人员的积极性，可以在一定程度上给以他们适当的压力和奖励，在奖惩合理的环境中，提高他们的工作效率，对水利水电工程的施工质量、工期和成本节约都具有重大意义。

第二，编制好招标文件。由于工程索赔的依据就是业主与中标单位签订的招标文件。因此，为了保证工程质量，要仔细审查招标文件的内容，尤其是招标价格、商务条款等都要标准进行编制。因为招标文件是工程合同的重要组成部分，同时也是业主与投标人之间承诺的证明，所以，一旦招标文件中的内容出现了缺漏，出现容易引人误解的情况，会很容易引起双方的合同纠纷。特别是对工程量大的工程来说，例如水利水电工程，建设承包不可能仅仅一家，业主会选择多家来工程完成工程建设，就会将合同细化为几个标段进行招标，因此要对标段的划分进行科学的选择，以致各个标段的招标和建设不会出现干扰的现象，同时也不会因为不同标段的材料供应出现增值税现象。

当遇到这种情况的时候，首先，可以给招标文件的编制人员一个合理的实践，同时合同的条款要符合合同的规定，并将编制后的合同给专家审核，确保合同无误；其次，对标段进行科学、合理的划分，保证它们之间的相对独立性；最后，保证产品的各个工序有一个统一的建设者来完成。

第三，通过保险的方式来降低风险给工程带来的损失。在合同中规定了合同签订者各自的权利和义务，同时也明确了双方预期的风险，特别是在工程施工过程中所遇到的不可抗力的因素，例如暴风、洪水、战争等，都是人为不可避免的，这些风险给工程带来的损失都是无法预测的。所以，为了有效地降低风险损失，可以根据合同的规定给工程投资，通过这种方式来降低风险给工程带来的损失，及可能发生的工程索赔转移给保险公司。

总之，水利水电工程施工合同的索赔是不可避免的，我们只能科学地进行索赔管理，有效地降低工程索赔的发生，并及时地采取措施来降低索赔损失，对工程风险进行预测，有效控制风险，进而达到减少风险损失的目的。

四、水利水电工程 EPC 总承包模式下的总承包合同管理

我国经济在发展的过程中，水利水电工程建设项目发展规模越来越大，并且具有一定的复杂性，并且具有投资大、周期长以及技术复杂等特点，同时对项目管理水平要求逐渐提高。其中，EPC 总承包管理模式是国际通用的工程建设管理模式，能够有效实现管理工作一体化，以此避免中间环节对总体目标的影响，从而将效益与风险实施全面的统一。在使用 EPC 总承包管理模式的基础上，为了确保总承包商自身风险的降低，需要对总承包合同实施有效的管理，这也为 EPC 总承包管理模式的较快发展奠定了良好的基础。

（一）工程概况

这里以某河道整治工程为例对其进行深入的研究，该河道整治工程是对城市区域的河道整治，兼顾城市景观的重要工程，利用现有河道及鱼塘水体进行调补水，利用现有河道护岸进行景观建设，是其成为城市景观的亮点。业主招标主要是在可行性研究报告审批后进行，并且使用 EPC 总承包管理模式，在招标过程中，要求总承包商应具有工程设计的甲级资质，施工分包商应具备总承包一级资质。

（二）EPC 总承包管理模式

EPC 总承包模式是对采购、施工工程总承包实施有效的设计。其中，EPC 总承包模式在应用的过程中，会大大降低其施工成本，并且在此基础上对一些工程实施全面构建，在工程建设的过程中应用较为广泛。此外，在此模式中，首先进行招标，中标后方能够签订承包合同，同时在此基础上对项目实施有效的设计、采购以及施工等环节，项目施工后达到业主要求方为合格。主要有以下两种形式：①施工企业应取得总承包施工资质，完成中标后的施工任务，对施工任务进行设计对外承包；②EPC 总承包商为施

工单位。施工单位是EPC总承包商,对下项目整体目标实施有效管理,设计、采购以及施工等环节均由总承包商负责。

(三)EPC总承包合同的特点

EPC总承合同主要是指工程项目由总承包商进行管理,分包后总承包商的合同管理包括分包合同管理与总承包合同管理,业主只需要负责总承包合同管理,对分包合同进行备案,与承包商的权责明确。因此,EPC总承包合同的特点就是:业主只对工程整体管理与控制,总承包商对工程实施过程进行管理,施工企业虽然有一定的风险,但有利于总承包商的对设计方案的优化。

(四)EPC总承包合同的管理

合同范围。水利水电工程因自身管理体系要求,在EPC总承包合同中需要对具体实施范围进行有效的明确,一般情况下包含了勘测、设计、实验以及移民补偿实施等,建安工程、主体工程、运输管理、机电设备、管理设施工程、工程验收以及服务质量等。

合同管理要求。在对合同进行管理的过程中,应确保管理制度的完善,并且管理计划周密,目的明确;构建较为规范的管理程序,在管理过程中严格履行合同内容;对设计控制实施有效加强,对一些环节进行设计优化、减少变更、以此满足施工进度要求,还应形成例会制度,降低费用,提升管理质量,最大程度上降低风险。

合同进度价款支付。EPC项目合同一般情况下采用了总价合同,在支付工程进度款期间,业主需要根据合同中的相关内容进行月付,同时还能够进行阶段性支付,其中合同中有明确的付款金额,此外还能够规定每次付款的百分比。

(五)EPC总承包合同的不足

总承包合同在管理过程中的存在一些问题,主要表现在以下几个方面:①将总承包单位明确为施工、设计的联合体,同时根据牵头单位,以此确保双方权利与责任保持一定的均衡,然而在此过程中施工中的主导作用在此期间无法得到有效发挥;②合同中没有将暂列金与暂估价的使用权属进行有效的规定,只在报价中实施了备注,以至于出现认知差异;③合同条款不够完善,合同中总价、工期不进行调整,把那个在合同中对调整合同高总价项目进行了确定,但没有对具体程序、范围及权属进行规定。

(六)EPC总承包合同的管理经验

不确定因素。在对项目进行招标的过程中,需要读工程项目建设期间可能出现的不确定因素,为了降低风险,在对合同范围进行明确的过程中,在清单中可预列低于工程报价10%的暂列金,以此作为降低风险的预备金,将其列入合同总价中,在合同中应明确业主使用权,业主能够通过项目具体情况进行实时性掌握与使用,并且预备金也应归业主所有。若项目地质出现变动的情况下,需要使用到费用,总承包商需要根据规定程序由业主进行审批,才能进行有效结算。

暂估价调整权。业主在招标期间,招标中有水土保护、环境保护等措施,但是无法对相关费用实施明确,此部分为暂估价,应将业主的调整权明确在合同中,业主享有结余部分，不足应从暂列金中进行列支。

管理体制。在项目建设的过程中，需要对管理体制实施有效的制定，在此基础上应制定"小业主、大监理"的管理体制，这较大程度上能够发挥监理的作用，并且可对工程进度、质量以及费用等实施有效控制，起到了控制管理与协调管理的作用。

合同报价风险的降低。总承包商在进行投标的过程中，首先需要对业主提供的数据与资料进行详细分析与验证，并在此基础上对工程地形、地质以及周围环境等因素进行全面调查，同时还应对工程范围内一些影响因素详细了解，比如工程建设过程中的灌溉渠道、住户以及地下管道等，据此提出有效的解决方案，这在较大程度上能够使合同报价风险有效地降低。

合同项目风险的控制。合同项目也具有一定的风险，需要对其进行有效的控制，为此总承包商在设计的过程中，对外界工作进行加密勘测，并在此基础上对提出的问题采取有效的方法进行解决。此外，还应根据实际情况对设计方案进行优化，并在此基础上对限额设计实施全面控制，这在较大程度上能够避免设计过程中出现变更情况的发生，以此对使合同项目设计风险控制降至最低，从而达到合同项目控制要求。

可靠的经济分析与数据支持。在对合同项目进行设计与管理的过程中，离不开对数据的具体分析与经济分析，这也是提升合同项目管理质量重要的保障。此外，总承包商在采购的过程中，应对采购指定合理的计划，并严格执行该计划，同时在此基础上进行采购数据库的有效构建，以此对相关数据进行有效的整理与分析。还应站在市场的角度对相关产品进行详细分析，相关产品在市场中对一些大宗材料与设备能够进行供应商数据库的全面建立，并在此基础上进行价格信息的有效的录入，此外还应对数据实时更新，这在较大程度上能够为合同采购成本的降低提供一定的数据支持与经济分析。

合同项目施工投资的控制。由于合同项目中较为重要的是项目施工投资，这就需要采取有效的方法对其进行有效的控制。为此，总承包商在施工的过程中，为了确保管理质量的提高，应构建完善的施工管理体系，并在此基础上对计划管理实施有效地加强，同时对施工现场进行全方位管理与控制，协调不同施工环节之间的衔接工作，使不同施工工序得到有序进行，在此过程中需要避免交叉作业。此外，还应对相关施工资源实施有效的配置，并在此基础上对一些重要隐蔽工程以及关键施工部位采取严格控制方法，不但能够提升工程控制质量，而且可大大提高检验合格率，以此对合同项目施工投资实施有效的控制。

合同总承包商与分包商。合同总承包商与分包商两者对施工项目有较大的区别，其中合同总承包商与分包商项目施工范围有一定的限制，只能对一个项目进行设计与施工，不能进行联合，具有一定的局限性。分包商主要是通过总包商根据业主要求采用招标以及其他有效方式对施工项目实施有效确定，能够实现联合，这也为EPC总承包管理模式的较快发展奠定了良好的基础。

综上所述，水利水电工程的发展对我国一些领域的发展尤为重要，其建设质量对我国经济的发展产生一定的影响。此外，EPC总承包管理模式是提升水利水电工程中总承包合同管理的基础，在水利水电工程中有较为广泛的应用，不但能够加快工程进度，而且在此基础上对工程安全性的全面提高具有较大的促进作用。同时，EPC总承包管理模式中总承包合同的有效管理，大大提高了建设效率，降低了工程施工成本，为全面提升水利水电工程建设项目管理水平奠定良好的基础。

第二节 水利水电工程招投标管理

一、招投标在建筑工程经济管理中的重要性

（一）建筑工程招投标的定义

建筑工程招投标是指以建筑产品作为商品进行交换的一种交易形式，标的由招标单位进行设定，通过发布招标公告吸引若干个投标单位通过秘密的报价进行公平竞争，招标单位在规定时间内再按照正规程序通过开标、评标后从中选择符合的投标单位进行定标，最终签署合同，实现招投标的完成。

（二）建筑工程招投标一般流程

招投标一般分为四个步骤：招标准备阶段、资格预审阶段、招标组织阶段、评定标及谈判签约阶段。招标准备阶段一般是发布招标文件介绍建筑项目的概况；资格预审阶段是筛选及一定的洽谈，挑选符合资格的投标单位进行投标；招标组织阶段是进行开标，开标主要是综合查看各投标公司投标资料。评定标则是在综合投标商的资格、报价、经验、实力等因素后进行选取中标单位进行定标，最终签署合作合同。

（三）招投标对于建筑工程经济管理中的重要性

有利于规范市场行为。由于目前建筑工程中存在串标行为，通过规范的招投标方式，可以有效降低内部交易的出现，避免出现"关系户"的情况，为招标企业真正找到合适的投标商。

有效控制工程成本。在建筑工程中若是指定一家施工方做，则经济成本上很难控制，而通过正规的招投标，存在有序的市场竞争，可以通过竞争了解市场价格，综合考虑多方面因素后，有利于选出报价最合适的企业，从而控制招标企业经济成本。

有利于保证工程质量。招投标中会收到很多投标企业的资质和信息，招标单位能更广泛且能更好的选出最专业、最适合的投标单位，这样有利于保证工程的质量。

二、水利水电工程设计管理监督

从国家实施改革开放的时候开始，我国的基本设施建设就开始推行：项目法人责任制、招投标制、项目监理制和合同管理制等四种制度，但在勘测设计工程项目中，这四

种制度就显得十分滞后。全方位的实施设计管理监督是不断促使项目法人责任制的重要性措施，对于很好把握工程设计质量、施工进展情况和施工费用有着非常关键的意义。文章针对水利水电工程设计管理监督进行相关论述，希望能够对同行业有一定的参考性价值。

在 20 世纪 80 年代初期，我国基本设施建设进行了大范围的革新，逐渐从计划经济向市场经济转变，发展到目前为止，我国在水利水电工程等基本工程基本项目中大部分都采用了"四制"。最终的成果证明，科学合理的采用"四制"可以在当前的市场经济大环境下行之有效的保证工程施工质量、施工进展情况，更好地把握工程具体投资问题。为此，对水利水电工程中的设计管理监督进行深入探究是非常必要的。

需要指出的问题是目前有的工程基本建设勘察设计在实施"四制"后仍然显得比较落后，最为明显的是勘查设计方面的招投标等体制没有完全的开展起来，究其原因主要存在 3 方面的问题：第一，我国大多数勘测设计部门最早都是以行业来划分单位的，从而进行条块的分割式经管。在计划经济过程中，勘测设计的主要工作通常都是由上一级主管部门下达。目前，勘测设计已开始从事业单位向企业单位转变，但并不能真正脱离上级部门的指导。第二，我国大部分基本工程设施建设都是由国家投资进行建立的，必须经国家相关部门批准、审核后，才能进行施工创建。不少大型工程中，勘测设计企业会比业主更先介入工程。第三，目前，我国的勘察设计市场相关法律法规及有关制度非常不完善，由于我国现有的勘测设计市场发展不完善，相关的勘测设计规范、收费方式、资质管理等规定和条例现存很多与目前经济市场不协调等诸多问题的存在，导致我国的一些基本建设工程特别是大型的工程勘测设计招投标有较长的一段路要走。

（一）目前水利水电工程设计状况

水利水电工程明显特点。水利水电工程是影响国计民生的重大问题，它通常是由国家进行直接性投资。一般情况下，水利水电工程规模具有大规模、大投资、长工期的特征，工程具体方案的设定和开展必然会受到很多自然因素的影响，在此其中，像移民这一类社会性因素对水利水电工程造成的影响是很大的。

水利水电工程发展的历史背景。我国水利水电工程中，工程设计与具体的运行经管都统一归属水利能源部门，在这一过程中，各个省市都归水利水电勘测设计院统一领导，以顺利地进行本地区的水利水电工程设计、工程勘测等工作，进而就逐渐发展成了目前我国水利水电工程设计条块儿分割管理的状况。

水利水电工程相关企业若想在很长的一段时间内进行有关材料的搜集，上交归属单位开展统一化管理，往往会导致搜集到的材料在很长的时期内由该地区管理部门或者受勘测设计院所掌握，以此将会导致勘测设计部门对水利水电工程设计形成一定程度的垄断，这对工程设计工作的顺利开展是十分不利的。

在我国水利水电工程中，通常情况下，工程方与设计单位处于比较落后的状态，因工程设计单位在早之前就掌握到了工程相关材料。为此，不能够自行的进行勘测设计投标，只能够依靠现有的设计企业对工程开展相关设计，同时针对所签署的设计合同进行合同化经管。

（二）水利水电工程需实施科学的设计管理监督

水利水电工程中，工程设计是整个工程的躯体和灵魂，工程设计水平如何将直接影响着今后工程的使用、效益及能否安全正常运作。所以，针对工程设计进行科学的设计管理及监督是从真正意义上完善工程项目的科学有效性举措，是定期内完成高质量工程必不可少的关键性举措。

工程设计管理监督的含义。在计划经济时期，水利水电工程设计方案是由勘测设计院所设计的，同时需要通过水利水电设计总院进行严格的审查，这就是经常所讲到的，主管部门对下属设计企业进行的管理监督。同时，工程设计中相关费用的具体规划也是由规划设计总院来下达的。

目前，开展的水利水电项目法人责任制通常是由项目法人全面承担的工程资金筹集、工程建设经管，同时对于社会各界开展行之有效的调节等，项目法人需对勘测设计的有关工作进行统一的管理，以保证工程前期设计可以在规定的时间内达到要求的设计水平，这样有助于水利水电工程在招投标阶段和工程施工阶段的相关准求。为此，项目法人需要凭借外部的力量对工程设计开展科学合理的监督管理及有效性掌控，以便于促使工程设计能够达到工程各方面的准求。

现阶段我国工程管理的形式。近年来，我国水利水电工程项目法人一般都是凭借外来的专业人士或者企业来对工程设计实施管理监督的，现阶段我国水利水电工程管理的形式有两种：一种是业主自行管理形式。工程设计最初阶段已通过国家有关部门的审查，工程设计管理是由业主自身设计部门来签署相关合同，从而开展工程质量、具体进展情况及工程费用管理。与此同时，从外面邀请专家对工程设计成果进行审查，以便于保证设计成果的综合质量。第二种是工程前期设计监理形式。工程前期阶段的设计会邀请具备一定水平的设计机构对工程设计合同进行科学的管理，同时对设计水平、工程具体情况和费用等问题进行行之有效的科学性掌控，因专业的设计机构自身具备大量、专业的工程设计人员，担负着工程设计成果的审查责任，相关监理工作者能够对工程整体设计进行有效的管理监督，能够对设计方案有一个较为全面的把握。

工程设计、施工管理监督。水利水电工程设计管理监督通常是业主依赖于有关合同来委托有关监管部门对工程设计进行科学严密的监管及掌控的。在此过程中，针对业主和设计机构相互间的关系进行协调，共同将工程设计工作做好。

水利水电工程的总体质量将直接关乎着工程的最终成败，对于水利水电工程设计的科学管理监督将是大中型水利水电项目工程中一项十分关键性的工作，因水利水电工程自身的独特特征，促使水利水电工程设计工作变得比较复杂。从目前我国水利水电工程设计来看，仍然有许多问题是需要专业设计人员进行深入探究和不断探索的。

水利水电工程实施科学有效的设计管理监督是一项必不可少的重要举措，它能够有效地促使业主对工程勘测设计质量、设计进展情况和工程设计费用等重要问题开展及时科学的控制，唯有如此，才能够更好地去贯彻。总而言之，在水利水电工程中进行行之有效的设计管理监督是非常必要的，其能够很好地推动业主有效地对工程设计质量、设计进度和设计费用开展行之有效的严格掌控，同时对工程设计水平进行准确的评估和把关。水利水电工程设计管理监督将直接影响整个工程的总体质量及建设之后的使用情况。所以，水利水电工程设计管理监督是一个需要不断深入探究的重要性课题。

三、水电工程施工项目的工程变更管理

在竞争激烈的工程招投标市场环境中，施工企业很难以较高的投标报价中标，往往是通过微利甚至成本价中标。在物价持续上涨、施工行业产能相对过剩的大背景下，低价中标会使企业经营压力增大，风险不断攀升。如何才能在当前的市场环境中改善困局，提升效益，让施工企业得以生存和发展呢？实践证明：仅仅靠常规的经营管理工作已经很难满足要求，必须追求一种边际效益。工程变更便是有效的手段之一，要在工程变更中寻求经营突破，实现盈利。结合工程实际，对施工项目工程变更管理进行了浅析。

所谓工程变更，是指在工程项目实施过程中，按照合同约定的程序，监理人根据工程需要，下达指令对招标文件中的原设计或经监理人批准的施工方案进行的在材料、工艺、功能、功效、尺寸、技术指标、工程数量及施工方法等任一方面的改变。因此，工程变更是一项系统性的工作，包含工程地质、水文、合同、市场价格、法律、保险等工程建设过程中的各个方面。若要保证施工项目的最终变更效果，需要结合工程实际，对合同条件进行系统分析，预判工程进展、有利因素与不利因素、工程变更机会等，对存在变更可能的项目进行总体策划，理清变更思路，从长计议，通过高效履约与业主建立良好的关系，在施工过程中有意识地促成变更事件按照事先预定的、有利于承包商的方向发展。

（一）形成变更策划战略

分析合同，对比条件变化，把握变更方向。从工程变更的定义可以看出：变更是相对于合同而言的，是基于合同变化比较的结果。因此，若要做好变更策划，就必须深入研究合同，分析合同条件、施工图纸、现场实际情况的变化，了解工程的功能和设计意图，挖掘、发现变更的机会，提出初步的工程变更设想。

结合招投标文件及现场实际情况，认真研究并分析合同。对比现场实际情况及发包人提供的条件，初步判断哪些部位、哪些项目将来可能会变更，哪些地方存在有利变更的机会。

对施工图进行全面核实，计算设计工程量。安排测量人员对现场原始地貌进行测量，结合现场情况计算实际工程量，分析设计工程量与现场实际工程量可能存在的差异与变化。

分析合同单价，以单价中漏项或价格较低的项目作为分析对象，为单价较低的项目想办法。结合合同条件，预判通过结构、施工方法、施工工艺流程等变更达到合同单价变更的可能性有多大。

了解各方关注的问题，定位变更性质。按照工程建设过程中参建各方的工作任务、

目的及关心的问题，对工程变更意向进行以下分类。业主原因变更：工程规模、使用功能、工艺流程、质量标准的变化，以及工期改变等合同内容的调整；设计原因变更：设计错漏、设计调整，自然因素（地质条件变化）及其他因素而进行的设计改变等，监理原因变更：监理工程师出于工程协调和对工程目标控制的考虑而提出的施工工艺、施工顺序变更；施工原因变更：因施工质量或安全需要变更施工方法、作业顺序和施工工艺等。通过分类，定位变更性质，寻找变更突破口。

通过以上对比分析，重点抓住施工条件变化、工程量变化、合同单价劣势项目，形成工程变更策划任务清单，最终形成思路统一、目标明确、措施得当的工程变更策划方案，以此来指导对具体部位、具体项目的变更工作。

（二）运用策划思路，灵活使用工程变更战术

以良好的履约为工程变更创造条件。市场经济的一个显著特征就是以契约为基础的信用经济。在目前的工程建设市场环境下，施工单位处于建筑行业产业链的末端，在工程变更中的话语权相对较低。若要改变这一现状，必须通过良好的合同履约，以工程进度、质量、安全目标按期实现来打动业主，赢得投资人的信任，为变更方案的实施创造条件。

以业主对投资的关切为突破，主动寻求变更。在一个项目施工过程中，由于工程地质、水文地质条件等因素的影响，设计深度往往受到限制，不可能将所有的未知因素考虑得面面俱到，因此，也就给项目变更有可乘之机。施工项目管理团队在充分认识、了解项目设计深度和设计意图后，根据自身经验，分析并抓住业主关心和急于解决的问题，以利于工程功能、利于工期、利于其他业主关切为由，提出工程变更，在满足业主需要的同时，实现变更增效的目的。

如某水电工程，在设计出具的施工蓝图中，规划有一个面积约 3 万 m^2 的露天堆料场。在工程开工前，通过设计图纸进行分析，发现按照设计图纸完成开挖后，将在其外侧靠坝顶公路位置形成一个孤立的小山体（土石方量约 28 万 m^3），不但影响整个堆料场的有效使用面积，同时还存在滑坡、滚石等安全隐患。孤立小山体内部设计有排水洞，外部坡表有锚杆、喷支护等措施以防止山体滑移，施工难度较大。为此，项目部提出对孤立小山体进行挖除的变更建议。其挖除的理由包括：一是出于工程安全考虑，剩余孤立小山体在大面开挖震动后，很难保证山体稳定，存在滑坡等安全隐患；二是整体挖除后可以加大堆料场的面积（在此之前业主四处寻找堆料场地）；三是出于施工进度考虑，在小山体中开挖排水洞施工难度较大，与大面一次挖除，可以降低施工难度，节约工期；四是挖除小山体增加的投资额很小，仅增加约 60 万元（按设计蓝图施工支护及排水洞原投资费用约为 331 万元，挖除发生的工程费用约为 391 万元）。以上几点理由博得了业主、设计的认可，最终同意通过设计变更，将小山体挖除。

值得一提的是，合同中土石方开挖单价利润空间较大，且增加了 28 万 m^3 的开挖量，增加了施工方的规模效益，而边坡喷锚支护以及排水洞施工单价较低，若按照原设计方案施工，不但施工成本较高、施工难度大、工期长，而且还存在工程安全隐患，挖除小

山体的建议方案既解决了业主堆料场地不足的燃眉之急，降低了安全风险，同时变更价格又利于施工单位。

以工期为筹码，促进变更方案的落地。项目管理团队要对施工项目可能存在的变化方案与业主关注的重心结合起来，从整体上把握项目施工方案变化趋势，进而提出施工方案变更，使其在施工过程中的不同阶段，沿着承包商预期的目标和方向变化。

（三）总结经验，形成案例库

经验来自于实践活动。当一个施工项目完工后，要对工程变更的成败进行总结，形成变更经验的沉淀，促进施工企业工程变更管理水平的不断提升。实践证明，通过总结活动，既能使总结者充实感性知识，对工程变更思路进行重新认识并开阔视野，又能让好的经验、做法得以传承，形成企业的管理文化。

对比变更策划，总结成败。项目完工后，通过对工程变更最终实施效果与变更策划的对比，审视变更策划的落实情况，分析差异产生的原因，同时将总结经验成果向市场营销团队反馈以促进市场营销与工程变更管理有机结合的良性循环。

形成工程变更案例库。对有代表性的典型工程变更，按照一定的格式，通过定性定量分析，整理变更思路、总结经验，通过资料收集，形成典型工程变更案例分析库。

工程变更是项目建设过程中的一个重要环节，施工单位在处理工程变更时，首先要结合项目的特点、合同条件，抓住本质，做好工程变更的谋篇布局，以各方关切为重点寻求主动变更机会。其次，要抓住项目实施过程中的关键环节，拓宽思路，促使变更策划内容落地，改善外部经营环境。最后，总结经验、吸取教训，形成典型工程变更案例库，形成信息反馈机制，助推项目整体经营质量的提升，改善不利的经营困局。

第三节 水利水电工程档案管理

一、基于科学性的水利水电工程档案管理

近年来，我国水利水电事业得到快速发展，形成了大量的水利水电档案资料，因此必须进一步提升档案管理的科学性，确保为水利水电事业的发展提供一些帮助。科学的水利水电档案管理需实现全面化、精细化与信息化，提升水利水电档案管理的质量与效率，促进我国水利水电行业的可持续发展。本节重点就水利水电工程档案管理的科学性进行了分析研究。

在水利水电行业的发展中，需要确保勘察设计工作的真实性与精准性，提升档案管理的合理性与科学性，能促进水利水电企业工作开展的有序性。近年来，我国对水利水电档案管理的重要性认识程度越来越高，也在水利水电企业的发展中发挥着重要作用。本节在科学性的基础上，对水利水电档案管理进行分析，希望为实现我国水利水电行业

的健康发展提供一些参考意见。

（一）把握水利水电档案的形成与特征

水利水电档案在每个阶段都有自身的特征，因此在提高水利水电档案管理质量与效率时，要对其特征进行合理地把握，从而提升其档案管理质量与效率，促进水利水电企业的发展。在传统的水利水电档案管理工作中，档案管理工作效率较为低下，并且基本都是依靠人工进行操作的，但是在现代信息技术与计算机技术的快速发展下，水利水电档案管理工作发生了很大变革，信息化程度更高，使得档案管理的准确度也有所提升。

同时，水利水电档案管理与不同部门之间的联系在日益加深，这就使得在对档案管理工作进行科学管理时，需要建立在一个系统的基础上，对各个环节的内容进行合理分析，从而提升水利水电档案管理的质量与效率。因此，在基于科学性的水利水电档案管理中，要档案管理工作的特征进行细致的研究与掌握，确保工作的有序进行，水利水电档案具有以下几个方面的特征：①工程前期文件形成的档案文件数量巨大；②专业性的工程图纸与方案较多；③各种合同、协议类的档案众多；④档案较为零碎庞杂。

第一，水利水电工程在建设过程中由于工程量巨大，建设过程存在很多不确定性，比如，人员的流动、成本的变化、施工周期的变化等，这些因素都会对档案管理工作形成极大影响。档案管理人员在对资料收集过程中存在收集范围广、数量多与资料细碎的问题，并且在对其进行整理过程中难度也在不断增加。很多水利水电企业在工程建设过程中，尚未配备专业的档案管理人员，使得档案管理工作无法有效地满足水利水电企业的实际发展需求。

第二，未能认识到档案管理工作的重要性。目前，很多水利水电企业在工程建设过程中尚未认识到档案管理工作的重要性，造成档案管理工作在企业工程建设中的作用不是很大。企业将注意力与精力放在资金管理，工程建设质量的控制等方面，但是在进行档案管理工作时，投入的经费、人力与物理无法满足档案工作的实际开展需求，造成档案管理工作严重滞后于水利水电企业的发展。同时，也对档案管理人员的培训力度不足，造成很多管理人员的专业素养、职业素养降低，使得档案管理质量与效率不高。

第三，水利水电档案管理的信息化程度较低。目前，水利水电档案工作的开展由于受到各种因素的限制，造成档案资料的收集、分析综合效率较低，这是由于在日常工作开展过程中信息化水平较低，并且在日常管理中对先进技术的应用水平较低，对水利水电档案管理工作的有序开展造成了很大阻碍。

第四，档案管理人员的综合素养有待提升。工作人员的综合素养会对工作的开展造成极大影响，但是很多水利水电企业的档案管理人员并非专职人员构成，这就使得档案管理人员的专业性不足，对档案管理工作的有序开展造成极大影响。在档案管理工作中一旦发生一些突发情况，由于管理人员的工作经验不够丰富，对档案管理过程中出现的临时事物处理造成一定难度。同时，管理人员的综合素养较低，也会在日常工作中造成很多问题，比如，管理混乱与材料丢失的情况较为严重。

（二）基于科学性的水利水电档案管理

扎实基础管理工作。水利水电档案管理工作较为琐碎，需要管理人员具备良好的专业素养与职业素养，档案管理工作开展的前提就需要管理人员夯实基础工作，提升档案管理工作的质量与效率。在科学性的基础上，档案管理人员需采取科学的管理标准与流程执行工作，并且要将纸质档案与电子档案合理结合，不断提升档案的收集、整理、分析与存储效果，促进水利水电档案管理的现代化、信息化，减少对资源的浪费现象，所以档案管理人员要对纸质档案进行适当地减少，除非万不得已，否则必须首先进行电子档案管理。

提升档案管理的信息化水平。目前，水利水电档案管理工作与企业一样需要进行改革与创新，加快现代化、信息化的革新步伐，实现新时期档案管理工作的新风貌。所以，水利水电档案管理部门要积极建立起档案网络管理平台，将传统的纸质档案进行数字化处理，存储到数据库中，通过对数据信息的整理与归类，在网络共享平台上实现资源共享，让有需求的工作人员登录账后选择自己需要的内容。同时，由于数据库的存储空间大、利用率较高、对能源的消耗较低，更有利于实现档案管理的信息化与现代化，从而为水利水电行业的现代化发展打下坚实基础。

提升水利水电档案管理的规范性。水利水电档案管理人员在对档案进行管理过程中，一定要遵循国家相关法律法规与企业的规章制度，提升档案在收集、分析与存储过程中的科学性与严格性，确保档案的完整与真实。同时，要严格落实档案使用签字制度，在使用档案过程中，必须对借阅者与管理者的名字进行签署，减少档案发生遗漏的情况，确保档案管理工作的有序进行。只有在规范的管理下，才能确保档案管理工作的科学、合理进行，实现档案管理工作的高效性。

提升档案信息资源整合水平。科学的档案管理十分重要的一个步骤就是对信息资源的合理整合，确保符合社会的发展与企业的实际需求。在现代信息技术与科学技术的应用下，档案管理工作的专业程度越来越高，科学化、现代化的管理方式在不断融入档案管理工作中。企业要在档案管理过程中要加强与不同部门之间的沟通联系，确保信息资源收集的完整性，同时也要将收集到的信息资源进行细致的整理与分析，在众多的信息资源中找到有价值的信息，并将其与互联网进行合理结合，方便人们对档案资料的查阅与使用，提升档案资源的综合利用率，为水利水电企业的发展提供有效的支持。

创新服务机制。档案管理工作十分重要的一个遵旨就是服务遵旨，所以档案管理部门在发展过程中，要不断提升服务意识与水平。档案管理人员是档案管理工作的核心，所以服务功能的体现就要求管理人员创新服务机制，拓宽服务范围，提升档案管理工作的科学性。同时，也要不断提升归档力度，创新服务内容与方式，降低搜索界面的操作难度。创新服务机制的践行需要工作人员服务意识的提升，这样才能有效地推进服务机制的落实。最后一定要对档案数据库的使用权限进行严格规定，保证让开放的部门与人员有资格对这些数据库进行使用，这样才能保证档案资源的安全。

加强人才队伍建设。人才是保障水利水电档案管理科学性的重要保证，也是实现档案管理现代化的动力源泉，所以企业要加强高端档案管理人员的招聘，确保档案管理工作的有序进行，同时也要完善管理方案，制定现代化的人才培养机制，确保档案管理人员的综合素养得以提升，并掌握熟练的操作技能。加强工作人员之间的交流力度，让档案管理人员在交流过程中对存在的问题进行合理地解决，不断优化管理方式与内容，提升档案管理质量与效率，为水利水电行业的现代化发展提供科学的参考意见。

水利水电档案管理工作在水利水电企业中发挥着重要作用，有助于提升企业的档案管理水平，促进水利水电企业的现代化发展。所以，水利水电企业要基于科学性，通过扎实基础管理工作，提升档案管理的信息化水平、水利水电档案管理的规范性档案信息资源整合水平，创新服务机制与加强人才队伍建设等多种途径，不断提升水利水电档案管理的科学水平。

二、水利水电工程竣工验收中的档案管理

水利水电工程与国计民生直接相关，是国家建设的重点项目之一，在社会发展中承担着重要的社会责任。在水利水电工程施工中，竣工验收是工程单位全面考核工程项目、检验工程施工质量的重要工作，基于这种重要性，它的档案管理工作也就必须以重点对待，水利水电工程档案是整个工程施工信息的记录文件，可以反映出整个施工管理的原始信息，尤其是在当前形势下，做好这方面工作势在必行。本节就从管理角度入手，分析了水利水电工程竣工验收阶段的档案管理工作。

在现代水利水电工程施工管理中，施工档案管理是重要的一项内容，它是对施工整体概况进行记录和反映的信息资料，涉及工程规划、设计、施工以及竣工等多个环节。随着国家对水利水电工程事业的关注度不断提升，水利水电工程的施工强度和施工任务量也逐渐增多，那么要想在有限的施工期限内高质量完成施工任务，就势必会导致在后期竣工验收中档案管理出现滞后性，进而影响到对工程质量的总体检验和管理。因此，对于工程单位来说，就必须要根据实际状况，切实做好竣工验收中的档案管理工作，使其作用最大化发挥。

（一）水利水电工程竣工验收中的档案管理范围

工程建设管理方面。在建设项目初期阶段需要对包括法人组织机构设置、建设管理制度、开工报告以及投资计划等在内的文件信息进行收集；在施工方案设计阶段，需要对设计的报告、审查批复文件以及安全鉴定资料等进行收集；在施工合同的档案收集中，需要包含有施工设计、施工监理以及施工质量检测等文件信息；在工程招投标阶段则要对招标文件、招标公告、中标通知书以及履约保函等文件进行收集整理；最后在财务档案管理工作中，还需要对财务与会计管理资料以及竣工决算报告等资料进行收集整合。

工程建设监理方面。在这一阶段，工程单位需要收集的资料信息包括有施工监理计划、监理实施制度、项目划分以及会议纪要等等，而在施工监理的现场工作资料收集中，还要对监理现场测量、旁站记录、监理日志以及监理月报等信息文件进行收集整理。

工程建设施工方面。在这一阶段，需要对施工组织设计、施工进度计划以及安全生产方面等的文件进行收集，而对于施工材料和中间产品资料，就要对它的出厂合格证、试验检测报告单等证明性文件进行收集。此外，作为水利水电工程建设中不可缺失的重

要组成部分——机电设备，对于其的信息收集主要是机电设备的出厂资料、安装调试以及性能鉴定等方面的资料进行收集，以掌握机电设备的真实信息。对于施工过程中的细节性工程，需要注重资料收集的全面性，包括施工日志、原始断面测量、现场记录等等原始性文件，同时也要包含有隐蔽验收、开仓证以及施工操作中所涉及声音、图像等资料。

（二）水利水电工程竣工验收中档案管理的现状分析

第一，大多数情况下，由于水利水电工程的施工所涉及的细节性内容较多，在施工中需要对各个环节进行严格监管，这就使得它的建设周期比较长，加上工程项目是否立项开工建设以及不同施工阶段是由不同的单位来负责完成的，这样就直接导致了工程管理中一些资料信息难以第一时间归档，从而导致了竣工档案的不完整，也就成了工程竣工验收阶段中档案管理急需解决的一个问题。

第二，工程档案是对工程整个施工过程中所产生的各种信息和资料进行归纳和记录的一种文件，具有非常高的保存保管价值。基于这方面，在施工中的不同时期、不同单位以及人员的流动变化情况下，所形成的工程档案信息不完整，很难实现系统的衔接，进而使得档案收集的资料和之前所累积的原始记录、检测数据不完整，难以真实反映出工程施工的真实情况，进而导致后期施工质量检验难以顺利开展。

第三，在工程施工建设中，由于各种因素的影响，导致建设中的变更文件难以及时处理，对于规划、环保、移民以及设计等过程中的变更情况，需要第一时间在相对应的档案卷中给予记录和体现，也可以是在之前原有的案卷资料基础上进行显著的标注，也可以是重新出版一份新的变更版本，对旧的案卷起到更新替换的作用。

第四，部分水利水电工程施工由于施工期限的限制，它的方案设计和施工活动是同时进行的，这样所造成的直接后果就是导致施工图纸难以及时进行归档处理，甚至是忽略了这方面的档案整理，从而导致档案资料归档的不完整，严重的话还会导致档案资料的丢失，很大一方面原因就是因为管理人员难以实现对各个建设过程的总体掌握。

第五，在档案归档过程中，还需要对档案资料的完整性进行严格检查，当前这方面存在的一个问题就是档案资料的签字缺失，没有加盖公共印章等问题，甚至于直接采用复印品来代替原有的档案资料，这样就会导致无用档案的积压占用空间，而且也难以直接销毁，造成工程质量检验工作陷入困境。

（三）完善竣工验收中档案管理工作的对策

第一，作为档案管理的主体——档案管理工作人员来说，就需要将档案管理工作作为重点对待，在不断提高档案知识积累的同时还要进一步加大对水电专业知识的学习力度，对于不同专业、不同工程在不同时期内所需要的产品有准确了解，这样可以在对工程各个阶段的施工资料信息进行收集时，不会有较大的阻碍。

第二，水利水电工程项目在立项开始时，就需要融入档案管理，也就是说在整个水利水电工程中都要做好档案收集和管理工作，并且不能中途停止，在立项阶段进行档案管理可以起到一种事前指导的作用，从工程项目一开始就将档案整理进行规范，并贯彻权责制，将档案收集和管理的责任细化到每一个工作人员身上，这样可以给管理人员、设计人员以及施工人员对各种档案的整理要求有所了解，从而促进档案归档的顺利无误，与此同时，还需要对档案资料进行检查，确保其完整真实，不存在遗失遗漏。

第三，对水利水电工程项目竣工文件的收集范围进一步明确，依据制度规定对施工的设计方、监理方以及施工方等的责任予以强化和落实，始终坚持权责制，在项目建设前期阶段所产生的各种资料信息要由负责建设的单位负责，而工程的勘测和设计资料则是由设计单位全权负责，施工中各种机电设备、线路管道以及仪表等的安装要由施工单位来负责，这样各方责任的明确可以保证档案管理工作的有效开展，避免了档案归档的遗漏问题发生。

第四，对于档案管理人员来说，也要不断强化自身业务素质，在接收工程资料时要加大检查力度，严格控制，一方面要保证项目文件资料的完整无误、真实有效，另一方面还要确保相关责任人签字、三级校审签字的完整，其中所附加的图表文件也要清晰无误，记录准确，如果存在有电子版的话，还要保证电子版和纸质版的相一致。

第五，档案管理人员在加强工作宣传时，还可以根据水利水电工程施工的实际将其和经济利益相挂钩，这样可以起到强化其重要性的作用，从而使各个部门作为重要工作对待，也就确保了档案归档率，有利于档案管理工作质量的提高。

水利水电工程是关系国计民生的重要基础性项目，加强它的施工管理就必须要将竣工验收的档案管理作为重点来抓，针对当前这方面工作所存在的问题，需要工程单位结合自身实际，强化各个环节的档案归档管理，从而提高档案的真实性和完整性，确保水利水电工程施工质量良好。

三、水利水电工程技术资料收集整编与档案管理

工程资料收集整编作为整个水利水电技术档案管理工作的主体，成了水利水电技术档案的形成、利用与管理的基础。水利水电工程的建设过程中有诸多的建设环节项目需要进行档案记录，主要包括水利水电工程的建设项目的提出、建设项目的立项与审批、水利水电工程地质勘探、工程设计、施工、施工监理、竣工验收记录以及运营过程记录等。针对水利水电技术档案的管理以及工程在建设过程中其资料的收集整编，更好地实现正规化、标准化管理，进行了实践总结。水利水电技术档案是水利水电工程管理、运行、维修养护等技术工作决策、设计的重要依据，对于水利水电工程的安全运行和充分发挥效益至关重要。

（一）水利水电工程资料的收集整编

水利水电工程资料收集整编的意义。水利水电工程资料是指在水利工程建设管理工作中直接形成的、有保存价值的各种表格、文字、图纸、图片、报告等不同形式与载体的各种记录，是对工程项目进行稽查、审计、监督、管理、验收及运行、维护、改造的需要依据。工程资料的整编是工程师对工程建设管理的重要组成部分，工程资料的整编水平体现了工程师对工程建设的管理水平，规范齐全的竣工资料来之于规范的建设管理

和严格的质量控制。

水利水电工程建设一般要历时半年以上，工程师在保存好原有资料的同时，还要不断地对新资料进行整理存档，而且各种表格、检验报告如果保存不好，很容易丢失、污损、造成不必要的损失。

合理的编码程度是水利水电工程资料建立和管理的基础，为资料的整理与查阅带来极大的方便，可根据不同的类别，建立相应的数据库。

资料编码分为：①工程开工建设资料；②工程建设及施工技术资料；③工程鉴定检测资料；④工程验收报告资料；⑤工程验收质量评定资料。

工程开工建设资料分为：①可研、初设、地勘、批复计划等有关文件资料；②工程招标文件等资料；③承发包、设计、施工、监理等各种合同书资料；④监督、质量保证、项目划分等有关批准资料；⑤其它资料。

工程建设及施工技术资料分为：①会议记录资料；②监理资料；③施工图纸、变更、技术说明、图纸会审、通知及审批等资料；④施工组织设计、方案、日记、往来函件及检查处理等资料；⑤运用、度汛、调度方案等资料。

工程鉴定检测资格分为：①设备产品说明、调试、鉴定及试运行等资料；②施工测量、测试及各种观测记录；③各种原材料构件质量鉴定、检查、检测试验资料；④各种试验报告单；⑤其它相关检测资料。

工程验收报告资料：①建设、监理、设计、管理、运行、报告等资料；②竣工决算、竣工审计、竣工自查等报告资料；③其他有关资料；④竣工图纸；⑤工程照片。

工程验收质量评定资料：①隐蔽工程验收记录资料；②单元工程质量评定资料；③分部工程质量评定资料；④单位工程质量核定资料；⑤其他有关资料。

建立资料库。对工程建设的各种资料进行分类，存入相关的资料库中，按照工程进度不断增加新的内容。这样，即快捷方便，又保证了资料的真实，完整。

根据不同的资料形式建立不同的资料库（分类）：①对工程建设中的评定表格、检验表格、施工日志等各种资料，可直接建立保存到相应的资料文夹。②对于照片、图纸、摄像等资料可通过数码相机、扫描仪、数码摄像机传入计算机，存入相应的资料库。③对于工程文件，如工程建设的有关单位批文、工程批复文件、征地用地批文等，用扫描仪可对文件原件进行扫描，存入相应的文件夹中。

为了做好资料的管理，首先要根据编码程序进行资料目录编写，以超链接方式进行分类和目录及子目录的查找。

资料库的管理。首先要对当天的评定、检验表格等有关资料及时归档，分类做好登记和链接。同时，要对资料及时备份，防止丢失。另外，要做好计算机防病毒工作，将计算机保持在实时监控状态。

（二）水利水电档案管理工作的重要性

水利水电工程档案是历史的记录，是水利水电科技档案的重要组成部分，它来源泉于工程建设全过程，不仅在建设过程中具有重要作用，而且对质量评定、事故原因分发挥重要作用。对每一个工程项目不管是建设法人的甲方，承建项目的乙方以及设计、监理等任何一个单位，对工程设计、报批立项、建设与竣工的全过程、务须高度重视各个阶段的档案资料的原始记录、保存与管理。加强工程档案管理，是加强工程建设与管理工作的重要内容，是人们认识和把握客观规律的重要依据。借助档案，我们能够更好地了解过去，把握现在，预见未来。可见档案管理工作的重要性与责任。

如何做好水利水电技术档案管理工作。水利水电技术档案是水利水电技术管理工作的依据，是水利水电建设活动的凭据，也是水利水电技术交流的重要工作，它产生于整个基本建设全过程，包括从工程项目提出、可行性研究、设计、决策、招（投）标、施工、质检、监理到竣工验收、试运行（使用）等全过程中形成的、应当归档保存的文字、图纸、图表、声像、计算材料等不同形式与载体的各种历史记录。因此，实现水利水电工程档案工作规范化、现代化的管理，将成为水利水电档案工作者当前和今后相当长时期内面临的重大课题，是我国工程档案工作的发展方向和必然趋势。

水利水电工程技术档案管理工作，关键要注意其完整性、准确性、系统性。一般来说，水利水电技术档案文件归档应从项目的立项、可行性研究、初步设计阶段、施工图设计阶段施工建设阶段、竣工验收入阶段及与项目建设有关的批复文件，参考资料等方面着手。对一些中小型水利水电工程，可在工程结束后，一次收集整理归档，而对于大型水利水电工程，由于规模大，投资大，周期长，就应该按可研前期准备，设计、施工和竣工验收等几个时期进行同步归档整理。

水利水电技术档案管理的标准化：①工作的标准化。首先应确定积累、立卷、归档等各环节的技术标准。其次建立标准的技术档案工作程序图，具体列出与各部门之间的关系及工作的周转运行图等等，使其达到程序化。②管理制度标准化。从水利水电工程建设的批复文件及勘探、设计资料的形成、积累、分类归档、打印、发放、回收等到技术档案的整理、鉴定、保管、利用及档案人员岗位制度等都要有统一的标准，而且要形成文件，用制度固定下来。

水利水电工程资料的收集整编对于水利水电工程的建设管理发挥着重要的作用，因此，水利水电工程单位资料收集整编人员应当努力做到资料收集整编的全面性、系统性、科学性与准确性，以保证资料档案本身的科学规范，为水利水电工程建设管理提供优质资料服务。为此，水利水电工程资料收集整编人员应当深刻认识到资料整编的重要意义，在工作过程中掌握科学正确的资料收集整理方法，并且提高资料收集整编的职业素质，注重在工作中积累总结经验，全面提升水利水电工程档案质量。

四、水利水电档案管理工作的标准化问题

水利水电档案管理是水利工程管理工作中的重要组成部分，它能保证水利水电管理工作的质量。在水利水电的档案管理工作中，工作效率受很多因素的影响，所以在实际的档案管理工作中容易出现问题。本节主要分析了我国水利水电档案管理工作的主要问题，提出了提高水利水电档案管理工作效率的几点措施，为我国水利水电档案管理工作

提供参考。

在我国实际的水利水电档案管理工作中，工作效率受很多因素的影响，比如工作人员的专业水平，管理人员对档案管理工作的重视程度、档案的信息化建设情况以及档案管理制度的完善程度和落实程度等，应准确分析我国水利水电档案管理工作中存在的问题，制定合理的解决措施，才能从根本上提高水利水电档案管理工作效率，促进水利水电企业的发展。

（一）我国水利水电档案管理工作中存在的问题

1. 工作人员的整体素质不高

任何工作的最终执行者都是人，所以人的素质影响水利水电档案管理工作的效果。一些水利水电企业对档案管理工作的重视程度不够，甚至一些企业并不设立档案管理专职人员，档案管理工作人员多由其他部门调动过来，他们并没有足够的档案管理专业知识，对档案管理工作的相关经验也不足，进行档案管理工作时，一旦出现问题，则不能采取及时有效的措施进行补救，造成水利水电档案管理工作经常出现问题，影响水利水电企业的整体发展。

2. 档案管理制度不完善

我国水利水电企业中的档案管理工作开始于 20 世纪 80 年代，起步较晚，相关工作经验积累不足。虽然在水利工程发展过程中，水利水电相关部门以及国家先后制定了很多管理制度，但是一直处于"出现问题再制定相应制度"的状态，不能根据时代的发展规律制定计划性的水利水电档案管理制度，不完善的管理制度不能满足水利水电档案管理工作的发展需要，是水利水电企业档案管理工作存在的主要问题之一。

3. 档案管理的信息化建设不先进

水利水电工程建设项目受地理环境、项目规模以及工程性质的影响，所以产生的档案资料也各不相同，其他企业的信息化档案资料管理模式不适用于水利水电施工企业的档案管理工作，所以水利水电企业需要根据自身的施工特点开发出一套属于自己企业的档案管理软件，但是目前我国水利水电施工企业并没有一套完善的信息化档案管理模式，如果根据实际需要进行档案管理软件的开发，则需要大量的资金支持，这种现象导致了我国目前档案管理的信息化建设不超前，现代信息技术不能有效地提高档案管理的工作效率，制约着我国水利水电档案管理工作的开展。

（二）水利水电档案管理工作的标准化措施

1. 加强人才队伍建设

促进水利水电档案管理工作效率首先应加强人才队伍建设。提高档案管理工作人才的招聘标准，招收具有水利水电档案管理专业能力的档案管理人才，同时进行档案管理在职人员的技术培训，向工作人员传播国内外先进的档案管理工作模式。并建立档案管理工作人员的交流平台，促进工作人员之间的交流合作，提高档案管理工作人员解决问题的能力。促进档案管理工作效率的提升，帮助水利水电企业稳定向前发展。

2. 完善档案管理制度

健全的档案管理制度是保障档案管理工作有序开展的重要措施，政府以及水利水电相关部门协调合作，建议一套统一完善的水利水电档案管理制度体系。对于水利水电企业来说，应密切注意自身档案管理工作中经常出现的问题，并做出及时记录，坚持依据法律法规以及相关规章制度实施本企业的档案管理制度，实现水利水电企业的高效管理工作。

3. 促进档案信息化建设

信息化的水利水电企业档案管理工作要求将现代信息技术融入档案管理工作的各个部分之中，需建立完善的信息化档案管理系统。由于水利水电工程项目规模较大，涉及的档案相对较多，所以地方政府以及相关部门应重视水利水电档案管理工作，加大水利水电档案管理工作的资金投入。使用信息化的档案记录系统代替传统的纸质档案管理系统，利用现代信息化技术，结合高效的信息数据管理手段，实施科学化的企业档案信息化建设。

综上所述，水利水电档案管理工作能保证水利水电企业的稳定运行，水利水电档案管理工作中存在工作人员的整体素质不高、档案管理制度不完善以及档案管理的信息化建设不先进等问题。对于这些问题，应加强人才队伍建设、完善档案管理制度以及促进档案信息化建设等，在多种措施的综合运用下，水利水电档案管理工作效率才能得到有效的提升，促进水利水电企业的发展。

五、水利水电勘测设计院科技档案的现代化管理

水利水电勘测设计院科技档案是水利水电工程项目基础建设的重要组成部分，我们应当依照档案管理的新要求，正确把握水利水电勘测设计院科技档案的特点和存在的问题，开拓创新，改变思想观念，变藏为用，提高科技档案的质量，使档案管理能够有效为水利水电勘测设计工作提供后续服务。

水利水电勘测设计院科技档案是在水利水电工程项目规划、勘测、设计等活动中形成的应当归档保存的具有利用价值和参考价值的文字、图纸、图表、计算等文件材料，它是水利水电工程项目勘察设计的历史记录及珍贵的知识宝库，同时也是水利水电事业发展必不可少的依据。因此，做好水利水电勘测设计院科技档案的管理工作就显得尤为重要。我们应当清楚认识水利水电勘测设计院科技档案的特点及存在的问题，以科学发展观为指导，加强水利水电勘测设计院科技档案的现代化管理，提高水利水电勘测设计院科技档案管理质量，变藏为用，为水利水电勘测设计事业服务。

（一）正确把握水利水电勘测设计院科技档案的特点和存在的问题

水利水电工程项目有投资规模大、建设周期长、涉及的专业多、范围广、过程繁杂等特点，一份完整的水利水电勘测设计院科技档案是从水利水电工程项目的提出、规划、

项目建议书、可行性研究、初步设计、招投标、施工、监理、竣工验收、试运行等过程中形成的应当归档保存的各种历史记录及文件材料。单单一项水利水电工程项目它就会涉及水文、地质、水工、金属结构、环保、水保、行洪论证、水资源论证、施工、概算、经济评价等专业，这就需要各个专业技术人员之间的相互配合才能完成，同时也给水利水电科技档案的归档工作带来的不小的困难。我们作为一家水利水电勘测设计单位，应当清楚认识这一特点和困难，平常工作中应当加强档案归档的宣传工作，增强职工的档案管理意识及服务意识，提高水利水电科技档案归档率和利用率，使其在现代水利水电工程项目建设工作中发挥重要作用。

（二）加强水利水电勘测设计院科技档案的科学化、信息化、制度化管理

加强水利水电勘测设计院科技档案管理，应当从思想上重视，从行动上体现，才能做到科技档案收集完整、整理有序、保管有方。因此，我们必须重视水利水电勘测设计院科技档案的管理工作，提高科技档案的现代化管理。

1. 做好水利水电勘测设计院科技档案的收集、归档、整编、保存工作

科技档案管理的基础工作是收集、归档、整编、保存。我们要做好这些基础工作，一是要利用先进的档案管理软件，对科技档案进行系统、有效的收集及整编。二是按照科技档案归档的标准及要求，严把质量关，保证归档的科技档案资料文字清晰、图表整洁、签字盖章手续完善。三是优化硬件设备，提升档案库房的保管环境，配备空调、抽湿机、电脑等设备，防止档案老化、发霉。

2. 加强水利水电勘测设计院科技档案信息化管理

作为水利水电勘测设计单位，科技档案管理的信息化管理是必然的，我们要做到科技档案管理的信息化管理要做到以下几方面：一要建立统一的档案管理系统，形成高效管理档案信息资源的管理系统，提高档案的自动化和信息化管理。二要建立科技档案数据库和多媒体数据库，使档案资料更加便于查找和利用。三要严格按照《电子文件归档与管理规范》等相关规定，全面收集、整理、管理、利用水利水电勘测设计科技档案，使档案管理朝着信息化方向发展。

3. 加强水利水电勘测设计院科技档案制度化管理

没有规矩不成方圆，要提高水利水电勘测设计院科技档案管理的质量，必须依据水利水电勘测设计院科技档案的特点及存在的问题，全面规范档案的业务工作。根据国家《档案法》《保密法》等有关法律法规的规定，对水利水电勘测设计院科技档案资料的收集、整理、归档、管理、利用、安全保密等方面进行规范，制定《科技档案管理与归档制度》《科技档案借阅制度》《科技档案保密制度》《科技档案鉴定销毁制度》《库房管理制度》等各项制度。建立水利水电勘测设计院科技档案管理台账，做到归档、借阅有记录。规范科技档案业务管理，制定科技档案分类大纲、整编规范、保管期限等。

4. 提高水利水电勘测设计院科技档案管理人员的整体素质

提高档案管理人员的整体素质，是提高水利水电勘测设计院科技档案管理质量的基础，因此要不断提高档案管理者素质，培养出政治素质强、热爱档案事业，具有专业知识和技能的档案人才。这就要求我们档案管理人员加强学习档案工作所需要的各种新理论、新知识、新技能，参加继续教育培训，不断优化自身的知识结构，不断提高档案业务能力及信息化水平。要与时俱进，不断创新，解放思想，改变作风，增强服务意识，变藏为用，自觉摒弃不合时宜的观念及做法，不断改善服务方式与手段，努力实现水利水电科技档案工作在理论上、体制上和机制上的创新，以适应电子信息技术给档案工作带来的影响和变革，更好地为水利水电事业建设服务。

第七章 水利水电施工项目控制

第一节 水利水电施工项目成本控制

一、施工项目成本控制的概念

(一) 施工项目成本的概念

成本是一个价值范畴，它同价值有着密切联系。其实质是生产产品所消耗物化劳动的转移价值和相当于工资那一部分劳动所创造价值的货币表现。所以，施工项目成本是指建筑企业以施工项目成本核算对象的施工过程中，所耗费的生产资料转移价值和劳动者的必要劳动所创造的价值的货币形式，也就是某施工项目在施工中所发生的全部生产费用的总和，包括所消耗的主、辅材料，构配件，周转材料的摊销或租赁费，施工机械的台班费或租赁费，支付给生产工人的工资、奖金，项目经理部以及为组织和管理工程施工所发生的全部费用支出。施工项目成本不包括劳动者为社会所创造的价值（如税金和企业利润），也不应包括不构成施工项目价值的一切非生产性支出。施工项目成本是施工企业的产品成本，亦称工程成本，一般以项目的单位工程作为成本核算对象，通过各单位工程成本核算的综合来反映施工项目成本。根据建筑产品的特点和成本管理的要求，施工项目成本可按不同标准的应用范围进行划分。

1. 按成本计价的定额标准划分

施工项目成本可分为预算成本、计划成本和实际成本。

预算成本，是按建筑安装工程实物量和国家、或地区、或企业制定的预算定额及取费标准计算的社会平均成本或企业平均成本，是以施工图预算为基础进行分析、预测、归集和计算确定的。预算包括直接成本和间接成本，是控制成本支出、衡量和考核项目实际成本节约或超支的重要尺度。

计划成本，是在预算成本的基础上，根据企业自身的要求，结合施工项目的技术特征、自然地理特征、劳动力素质、设备情况等确定的标准成本，亦称目标成本。计划成本是控制施工项目成本支出的标准，也是成本管理的目标。

实际成本，是工程项目在施工过程中实际发生的可以列入成本支出的各项费用的总和，是工程项目施工活动中劳动耗费的综合反映。

2. 按计算项目成本对象划分

施工项目成本可分为建设工程成本、单项工程成本、单位工程成本、分部工程成本和分项工程成本。

3. 按工程完成程度的不同划分

施工项目成本可分为本期施工工程成本、已完施工工程成本、未完施工工程成本和竣工施工工程成本。

4. 按生产费用与工程量关系来划分

施工项目成本可分为固定成本和变动成本。固定成本，是指在一定的期间和一定的工程量范围内，其发生的成本额不受工程量增减变动的影响而相对固定的成本，如折旧费、大修理费、管理人员工资、办公费等。所谓固定，是指就其总额而言，关于分配到每个项目单位工程量上的固定费用是变动的。变动成本，是指发生总额随着工程量的增减变动而成正比例变动的费用，如直接用于工程的材料费、实行计划工资制的人工费等。所谓变动，也是就其总额而言，对于单位分项工程上的变动费用往往是不变的。

将施工过程中发生的全部费用划分为固定成本和变动成本，对于成本管理和成本决策具有重要作用。它是成本控制的前提条件。由于固定成本是维持生产能力所必需的费用，因此要降低单位工程量的固定费用，只有从提高劳动生产率、增加企业总工程量数额并降低固定成本的绝对值入手；降低成本只能从降低单位分项工程的消耗定额入手。

5. 按成本的经济性质划分

施工项目成本由直接成本和间接成本组成。

（1）直接成本

直接成本是指在施工过程中直接耗费的构成工程实体或有助于工程形成的各项支出，包括人工费、材料费、机械使用费和其他直接费。所谓其他直接费是指在施工过程中发生的其他费用，包括冬雨季施工增加费、特殊地区施工增加费、夜间施工增加费、小型临时设施摊销费及其他。

（2）间接成本

间接成本是指企业的各项目经理部为施工准备、组织和管理施工生产所发生的全部施工间接费支出。施工项目间接成本应包括施工现场管理人员的人工费、教育费、办公费、差旅费、固定资产使用费、管理工具用具使用费、保险费、工程保修费、劳动保护费、施工队伍调遣费、流动资金贷款利息以及其他费用等。

（二）施工项目成本管理的内容

施工项目成本管理是指在保证满足工程质量、工程施工工期的前提下，对项目实施过程中所发生的费用，通过计划、组织、控制和协调等活动实现预定的成本目标，并尽可能地降低施工项目成本费用的一种科学管理活动。其主要是通过施工技术、施工工艺、施工组织管理、合同管理和经济手段等活动，来达到最终施工项目成本控制的预定目标，获得最大限度的经济利益。要达到这一目标，必须认真做好以下几项工作。

1. 搞好成本预测，确定成本控制目标

要结合中标价，根据项目施工条件、机械设备、人员素质等情况对项目的成本目标进行科学预测，通过预测确定工、料、机及间接费用的控制标准，制定出费用限额控制方案，依据投入和产出费用额，做到量效挂钩。

2. 围绕成本目标，确立成本控制原则

施工项目成本控制是在其实施过程中对资源的投入、施工过程及成果进行监督、检查和衡量，并采取措施保证项目成本实现。搞好成本控制就必须把握好五项原则：项目全面控制原则，成本最低化原则，项目责、权、利相结合原则，项目动态控制原则，项目目标控制原则。

3. 查找有效途径，实现成本控制目标

为了有效降低项目成本，必须采取以下办法和措施进行控制：采取组织措施控制工程成本；采取新技术、新材料、新工艺措施控制工程成本；采取经济措施控制工程成本；加大质量管理力度，控制返工率控制工程成本；加强合同管理力度控制工程成本。

除此之外，在项目成本管理工作中，应及时制定落实相配套的各项行之有效的管理制度，将成本目标层层分解，签订项目成本目标管理责任书，并与经济利益挂钩，奖罚分明，强化全员项目成本控制意识，落实完善各项定额，定期召开经济活动分析会，及时总结，不断完善，最大限度地确保项目经营管理工作良性运作。

二、施工项目成本控制方法

（一）以施工图预算控制成本支出

在施工项目的成本控制中，可按施工图预算，实行"以收定支"（或者叫"量入为出"）是最有效的方法。具体的实施办法如下。

1. 人工费的控制

假定预算定额规定的人工费单价为 13.80 元，合同规定人工费补贴为 20 元/工日，则人工费的预算收入为 33.80 元/工日。在这种情况下，项目经理部与施工队签订劳务合同时，应该将人工费单价定在 30 元以下（辅工还可再低一些），其余部分考虑用于定额外人工费和关键工序的奖励费。如此安排，人工费不仅不会超支，而且还会留有余地，以备关键工序的不时之需。

2. 材料费的控制

在实行按"量价分离"方法计算工程造价的条件下，水泥、钢材、木材等"三材"的价格随行就市，实行高进高出。在对材料成本进行控制的过程中，首先要以上述预算价格来控制地方材料的采购成本；至于对材料消耗数量的控制，则应通过"限额领料单"去落实。由于材料市场价格变动频繁，往往会发生预算价格与市场价格严重背离而使采购成本失去控制的情况，因此项目材料管理人员有必要经常关注材料市场价格的变动，并积累系统翔实的市场信息。如遇材料价格大幅上涨，可向工程造价管理部门反映，同时争取建设单位（甲方）的补贴。

3. 钢管脚手架和模板等周转设备使用费的控制

施工图预算中的周转设备使用费 = 耗用数 × 市场价格，而实际发生的周转设备使用费 = 使用数 × 企业内部的租赁单价或摊销率。由于两者的计量基础和计价方法各不相同，因此只能以周转设备预算收费的总量来控制实际发生的周转设备使用费的总量。

4. 施工机械使用费的控制

施工图预算中的机械使用费 = 工程量 × 定额量 × 定额台时费。由于项目施工的特殊性，实际的机械利用率不可能达到预算定额的取值水平，再加上预算定额所设定的施工机械原值和折旧率又有较大的滞后性，因而使施工图预算的机械使用费往往小于实际发生的机械使用费，最终会形成机械使用费超支。在施工过程中要严格管理，尽量控制机械费的支出。

5. 构件加工费和分包工程费的控制

在签订构件加工费和分包工程经济合同时，特别要坚持"以施工图预算控制合同金额"的原则，绝不允许合同金额超过施工图预算。

（二）以施工预算控制人力资源和物质资源的消耗

资源消耗数量的货币表现就是成本费用。因此，资源消耗的减少，就等于成本费用的节约；控制了资源的消耗，也就是控制了成本费用。施工预算控制资源消耗的实施步骤和方法如下：

（1）项目开工以前，应根据设计图纸计算工程量，并按照企业定额或上级统一规定的施工预算定额编制整个工程项目的施工预算，从而作为指导和管理施工的依据。在施工过程中，如遇工程变更或要改变施工方法，应由预算员对施工预算做统一调整和补充，其他人不得任意修改施工预算，或故意不执行施工预算。施工预算对分部分项工程的划分，原则上应与施工工序相吻合，或直接使用施工作业计划的"分项工程工序名称"，以便与生产班组的任务安排和施工任务单的签发取得一致。

（2）对生产班组的任务安排，必须签发施工任务单和限额领料单，并向生产班组进行技术交底。施工任务单和限额领料单的内容，应与施工预算完全相符，不允许篡改施工预算。

（3）在施工任务单和限额领料单的执行过程中，要求生产班组根据实际完成的工程量和实耗人工、实耗材料做好原始记录，从而作为施工任务单和限额领料单结算的依据。

（4）任务完成后，根据回收的施工任务单和限额领料单进行结算，并按照结算内容支付报酬（包括奖金）。一般情况下，绝大多数生产班组能按质按量提前完成生产任务。因此，施工任务单和限额领料单不仅能控制资源消耗，还能促进班组全面完成施工任务。为了保证施工任务单和限额领料单结算的正确性，要求其对施工任务单和限额领料单的执行情况进行认真的验收和核查。

三、施工项目成本降低的途径

降低施工项目成本应该从加强施工管理、技术管理、劳动工资管理、机械设备管理、材料管理、费用管理以及正确划分成本中心，使用先进的成本管理方法和考核手段入手，制定既开源又节流的方针政策，从两个方面来同时降低施工项目成本。如果只开源不节流，或者只节流不开源，都不太可能达到降低成本的目的，至少是不会有理想的降低成本效果。

（一）认真会审图纸，积极提出修改意见

在项目建设过程中，施工单位必须按图施工。但是，图纸是由设计单位按照用户要求和项目所在地的自然地理条件下（如水文地质情况等）设计的。施工单位应该在满足用户要求和保证工程质量的前提下，联系项目施工的主客观条件，对设计图纸进行认真的会审，并提出积极的修改意见，在取得用户和设计单位的同意后，修改设计图纸，同时办理增减账。在会审图纸的时候，对于结构复杂、施工难度高的项目，更要加倍认真，并且要从既方便施工、有利于加快工程进度和保证工程质量，又能降低资源消耗、增加工程收入等方面综合考虑，提出有科学根据的合理化建议，争取业主、监理单位、设计单位的认同。

（二）加强合同预算管理，增创工程预算收入

1. 深入研究招标文件、合同内容，正确编制施工图预算

在编制施工图预算的时候，要充分考虑可能发生的成本费用，将其全部列入施工图预算，然后通过工程款结算向发包方取得补偿。

2. 把合同规定的"开口"项目，作为增加预算收入的重要方面

一般来说，按照设计图纸和预算定额编制的施工图预算，必须受预算定额的制约，

很少有灵活伸缩的余地,同时"开口"项目的取费则有比较大的潜力,是项目增收的关键。

例如,合同规定,待图纸出齐后,由甲乙双方共同制定加快工程进度、保证工程质量的技术措施,费用按实结算。按照这一规定,项目经理和工程技术人员应该联系工程特点,充分利用自己的技术优势,采用先进的新技术、新工艺和新材料,经甲方签证后实施。这些措施,应符合以下要求:既能为施工提供方便,有利于加快施工进度,又能提高工程质量,还能增加预算收入。还有,如合同规定,预算定额缺项的项目,可由乙方参照相近定额,经监理工程师复核后报甲方认可。这种情况在编制施工图预算时是常见的,需要项目预算员参照相近定额进行换算。因此,在定额换算的过程中,预算员就可根据设计要求,充分发挥自己的业务技能,提出合理的换算依据,以此来摆脱原有定额偏低的约束。

3. 根据工程变更资料,及时办理增减账

由于设计、施工和业主使用要求等种种原因,工程变更是项目施工过程中经常发生的事情,是不以人的意志为转移的。随着工程的变更,必然会带来工程内容的增减和施工工序的改变,从而也必然会影响成本费用的变更。因此,项目承包方应就工程变更对既定施工方法、机械设备使用、材料供应、劳动力调配和工期目标等的影响程度,以及为实施变更内容所需要的各种资源进行合理估价,及时办理增减账手续,并通过工程款结算向发包方取得补偿。

第二节　水利水电施工项目安全控制

一、不安全因素分析

施工不安全因素包括人的不安全行为、物的不安全状态。

(一) 人的不安全行为

人的不安全行为是人表现出来的与人的个性心理特征相违背的非正常行为,主要表现在身体缺陷、错误行为和违纪违章三个方面。身体缺陷指疾病、职业病、精神失常、智商过低、紧张、烦躁、疲劳、易冲动、易兴奋、运动迟钝、对自然条件和其他环境过敏、不适应复杂和快速工作、应变能力差等。错误行为指嗜酒、吸毒、吸烟、赌博、玩耍、嬉闹、追逐、误视、误听、误嗅、误触、误动作、误判断、意外碰撞和受阻、误入险区等。违纪违章指粗心大意、漫不经心、注意力不集中、不履行安全措施、安全检查不认真、不按工艺规程或标准操作、不按规定使用防护用品、玩忽职守、有意违章等。

(二) 物的不安全状态

在生产过程中发挥作用的机械、物料、生产对象以及其他生产要素统称为物。物都具有不同形式、性质的能量，有出现意外释放能量、引发事故的可能性。这就是物的不安全状态。物的不安全状态表现在三个方面，即设备和装置的缺陷、作业场所的缺陷、物质和环境的危险源。设备和装置的缺陷指机械设备和装置技术性能降低、强度不够、结构不良、磨损、老化、失灵、腐蚀、物理和化学性能达不到要求等。作业场所的缺陷指施工场地狭窄、立体交叉作业组织不当、多工种交叉作业不协调、道路狭窄、机械拥挤、多单位同时施工等。物质和环境的危险源有化学方面的、机械方面的、电气方面的、环境方面的等。

二、施工安全管理体系

（一）建立安全管理体系的作用

（1）职业安全卫生状况是经济发展和社会文明程度的反映。可以使所有劳动者获得安全与健康，不仅是社会公正、安全、文明、健康发展的基本标志，也是保持社会安定团结和经济可持续发展的重要条件。

（2）安全管理体系不同于安全卫生标准，它对企业环境的安全卫生状态规定了具体的要求和限定，通过科学管理而使工作环境符合安全卫生标准的要求。

（3）安全管理体系是项目管理体系中的一个子系统，其循环也是整个管理系统循环的一个子系统。

（二）建立安全管理体系的目标

（1）尽力使员工面临的风险减少到最低限度，并最终实现预防和控制工伤事故、职业病及其他损失的目标。

（2）通过实施《职业安全卫生管理体系》，直接或间接获得经济效益。

（3）实现以人为本的安全管理。

（4）提升企业的品牌形象，项目职业安全卫生是反映企业品牌的重要指标。

（5）促进项目管理现代化。

（6）增强对国家经济发展的能力。

（三）建立安全管理体系的要求

1. 安全管理体系原则

（1）安全生产管理体系应符合建筑企业和本工程项目施工生产管理的现状及特点，使之符合安全生产法规的要求。

（2）建立安全管理体系并形成文件。文件应包括安全计划，企业制定的各类安全管理标准，相关的国家、行业、地方法律和法规文件，各类记录，报表和台账。

2. 安全生产策划

针对工程项目的规模、结构、环境、技术含量、施工风险和资源配置等因素进行安全生产策划，策划内容包括：

(1) 配置必要的设施、装备和专业人员，确定控制和检查的手段、措施。

(2) 确定整个施工过程中应执行的文件、规范。

(3) 冬季、雨季、雪天和夜间施工安全技术措施及夏季的防暑降温工作。

(4) 确定危险部位和过程，对风险大和专业性较强的工程项目进行安全论证。同时采取相适应的安全技术措施，并得到有关部门的批准。

三、施工项目安全技术措施

（一）施工安全技术措施编制要求

(1) 要在工程开工前编制，并经过审批。

(2) 要有针对性。施工安全技术措施是针对每项工程的特点而制定的，编制安全技术措施的技术人员必须掌握工程概况、施工方法、施工环境、施工条件等第一手资料，并熟悉安全法规、标准等，才能编写有针对性的安全技术措施。

(3) 要考虑全面、具体。

(4) 要有操作性。对大型工程，除必须在施工项目管理规划中编制施工安全技术总体措施外，还应编制单位工程或分部分项工程安全技术措施，详细地制定出有关安全方面的防护要求和措施，确保该单位工程或分部分项工程安全施工。

（二）施工安全技术措施的主要内容

1. 安全保证措施

(1) 明确安全责任。针对各工种的特点和施工条件，建立健全施工安全管理制度和安全操作规程，要求各级安全员忠于职守，本着对工程高度负责的责任心，对一切违反规定的劳动和违章行为，要坚持原则，及时纠正。

(2) 做好安全技术交底工作。各项施工方案、施工工序在付诸实施前，工程师和专职安全员必须事先做好技术交底，强化职工安全保护意识，杜绝违章。特别是对于易燃易爆材料，在施工前应制定详尽的安全防护措施，以确保施工安全。

(3) 建立安全生产设施管理制度和劳保用具发放制度，以确保工程设施、设备、人员的安全。定期或不定期地对安全生产设施进行检查，发现问题及时进行处理，配备劳保用具和必要的安全生产设施。

(4) 密切与业主、当地政府之间的协调联系，及时贯彻执行下达的文件、批示。

2. 施工现场安全措施

(1) 施工现场的布置应符合防火、防触电、防雷击等安全规定的要求；现场的生产、生活用房、仓库、材料堆放场、修配间、停车场等临时设施，应按监理工程师批准的总平面布置图进行统一部署。

(2) 施工场区内的地坪、道路、仓库、加工场、水泥堆放场四周采用砂或碎石进行场地硬化，危险地点悬挂警示灯或警告牌，工作坑设防护围栏和明显的红灯警示，并在醒目的地方设置固定的大幅安全标语及各种安全操作规程牌。

(3)现场实行安全责任人负责制,具体制定各项安全施工规则,检查施工执行情况,对职工进行安全教育,组织有关人员学习安全防护知识,并进行安全作业考试;考试合格的职工才具备进入施工作业面作业的资格。

(4)重视业主和设计提供的气象资料和水文资料,做好抗灾和防洪工作。按照业主和监理要求做好每年的汛前检查工作,配置必要的防汛物资和器材,按要求做好汛情预报和安全度汛工作。若发现有可能危及人身、工程、财产安全的灾害预兆时,应采取切实可行的防灾害措施,以确保人身、工程、财产的安全。

(5)定期举行安全会议,适时分析安全工作形势,由项目经理部成员、工区责任人和安全员参加,并做好记录。各作业班组在班前、班后对该班的安全作业情况进行检查和总结,并及时处理安全作业中存在的问题。建立和保留有关人员福利、健康和安全的记录档案。

(6)加强安全检查,建立专门的安全监督岗,实行安全生产承包责任制。在各自业务范围内,对应实现的安全生产负全责。如遇有特别紧急的事故征兆时,应立即,并采取措施以确保人员、设备和工程结构的安全。

(7)施工现场的生产、生活区按《中华人民共和国消防法》的有关规定,配备一定数量的常规消防器材,明确消防责任人,并定期按要求进行防火安全检查,及时消除火灾隐患。

(8)住房、库棚、修理间等消防安全距离应符合《中华人民共和国消防法》的有关规定,严禁在室内存放易燃、易爆、有毒、有害等危险品。

(9)氧气瓶不得沾染油脂,乙炔瓶应安装防回火安全装置;氧气瓶与乙炔瓶必须隔离存放,隔离存放的距离应符合有关安全规定的要求。

(10)现场工作人员应佩戴统一的安全帽,高空作业人员应系好安全带。

(11)施工现场临时用电,严格按《施工现场临时用电安全技术规范》中的有关规定办理。

(12)施工现场和生活区应设置足够的照明,其照明度应不低于国家有关规定。对于夜间施工或特殊场所照明应充足、均匀,在潮湿和易触、带电场所的照明供电电压不应大于36V。

第三节 水利水电施工项目质量控制

一、质量管理的基本概念

(一)质量管理的研究对象与范围

20世纪90年代,质量管理的主要研究对象是产品质量,包括工农业产品质量、工程建设质量、交通运输质量以及邮电、旅游、商店、饭店、宾馆的服务质量等。

近年来，质量管理的研究对象却是实体质量，范围扩大到一切可以单独描述和研究的事物，不仅包括产品质量，而且还包括研究某个组织的质量、体系的质量、人的质量以及它们的任何组合系统的质量。

质量管理，是确定质量方针、目标和责任，并通过质量体系中的质量策划、质量控制、质量保证和质量改进，来实现其所有管理职能的全部活动。因此，现代质量管理虽然仍重视产品质量和服务质量，但更强调体系或系统的质量、人的质量，并以人的质量、体系质量去确保产品、工程或服务质量。目前，这种管理活动，不仅只在工业生产领域，而且已扩及农业生产、工程建设、交通运输、教育卫生、商业服务等领域。无论是行业质量管理，还是企业、事业单位的质量管理，客观上都存在着一个系统对象——质量体系。

无论哪个质量体系都具有一个系统所应具备的四个特征。

1. 集合性

质量体系是由若干个可以相互区别的要素（或子系统）组成的一个不可分割的整体系统。质量体系的要素主要是人、机械设备、原材料、方法和工艺、环境条件等，具体包括市场调研、设计、采购、工艺准备、物资、设备、检验、标准（规程）、计量、不合格及纠正措施、搬运、储存、包装、售后服务、质量文件和记录、人员培训、质量成本、质量体系审核与复审、质量职责和责任以及统计方法的应用等。

2. 相关性

质量体系各要素之间也是相互联系和相互作用的，它们之间的某一要素发生变化，势必要使其他要素也要进行相应的改变和调整。例如，更新了设备，操作人员就要更新知识，操作方法、工艺等也要进行相应调整，等等。

因此，不能静止地、孤立地看待质量体系中的任何一个要素，而要依据相关性，协调好它们之间的关系，从而发挥系统整体效能。

3. 目的性

质量体系的目的就是追求稳定的高质量，使产品或服务满足规定的要求或潜在的需要，令广大用户、消费者和顾客满意。同时，使本企业获得良好的经济效益。为此，企业必须建立完整体系，对影响产品或服务质量的技术、管理和人等质量体系要素进行控制。

4. 环境适应性

任何一个质量体系都存在于一定的环境条件之中。我国质量体系必须适应我国经济体制和政治体制。目前，我国正在进行经济体制改革和政治体制改革，因此质量体系就必须不断改进，适应新的环境条件，使其保持最佳适应状态。这也是建立和完善中国式的质量体系的重要原因。

当然，质量体系是人工系统，而不是自然系统；是开放系统，而不是闭环系统；是动态系统，而不是静态系统。从宏观上看，它又是社会技术监督系统的重要组成部分，是"质量兴国""振兴中华"的根本和关键。

从微观上看，即就一个企业而言，质量管理仅是这个企业单位生产经营管理系统的一个组成部分，它与这个企业的计量管理系统、标准化管理系统等共同组成了技术监督系统。对生产经营提供了基础保证，使之达到优质、低耗、高效生产经营的目的。因此，在质量管理过程中应该自觉地运用系统工程科学方法，把质量的主要对象放在质量体系的设计、建立和完善上。

(二) 质量管理的主要内容

1. 质量管理的基础工作

质量管理的基础工作是标准化、计量、质量信息与质量教育工作，此外还有以质量否决权为核心的质量责任制。离开这些基础，质量管理是无法推行或是行之无效的。

2. 质量体系的设计（策划）

质量管理的首要工作就是设计或策划科学有效的质量体系。无论是国家、地方、企业还是某个组织、单位的质量体系设计，都要从其实际情况和客观需要出发，合理选择质量体系要素，编制质量体系文件，规划质量体系运行步骤和方法，并制定考核办法。

3. 质量管理的组织体制和法规

从我国具体国情出发，研究各国质量管理体制、法规，以博采众长、取长补短、融合提炼成具有中国特色社会主义的质量管理体制和法规体系，如质量管理组织体系、质量监督组织体系、质量认证体系等，以及质量管理方面的法律、法规和规章。

4. 质量管理的工具和方法

质量管理的基本思想方法是全面质量管理（PDCA），这里的 P 指计划（Plan），D 指执行计划（Do），C 指检查计划（Check），A 指采取措施（Action）；基本数学方法是概率论和数理统计方法。由此而总结出各种常用工具，如排列图、因果分析图、直方图、控制图等。

5. 质量抽样检验方法和控制方法

质量指标是具体的、定量的。如何抽样检查或检验，怎样实行有效的控制，都要在质量管理过程中正确地运用数理统计方法，研究和制定各种有效控制系统。质量的统计抽样工具——抽样方法标准就成为质量管理工程中一项十分必要的内容。

6. 质量成本和质量管理经济效益的评价、计算

质量成本是从经济学角度评定质量体系有效性的重要方面。科学、有效的质量管理，对企业单位和国家都有显著的经济效益。如何核算质量成本，怎样定量考核质量管理的水平和效果，已成为现代质量管理必须研究的一项重要课题。

二、质量体系认证的基本知识

（一）什么是质量认证

质量认证也叫合格评定，是国际上通行的管理产品质量的有效方法。质量认证按认证的对象分为产品质量认证和质量体系认证两类；按认证的作用可分为安全认证和合格认证。

（二）与质量有关的术语

产品指活动或过程的结果。过程是将输入转化为输出的一组彼此相关的资源和活动。质量体系是指实施质量管理所需的组织结构、程序、过程和资源。质量控制指为达到质量要求所采取的作业技术和活动。质量保证是为了提供足够的信任表明实体能够满足质量要求，而在质量体系中实施并根据需要进行证实的全部有计划、有系统的活动。质量管理是指确定质量方针、目标和职责并在质量体系中通过诸如质量策划、质量控制、质量保证和质量改进，从而使其实施的全部管理职能的所有活动。

全面质量管理，是指一个组织以质量为中心，以全员参与为基础，目的在于通过让顾客满意和本组织所有成员及社会受益而达到长期成功的管理途径。

（三）质量管理、质量体系、质量控制、质量保证之间的关系

质量管理既包括质量控制和质量保证，也包括质量方针、质量策划和质量改进等概念。质量管理的运行原则是通过质量体系进行的。质量体系包括质量策划、质量控制、质量保证和质量改进。质量控制和质量保证的某些活动是相互关联的。

（四）质量认证的基本形式

世界各国现行的质量认证制度主要有八种，其中各国标准机构通常采用的是型式试验加工厂质量体系评定加认证后监督——质量体系复查加工厂和市场抽样调查的质量认证制度，我国采用的是工厂质量体系评审（质量体系认证）的质量认证制度。

（五）产品质量认证与质量体系认证

产品质量认证，是依据产品标准和相应技术要求，经认证机构确认并通过颁发认证证书和认证标志来证明某一种产品符合相应标准和相应技术要求的活动。质量体系认证，是经质量体系认证机构确认，并颁发质量体系认证证书证明企业的质量体系的质量保证能力符合质量保证标准要求的活动。一般只有具备质量体系认证的企业才能参与工程（特别是大型水利水电工程）的投标与建设。

三、全面质量管理

全面质量管理（Total Quality Management，TQM）是企业管理的中心环节，是企业管理的纲，它和企业的经营目标是一致的。这就是要求将企业的生产经营管理和质量管理有机地结合起来。

(一) 全面质量管理的基本概念

全面质量管理是以组织全员参与为基础的质量管理模式，它代表了质量管理的最新阶段，最早起源于美国。美国专家菲根堡姆指出：全面质量管理是为了能够在最经济的水平上，充分考虑到满足用户要求的条件下进行市场研究、设计、生产和服务，并把企业内各部门研制质量、维持质量和提高质量的活动构成融为一体的一种有效体系。他的理论经过世界各国的继承和发展，得到了进一步的扩展和深化。

(二) 全面质量管理的基本要求

1. 全过程的管理

任何一个工程（产品）的质量，都有一个产生、形成和实现的过程，整个过程是由多个相互联系、相互影响的环节组成，每一环节都或重或轻地影响着最终的质量状况。因此，要搞好工程质量管理，就必须把形成质量的全过程和有关因素控制起来，形成一个综合的管理体系，做到以防为主、防检结合、重在提高。

2. 全员的质量管理

工程（产品）的质量是企业各方面、各部门、各环节工作质量的反映。每一环节，每一个人的工作质量都会不同程度地影响着工程（产品）的最终质量。工程质量人人有责。只有人人都关心工程的质量，做好本职工作，才能生产出好质量的工程。

3. 全企业的质量管理

全企业的质量管理一方面要求企业各管理层次都要有明确的质量管理内容，各层次的侧重点要突出，每个部门应有自己的质量计划、质量目标和对策，层层控制；另一方面就是要把分散在各部门的质量职能发挥出来。例如，水利水电工程中的"三检制"，就充分反映了这一观点。

4. 多方法的管理

影响工程质量的因素越来越复杂，既有物质因素，又有人为因素；既有技术因素，又有管理因素；既有内部因素，又有企业外部因素。要搞好工程质量，就必须把这些影响因素控制起来，分析它们对工程质量的不同影响。灵活运用各种现代化管理方法来解决工程质量问题。

四、施工质量事故的处理方法

工程建设项目不同于一般工业生产活动，受其项目实施的一次性，生产组织特有的流动性、综合性，劳动的密集性，协作关系的复杂性和环境的影响，均会导致建筑工程质量事故具有复杂性、严重性、可变性及多发性的特点，事故是很难完全避免的。因此，必须加强组织措施、经济措施和管理措施，严防事故的发生。对发生的事故应调查清楚，并按有关规定进行处理。

需要指出的是，不少事故开始时通常只会被认为是一般的质量缺陷，容易被忽视。

随着时间的推移，待认识到这些质量缺陷问题的严重性时，则往往处理困难，或难以补救，或导致建筑物失事。因此，除了明显的不会有严重后果的缺陷外，对其他的质量问题，均应进行分析，做出必要处理，并给出处理意见。

（一）工程事故与分类

凡水利水电工程在建设中或完工后，由于设计、施工、监理、材料、设备、工程管理和咨询等方面造成工程质量不符合规程、规范和合同要求的质量标准，影响工程的使用寿命或正常运行，一般是需做补救措施或返工处理的，统称为工程质量事故。日常所说的事故大多指施工质量事故。在水利水电工程建设中，按对工程的耐久性和正常使用的影响程度、检查和处理质量事故对工期影响时间的长短以及直接经济损失的大小，将质量事故分为一般质量事故、较大质量事故、重大质量事故和特大质量事故。

一般质量事故是指对工程造成一定经济损失，经处理后不影响正常使用、不影响工程使用寿命的事故。如在《水利工程质量事故处理暂行规定》中规定：一般质量事故，它的直接经济损失在20万～100万元，事故处理的工期在一个月内，且不影响工程的正常使用与寿命。小于一般质量事故的统称为质量缺陷。

较大质量事故是指对工程造成较大经济损失或延误较短工期，经处理后不影响正常使用，但对工程使用寿命有较大影响的事故。

重大质量事故是指对工程造成重大经济损失或延误较长工期，经处理后不影响正常使用，但对工程使用寿命有较大影响的事故。

特大质量事故是指对工程造成特大经济损失或长时间延误工期，经处理后仍对工程正常使用和使用寿命有较大影响的事故。

一般建筑工程对事故的分类略有不同，主要表现在经济损失大小之规定。

（二）工程事故的处理方法

1. 事故发生的原因

工程质量事故发生的原因有很多，最基本的还是在人、机械、材料、工艺和环境几个方面，一般可分为直接原因和间接原因两类。直接原因主要有人的行为不规范和材料、机械的不符合规定状态。例如，设计人员不按规范设计，监理人员不按规范进行监理，施工人员违反规程操作，等等，都属于人的行为不规范；水泥、钢材等某些指标不合格，属于材料不符合规定状态。间接原因是指质量事故发生地的环境条件，如施工管理混乱、质量检查监督失职、质量保证体系不健全等。间接原因往往导致了直接原因的发生。事故原因也可从工程建设的参建各方来寻查，业主、监理、设计、施工和材料、机械、设备供应商的某些行为或各种方法也会造成质量事故。

2. 事故处理的目的

工程质量事故分析与处理的目的主要是正确分析事故原因，防止事故恶化；创造正常的施工条件；排除隐患，预防事故发生；总结经验教训，区分事故责任；采取有效的处理措施，尽量减少经济损失，保证工程质量。

3. 事故处理的原则

质量事故发生后,应坚持"三不放过"的原则:即事故原因不查清不放过,事故主要责任人和职工未受到教育不放过,补救措施不落实不放过。

发生质量事故,应立即向有关部门(业主、监理单位、设计单位和质量监督机构等)汇报,并提交事故报告。由质量事故而造成的损失费用,坚持"事故责任是谁,由谁承担"的原则。例如,事故责任在施工承包商,则事故分析与处理的一切费用由承包商自己负责;施工中事故责任不在承包商,则承包商可依据合同向业主提出索赔;若事故责任在设计或监理单位,应按照有关合同条款给予相关单位必要的经济处罚;构成犯罪的,移交司法机关处理。

4. 事故处理的程序和方法

(1) 事故处理的程序

①下达工程施工暂停令;②组织调查事故;③事故原因分析;④事故处理与检查验收;⑤下达复工令。

(2) 事故处理的方法有两大类

①修补。这种方法适合于通过修补可以不影响工程的外观和正常使用的质量事故。此类事故是施工中多发的。

②返工。这类事故是严重违反规范或标准,影响工程使用和安全,且无法修补,必须返工的。有些工程质量问题,虽严重超出了规程、规范的要求,已具有质量事故的性质,但可针对工程的具体情况,通过分析论证,虽无须做专门处理,但要记录在案。例如,混凝土蜂窝、麻面等缺陷,可通过涂抹、打磨等方式处理;由于欠挖或模板问题使结构断面被削弱,经设计复核验算,仍能满足承载要求的,也可不做处理,但必须记录在案,并有设计和监理单位的鉴定意见。

第四节 水利水电施工项目资金控制

一、工程概算及经济评价

(一) 技术经济设计简介

1. 技术经济设计的任务、内容

(1) 技术经济研究如何使技术实践活动正确选择,合理利用有限资源,挑选最佳活动方案,从而取得最大经济效果。

(2) 技术经济指标。是指国民经济各部门、企业、生产经营组织对各种设备、各种物资、各种资源利用状况及其结果的度量标准。将两个相关的经济指标进行比较而得到的经济指标才是技术经济。

（3）技术经济设计的任务。对技术方案、技术措施进行评价、论证和预测，为确定最佳方案提供依据。

（4）技术经济设计的内容。市场和用户的调查、预测工作工程项目布局和厂址选择工作；工艺流程确定和设备选择工作；各专业之间的协作落实工作；工程项目的经济核算工作。

2. 产品成本的经济分析

产品成本的构成：原料、辅助材料、包装材料、燃料及公用工程、生产工人工资及附加费、基本折旧费和大修理基金、车间管理费、企业管理费、销售费、扣除副产品收入（副产品收入＝副产品零售价－销售费用－增值税）。

3. 车间成本、工厂成本、销售成本

（1）车间成本。它是指在车间范围内发生的产品成本。

（2）工厂成本。它是指车间成本加上代摊的工厂范围内发生的企业管理费及营业外损益。

（3）销售成本。它是指工厂成本加上销售费用。

（4）总成本。是指在一定期间为生产一定数量的某种产品而发生的全部费用，一般多指年成本。

（5）单位成本。它是指一定期间的总成本除以该期间的产品产量。

（二）设计概算

1. 设计概算的概念和作用

（1）设计概算的概念。是指在初步设计或扩大初步设计阶段，根据设计图样及说明书、设备清单、概算定额或概算指标、各项费用取费标准等资料、类似工程预（决）算文件等资料，用科学的方法计算和确定建筑安装工程全部建设费用的经济文件。设计概算是技术和经济的综合性文件，是设计文件的重要组成部分。

（2）设计概算的作用。设计概算是国家制定和控制建设投资的依据；是编制建设计划的依据；是进行拨款和贷款的依据；是签订总承包合同的依据；是考核设计方案的经济合理性和控制施工图预算及施工图设计的依据；是考核和评价工程建设项目成本和投资效果的依据。

2. 设计概算编制的依据

设计概算编制的依据：有相关法律、法规；设计说明书和图纸；设备价格资料概算指标。若无法查到上述指标，可按以下方法之一：用相同（或类似）结构、参数和相同材质的设备或材料的指标；与制造厂商定按类似工程的预算作为参考进行计算。

（三）设计概算编制的内容

1. 设备购置费

工艺设备，电气设备，检测、分析设备及自控设备，等等，按照设备一览表，以现行的设备价格估算费用，并加上运杂费。

2. 设备安装工程费

设备安装工程费包括工艺设备安装费，电气设备安装费，计量仪器、仪表及自控设备的安装费，设备内填、内衬、保温、防腐剂附属平台、栏杆等材料及安装费，与安装相关的大型临时设施费。

3. 建筑工程费

（1）生产厂房、辅助厂房、库房、生活福利房、基础设备、操作台等土建工程的一般费用。

（2）大型土石方、场地平整及建筑工程所用的大型临时设施费。

（3）特殊构筑物工程，如裂解炉、特殊工业炉、气柜、罐区的大型原料罐或油罐。

（4）室内供排水及采暖通风工程包括管道煤气、供排水、暖风管道和保温等建筑费用。

（5）电气照明及避雷工程。

（6）管道、阀门及其保温防腐的材料和安装费。

（7）安装工程用的全部电缆、电线、管线、保温材料和安装费。

4. 其他费用

其他费用有建设单位管理费、临时设施费、研究试验费、生产准备费、土地使用费、勘察设计费、生产用办公与生活家具购置费、化工装置联合试运转费、供电补贴费、工程保险费、工程建设监理费、施工机构迁移费、总承包管理费、引进技术和进口设备所需要的其他费用、固定资产投资方向调节税、财务费用、预备费、经营项目铺底流动资金。

（四）概算编制的办法

编制概算前，首先要做好准备工作，如收集资料、数据，了解厂址情况等。做好准备工作后，做下述四个方面的概算：

1. 单位工程概算

单位工程概算是按独立建筑物、构筑物（单项工程）或生产车间分别编制。

2. 综合概算

综合概算是以单项工程为单位进行编制的概算。单项工程概算审核好后才能进行。

3. 其他费用概算

建设单位管理费；生产工人进厂费及培训费；基本建设试车费；生产工具、家具购置费；建设场地准备费；大型临时设施费；设施机构迁移费及办公和生活用品购置费；等等，都计入其他费用。

4. 总概算

总概算包括从筹建起，建筑安装工程完成，现场清理，到试车正式投产运行止的全部费用，是由综合概算和其他费用之和构成。

二、工程计量与计价

（一）工程计量

所谓工程计量，即在施工合同履行过程中，按合同规定对承包人完成工程量的测量和计算。

水利水电工程施工承包合同大多采用单价合同，其支付款额的基本计算就是计量工程量乘以单价。一般来说，项目的单价在工程量清单中已经确定，但在工程量清单中开列的工程量是招标时的估算工程量，而不是承包人为履行合同应当完成的和用于结算的实际工程量，结算的工程量应是承包人实际完成的并按本合同有关规定计量的工程量。

根据合同规定，不是承包人完成的所有工作都属于直接计量支付的内容。实际上，有些工作的费用已经包含到相关项目之中，所以不再单独进行计量支付。因此，在计量工作中，应正确掌握并遵守计量原则。例如，在隧洞开挖施工中，由于承包人布眼不当而过多地爆落了石方，相应地也增加了混凝土回填量。这种实际上增加的工程量是不应予以支付的，因为这是由于承包人工作不当而造成的，理应由承包人承担。再比如，碾压土坝，为了能压实到规定的密度，施工中必须在边坡线外加填部分土方，称为超填，以后再行削坡处理。如果合同规定土坝工程量按设计图纸计量，则这部分实际超填的工程量也不能计入支付工程量（虽然这种情况又是施工所必需的）。

因此，工程计量较为复杂，成为投资控制的重要环节。

1. 计量原则

计量原则主要有：

（1）计量项目必须是合同中规定的项目、工程量清单中所列的项目、经批准的变更新增项目；或经批准的计日工。

（2）计量项目必须确实已经完成或属于项目的已完成部分。

（3）计量项目必须通过检验，质量应达到合同规定的标准要求。

（4）计量方法必须符合合同的规定。

（5）计量项目的申报资料必须齐全，主要包括：①开工申请报告；②材料、设备和工程质量检验合格证明；③批准的测量控制基线、桩位布置图；④现场计量批准资料。

2. 计量方法

计量方法在合同的技术条款中有明确规定。对土建工程而言，计量方法主要有以下几项：

（1）现场测量；

（2）按照设计图纸计量；

（3）仪表计量；
（4）按单据计量；
（5）总价项目的计量；
（6）按监理工程师批准的工程量计量。

3. 计量程序

《水利水电工程标准施工招标文件》规定的工程计量程序如下：

（1）承包人应按合同规定的计量办法，按月对已完成的质量合格的工程进行准确计量，并在每月末随同月付款申请单，按工程量清单的项目分项向监理人提交已完成的工程量月报表和有关计量资料。

（2）监理人对承包人提交的工程量月报表有疑问时，可以要求承包人派员与监理人共同复核，并可要求承包人在监理人员的监督下进行抽样复测；此时，承包人应积极配合和指派代表协助监理人进行复核，并按监理人的要求提供补充的计量资料。

（3）若承包人未按监理人的要求派代表参加复核，则监理人复核修正的工程量应被视为该部分工程的准确工程量。

（4）监理人认为有必要时，可要求与承包人联合进行测量计量，承包人应遵照执行。

（5）承包人完成了工程量清单中每个项目的全部工程量后，监理人应要求承包人派员共同对每个项目的历次计量报表进行汇总和核实，并可要求承包人提供补充计量资料，以确定该项目最后一次进度付款的准确工程量。如承包人未按监理人的要求派员参加，则监理人最终核实的工程量应被视为该项目完成的准确工程量。

（二）工程量计价

水利水电工程通常采用单价合同，项目计价一般包括单价项目计价、总价项目计价、计日工计价等方式。

1. 单价项目计价

承包人完成了合同工程量清单中的项目后，应根据工程量清单中的单价计价，而不得采用任何其他价格。在未批准变更的情况下，工程量清单中的价格不得做任何调整。

根据合同规定，承包人在投标时，对工程量清单中的每一项都必须提出报价。因此，在合同实施过程中，对于工程量清单中没有单价或合价的项目，应认为该项目的费用及利润已包括在其他单价或合价中，因此该项目虽然必须完成，但不予任何支付。

2. 总价项目计价

承包人应将工程量清单中的总价承包项目进行分解，并在签署协议书后的28d内将总价项目分解表提交监理人审批。分解表应标明其所属子项或分阶段的工程量和需支付的金额。

工程量清单中的总价承包项目应按分解表统计实际完成情况，将分项应付金额列入相应的月进度付款中支付。

3. 计日工计价

关于计日工的计价，一般采用下列两种方法：

（1）合同中有完成计日工的相应报价时（劳动力、材料、设备计日工报价表），应采用计日工报价表中的项目确定计日工价格。

（2）合同中没有完成计日工的相应报价时，计日工费用可根据工程量清单中的相同或类似项目确定计日工价格；没有相同或类似项目时，应根据实际发生的费用加上合同中的有关费率确定计日工价格。

三、工程资金的支付

（一）预付款

在承包人与发包人签订合同后，为做好施工准备工作（如组织人员、设备进场、进场施工准备工作等），承包人需要大量的资金投入。由于工程项目一般投资巨大，承包人难以承受。因此，为保证工程顺利开工，在施工开始之前，由发包人按合同规定支付承包人一定数额的资金，以供承包人进行施工人员的组织、材料设备的购置及进入现场、完成临时工程等准备工作之用，这笔资金称为预付款。预付款分为工程预付款和永久工程材料预付款。

1. 工程预付款支付与扣还

预付款用于承包人为合同工程施工购置材料、工程设备、施工设备、修建临时设施以及组织施工队伍进场等，分为工程预付款和工程材料预付款。预付款必须专用于合同工程。预付款的额度和预付办法要在专用合同条款中约定。

承包人应在收到第一次工程预付款的同时，向发包人提交工程预付款担保，担保金额应与第一次工程预付款金额相同。工程预付款担保在第一次工程预付款被发包人扣回前一直有效。

工程材料预付款的担保在专用合同条款中约定。预付款担保的担保金额可根据预付款扣回的金额相应递减。

从性质上讲，工程预付款是发包人为施工准备向承包人提供的前期资金支持，虽不计利息，但需扣还。根据合同规定，工程预付款由发包人从月进度付款中扣回，起扣时间为合同累计完成金额达到专用合同条款规定的数额（20%~30%）时，且应在合同累计完成金额达到专用合同条款规定的数额（70%~90%）时全部扣清。

2. 永久工程材料预付款支付与扣还

材料预付款是发包人用于帮助承包人购进永久工程的主要材料和主要工程设备所需垫付资金的款项。应支付材料预付款的材料和设备项目及其额度应在合同专用合同条款中规定，额度为实际材料价的90%。其支付程序为：

（1）永久工程的主要材料或工程设备到达工地并满足以下条件后，承包人可向监理人提交材料预付款支付申请单。申请单应说明：①材料符合技术条款的要求（附材质检验合格证明）；②材料已到达工地，并经承包人和监理人共同验点入库；③附材料的订货单、收据或价格证明文件。

（2）经监理人审核后，在月进度付款中支付。材料预付款的扣还方式很多。合同条件规定：材料预付款在付款月后的 6 个月内，在月进度付款中每月按该预付款金额的 1/6 平均扣还，或可在专用合同条款规定其他扣还方式。

（二）工程月进度付款

在施工过程中，承包人根据一个月时间内实际完成的支付工程量与技术标时的单价进行计算并提出支付申请，经监理工程师审核后签发支付证书，最后由发包人向承包人进行支付，称为工程月进度付款或月结算。工程月进度付款中一般包括工程变更、计日工、预付款支付与扣还、索赔、保留金扣留、价格调整等。

1. 工程月进度付款程序

（1）承包人应在每月末按监理人规定的格式提交月进度付款申请单，并附有符合合同规定的完成工程量月报表。

（2）监理人在收到月进度付款申请单后的 14d 内进行核查，并向发包人出具月进度付款证书，提出他认为应当到期支付给承包人的金额。

（3）发包人收到监理人签证的月进度付款证书并审批后，将款项支付给承包人，支付时间不应超过监理人收到月进度付款申请单后 28d。

月进度付款复核中发现的月进度款支付中的错、漏或重复，可以通过后续付款进行修正或更改。因此，其实质上是临时性进度付款。但是，承包人只有得到月进度付款，其施工中所需的基本经费才有保证。合同规定，发包人若不按期支付，则应从逾期第一天起按专用合同条款中规定的逾期付款违约金加付给承包人。

2. 工程月进度付款申请单

工程月进度付款申请单应包括以下内容：

（1）已完成的工程量清单中永久工程及其他项目的应付金额。

（2）经监理人签认的当月计日工支付凭证标明的应付金额。

（3）按合同规定的永久工程材料预付款金额。

（4）根据合同规定的价格调整的金额。

（5）根据合同规定承包人有权得到的其他金额。

（6）扣除按合同规定应由发包人扣还工程预付款和永久工程材料预付款的金额。

（7）扣除按合同规定应由发包人扣留的保留金金额。

（8）扣除按合同规定由承包人付给发包人的其他金额。

（三）保留金扣留与退还

保留金也称滞留金或滞付金，是为了促使承包人抓紧进行工程收尾工作，尽快完成合同任务和完成工程缺陷修补工作，按照合同规定，发包人从承包人有权得到的工程付款中按规定比例扣留的金额。

合同条件规定，监理人应从第一个月开始，在给承包人的月进度付款中扣留按专用合同条款规定百分比（一般为 5%～10%）的金额作为保留金（其计算额度不包括预付款和价格调整金额），直至扣留的保留金总额达到专用合同条款规定的数额（一般为合同价的 2.5%～5%）为止。

随着工程项目的完工和保修期满，发包人应退还相应的保留金，具体方式如下：

（1）在签发工程移交证书后的 14d 内，由监理人出具保留金付款证书，发包人将保留金总额的一半支付给承包人。

在签发单位工程或部分工程的临时移交证书后，将其相应的保留金总额的一半在月进度付款中支付给承包人。

（2）监理人在合同全部工程的保修期满时，出具支付剩余保留金的付款证书，发包人应在收到上述付款证书后的 14d 内将剩余的保留金支付给承包人。

若保修期满时尚需承包人完成剩余工作，则监理人有权在付款证书中扣留与剩余工作所需金额相应的保留金金额。

（四）完工结算

在整个工程完工，通过验收并颁发了工程移交证书后，应进行完工结算。

1. 完工结算程序

（1）在合同工程移交证书颁发后的 28d 内，承包人应按监理人批准的格式提交一份完工付款申请单，并附有下述内容的详细证明文件：①至移交证书注明的完工日期止，根据合同累计完成的全部工程价款金额。②承包人认为根据合同应支付给他的追加金额和其他金额。

（2）监理人在收到承包人提交的完工付款申请单后的 14d 内完成核查，提出发包人到期应支付给承包人的价款，送发包人审核并抄送承包人。发包人应在收到后的 14d 内审核完毕，由监理人向承包人出具经发包人签认的完工付款证书。监理人未在约定时间内核查，又未提出具体意见的，视为承包人提交的完工付款申请单的监理人已经核查同意。发包人未在约定时间内审核又未提出具体意见的，监理人提出发包人到期应支付给承包人的价款视为发包人已经同意。

（3）发包人应在监理人出具完工付款证书后的 14d 内，将应付款支付给承包人。若发包人不按期支付，则应从逾期第一天起按专用合同条款中规定的，将逾期付款违约金付给承包人。

2. 完工结算时的价格调整

完工结算时，若出现由于合同规定进行的全部变更工作，引起合同价格增减的金额以及实际工程量与工程量清单中估算工程量的差值，导致合同价格增减的金额（不包括备用金和物价变化引起的或法规变更引起的价格调整）的总和超过合同价格（不包括备用金）的 15% 时，应进行价格调整。价格调整金额由监理人与发包人、承包人协商确定。若协商后未达成一致意见，则应由监理人在进一步调查工程实际情况后予以确定，并将确定结果通知承包人，同时抄送发包人。

上述调整金额仅考虑变更和实际工程与工程量清单中估算工程量的差值，引起的增减总金额超过合同价格（不包括备用金）15%的部分。

（五）最终结清

在保修期满，监理人对承包人在此期间的工作表示满意，并签发保修责任终止证书后，承包人可提出最终付款申请。

1. 最终付款程序

（1）承包人在收到保修责任终止证书后的28d内，按监理人批准的格式向监理人提交一份最终付款申请单，该申请单应包括以下内容，并附有关的证明文件：①按合同规定已经完成的全部工程价款金额；②按合同规定应付给承包人的追加金额；③承包人认为应付给他的其他金额。

若监理人对最终付款申请单中的某些内容有异议，则有权要求承包人进行修改和提供补充资料，直至向监理人正式提交经监理人同意的最终付款申请单为止。

（2）监理人收到最终付款申请单后的14d内，向发包人出具一份最终付款证书并提交发包人审批。最终付款证书应说明：①按合同规定和其他情况应最终支付给承包人的合同总金额。②发包人已支付的所有金额以及发包人有权得到的全部金额。③发包人审查监理人提交的最终付款证书后，若确认应向承包人付款，则应在收到该证书后的42d内支付给承包人。

若确认承包人应向发包人付款，则发包人应通知承包人，承包人应在收到通知后的42d内付的发包人。

不论是发包人或承包人，或不按期支付的，均应按合同规定的相同办法将逾期付款违约金加付给对方。

若承包人和监理人始终未能就最终付款的内容和额度取得一致性意见，监理人应对双方已同意的部分内容和额度出具临时付款证书，报送发包人审批后支付。但承包人有权将尚未取得一致的付款内容，按合同规定提请争议解决。

2. 结清单

承包人在向监理人提交最终付款申请单的同时，应向发包人提交一份结清单，并将结清单的副本提交监理人。该结清单应证实最终付款申请单的总金额是根据合同规定，应付给承包人的全部款项的最终结算金额。

结清单只在承包人收到退还履约担保证件和发包人已付清监理人出具的最终付款证书中应付的金额后才会生效。

第八章 水利水电工程安全管理

第一节 水利水电施工用电安全管理

一、接地装置与防雷

(一) 接地装置

接地装置是构成施工现场用电基本保护系统的主要组成部分之一,是施工现场用电工程的基础性安全装置。在施工现场用电工程中,电力变压器二次侧(低压侧)中性点要直接接地,PE线要做重复接地,高大建筑机械和高架金属设施要做防雷接地,产生静电的设备要做防静电接地。

1. 接地装置种类

设备与大地做电气连接或金属性连接,称谓接地。电气设备的接地,通常的方法是将金属导体埋入地中,并通过导体与设备做电气连接(金属性连接)。这种埋入地中直接与地接触的金属物体称为接地体,而连接设备与接地体的金属导体称为接地线,接地体与接地线的连接组合就称为接地装置。

(1) 接地体

接地体一般分为自然接地体和人工接地体两种。

①自然接地体

自然接地体是指原已埋入地下并可兼作接地用的金属物体。例如，原已埋入地中的直接与地接触的钢筋混凝土基础中的钢筋结构、金属井管、非燃气金属管道、铠装电缆（铅包电缆除外）的金属外皮等，均可作为自然接地体。

②人工接地体

人工接地体是指人为埋入地中直接与地接触的金属物体。简言之，即人工埋入地中的接地体。用作人工接地体的金属材料通常可以采用圆钢、钢管、角钢、扁钢及其焊接件，但不得采用螺纹钢和铝材。

（2）接地线

接地线可以分为自然接地线和人工接地线。

①自然接地线

自然接地线是指设备本身原已具备的接地线。如钢筋混凝土构件的钢筋、穿线钢管、铠装电缆（铅包电缆除外）的金属外皮等。自然接地线可用于一般场所各种接地的接地线，但在有爆炸危险场所只能用作辅助接地线。自然接地线各部分之间应保证电气连接，严禁采用不能保证可靠电气连接的水管和既不能保证电气连接又有可能引起爆炸危险的燃气管道作为自然接地线。

②人工接地线

人工接地线是指人为设置的接地线。人工接地线一般可采用圆钢、钢管、角钢、扁钢等钢质材料，但接地线直接与电气设备相连的部分以及采用钢接地线有困难时，应采用绝缘铜线。

（3）接地装置的敷设

接地装置的敷设应遵循下述原则和要求：

①应充分利用自然接地体。当无自然接地体可利用，或自然接地体电阻不符合要求，或自然接地体运行中各部分连接不可靠，或有爆炸危险场所，则须敷设人工接地体。

②应尽量利用自然接地线。当无自然接地线可利用，或自然接地线不符合要求，或自然接地线运行中各部分连接不可靠，或有爆炸危险场所，则须敷设人工接地线。

③人工接地体可垂直敷设或水平敷设。垂直敷设时，接地体相互间距不宜小于其长度的2倍，顶端埋深一般为0.8m；水平敷设时，接地体相互间距不宜小于5m，埋深一般不小于0.8m。

④接地体和接地线之间的连接必须采用焊接，其焊接长度应符合下列要求：a.扁钢与钢管（或角钢）焊接时，搭接长度为扁钢宽度的2倍，且至少3个面焊接。b.圆钢与钢管（或角钢）焊接时，搭接长度为圆钢直径的6倍，且至少2个长面焊接。

⑤接地线可用扁钢或圆钢。接地线应引出地面，在扁钢上端打孔或在圆钢上焊钢板打孔用螺栓加垫与保护零线（或保护零线引下线）连接牢固，要注意除锈，保证电气连接。

⑥接地线及其连接处如位于潮湿或腐蚀介质场所，应涂刷防潮、防腐蚀油漆。

⑦每一组接地装置的接地线应采用两根及以上导体，并在不同点与接地体焊接。

⑧接地体周围不得有垃圾或非导体杂物，且应与土壤紧密接触。

应当特别注意，金属燃气管道不能用作自然接地体或接地线，螺纹钢和铝板不能用作人工接地体。

2. 接地的类型

施工现场临时用电工程中，接地主要包括工作接地、保护接地、重复接地和防雷接地四种。

（1）工作接地

施工现场临时用电工程中，因运行需要的接地（例如三相供电系统中，电源中性点的接地）称为工作接地。在工作接地的情况下，大地作为一根导线，而且能够稳定设备导电部分的对地电压。

（2）保护接地

施工现场临时用电工程中，因漏电保护的需要，将电气设备正常情况下不带电的金属外壳和机械设备的金属构件（架）接地，称为保护接地。在保护接地的情况下，能够保证工作人员的安全和设备的可靠工作。

（3）重复接地

在中性点直接接地的电力系统中，为了保证接地的作用和效果，除在中性点处直接接地外，还须在中性线上的一处或多处再做接地，称为重复接地。

电力系统的中性点，是指三相电力系统中绕组或线圈采用星形连接的电力设备（如发电机、变压器等）各相的连接对称点和电压平衡点，其对地电位在电力系统正常运行时为零或接近于零。

（4）防雷接地

防雷装置（避雷针、避雷器、避雷线等）的接地，称为防雷接地。防雷接地的设置主要是用作雷击时将雷电流泄入大地，从而保护设备、设施和人员等的安全。

（二）防雷

1. 防雷装置

雷电是一种破坏力、危害性极大的大自然现象，要想消除它是不可能的，但消除其危害却是可能的。即可通过设置一种装置，人为控制和限制雷电发生的位置，并使其不至于危害到需要保护的人、设备或设施。这种装置称作防雷装置或避雷装置。

2. 防雷部位的确定

参照现行国家标准《建筑物防雷设计规范》（GB 50057-2010），施工现场需要考虑防止雷击的部位主要是塔式起重机、物料提升机、外用电梯等高大机械设备及钢脚手架、在建工程金属结构等高架设施，并且其防雷等级可按三类防雷对待。防感应雷的部位则是设置现场变电所的进、出线处。

首先应考虑邻近建筑物或设施是否有防止雷击装置，如果有，它们是在其保护范围以内，还是在其保护范围以外。如果施工现场的起重机、物料提升机、外用电梯等机械设备，以及钢管脚手架和正在施工的在建工程等的金属结构，在相邻建筑物、构筑物等设施的防雷装置保护范围以外，则应按规定安装防雷装置。

3. 防雷保护范围

防雷保护范围是指接闪器对直击雷的保护范围。

接闪器防止雷击的保护范围是按"滚球法"确定的。所谓滚球法是指选择一个半径，由防雷类别确定的一个可以滚动的球体，沿需要防直击雷的部位滚动，当球体只触及接闪器（包括被利用作为接闪器的金属物），或只触及接闪器和地面（包括与大地接触并能承受雷击的金属物），而不触及需要保护的部位时，则该未被触及部分就得到接闪器的保护。

二、供配电与基本保护系统

（一）供配电系统

施工现场用电工程的基本供配电系统应当按三级设置，即采用三级配电。

1. 系统的基本结构

三级配电是指施工现场从电源进线开始至用电设备之间，应经过三级配电装置配送电力。即由总配电箱（一级箱）或配电室的配电柜开始，依次经由分配电箱（二级箱）、开关箱（三级箱）到用电设备。这种分三个层次逐级配送电力的系统被称为三级配电系统。它的基本结构形式可用一个系统框图来形象化地描述。

2. 系统的设置规则

三级配电系统应遵守四项规则，即分级分路规则，动、照分设规则，压缩配电间距规则和环境安全规则。

（1）分级分路

①从一级总配电箱（配电柜）向二级分配电箱配电可以分路。即一个总配电箱（配电柜）可以分若干分路向若干分配电箱配电，每一分路也可分支支接若干分配电箱。

②从二级分配电箱向三级开关箱配电同样也可以分路。即一个分配电箱也可以分若干分路向若干开关箱配电，而其每一分路也可以支接或链接若干开关箱。

③从三级开关箱向用电设备配电实行所谓"一机一闸"制，不存在分路问题。即每一开关箱只能连接控制一台与其相关的用电设备（含插座），包括一组不超过30A负荷的照明器，或每一台用电设备必须有其独立专用的开关箱。

按照分级分路规则的要求，在三级配电系统中，任何用电设备均不得越级配电，即其电源线不得直接连接于分配电箱或总配电箱；任何配电装置不得挂接其他临时用电设备。否则，三级配电系统的结构型式和分级分路规则将被破坏。

（2）动、照分设

①动力配电箱与照明配电箱宜分别设置；若动力与照明合置于同一配电箱内共箱配电，则动力与照明应分路配电。

②动力开关箱与照明开关箱必须分箱设置，不存在共箱分路设置问题。

（3）压缩配电间距

压缩配电间距规则是指除总配电箱、配电室（配电柜）外，分配电箱与开关箱之间，开关箱与用电设备之间的空间间距尽量缩短。压缩配电间距规则可用以下三个要点说明：①分配电箱应设在用电设备或负荷相对集中的区域。②分配电箱与开关箱的距离不得超过 30m。③开关箱与其供电的固定式用电设备的水平距离不宜超过 3m。

（4）环境安全

环境安全规则是指配电系统对其设置和运行环境安全因素的要求，主要包括对易燃易爆物、腐蚀介质、机械损伤、电磁辐射、静电等因素的防护要求，防止由其引发设备损坏、触电和电气火灾事故。

（二）基本保护系统

施工现场的用电系统，不论其供电方式如何，都属于电源中性点直接接地的 220/380V 三相四线制低压电力系统。为了保证用电过程中系统能够安全、可靠地运行，并对系统本身在运行过程中可能出现的接零、短路、过载、漏电等故障进行自我保护，在系统结构配置中必须设置一些与保护要求相适应的子系统，即接零保护系统、过载与短路保护系统、漏电保护系统等，它们的组合就是用电系统的基本保护系统。

1. TN-S 接零保护系统

（1）TN-S 系统的确定

①在施工现场用电工程专用的电源中性点直接接地的 220/380V 三相四线制低压电力系统中，必须采用 TN-S 接零保护系统，严禁采用 TN-C 接零保护系统。

②当施工现场与外电线路共用同一供电系统时，电气设备的接地、接零保护应与原系统保持一致。不得一部分设备做保护接零，另一部分设备做保护接地。

当采用 TN 系统做保护接零时，工作零线（N 线）必须通过总漏电保护器，保护零线（PE 线）必须由电源进线零线重复接地处或总漏电保护器电源侧零线处，引出形成局部 TN-S 接零保护系统。

③供电方采用三相四线供电，且供电方配电室控制柜内有漏电保护器，此时从施工现场配电室总配电箱电源侧零线或总漏电保护器电源侧零线处引出保护零线（PE 线），供电方配电室内漏电保护器就会跳闸。于是，有的施工单位电工从施工现场配电室（总配电箱）处的重复接地装置引出 PE 线，这种做法是不恰当的。因为这样做，施工现场临时用电系统仍属于 TN 系统。正确的方法是从供电方配电室内控制柜电源侧零线上引出 PE 线。

（2）PE 线的设置规则

采用 TN-S 和局部 TN-S 接零保护系统时，PE 线的设置应遵循下述规则：

①PE 线的引出位置。对于专用变压器供电时的 TN-S 接零保护系统，PE 线必须由工作接地线、配电室（总配电箱）电源侧零线或总漏电保护器（RCD）电源侧零线处引出；对于共用变压器三相四线供电时的局部 TN-S 接零保护系统，PE 线必须由电源进线零线重复接地处或总漏电保护器电源侧零线处引出。

②PE线与N线的连接关系。经过总漏电保护器PE线和N线分开，其后不得再做电气连接。

③PE线与N线的应用和区别。PE线是保护零线，只用于连接电气设备外露可导电部分，在正常工作情况下无电流通过，且与大地保持等电位；N线是工作零线，作为电源线用于连接单相设备或三相四线设备，在正常工作情况下会有电流通过，被视为带电部分，且对地呈现电压。所以，在实用中不得混用或代用。

④PE线的重复接地。重复接地的数量不少于3处，设置重复接地的部位可分为：总配电箱（配电柜）处；各分路分配电箱处；各分路最远端用电设备开关箱处；塔式起重机、施工升降机、物料提升机、混凝土搅拌站等大型施工机械设备开关箱处。

重复接地必须与PE线相连接，严禁与N线相连接，否则N线中的电流将会流经大地和电源中性点工作接地处形成回路，使PE线对地电位升高而带电。PE线重复接地的目的，一是降低PE线的接地电阻，二是防止PE线断线而导致接零保护失效。

⑤PE线的绝缘色。为了明显区分PE线和N线以及相线，按照国家统一标准，PE线一律采用绿/黄双色绝缘线。

⑥PE线所用材质与相线、工作零线（N线）相同时，其最小截面应符合规定。

在施工现场用电工程的用电系统中，作为电源的电力变压器和发电机中性点直接接地的工作接地电阻值，在一般情况下都取不大于 4Ω。

2. 漏电保护系统

漏电保护系统的设置要点：

（1）漏电保护器的设置位置。在施工现场基本供配电系统的总配电箱（配电柜）和开关箱首、末二级配电装置中，设置漏电保护器。其中，总配电箱（配电柜）中的漏电保护器可以设置于总路，也可以设置于分路，但不必重叠设置。

（2）实行分级、分段漏电保护原则。实行分级、分段漏电保护的具体体现是合理选择总配电箱（配电柜）、开关箱中漏电保护器的额定漏电动作参数。

3. 过载短路保护系统

当电气设备和线路因其负荷（电流）超过额定值而发生过载故障，或因其绝缘损坏而发生短路故障时，就会因电流过大而烧毁绝缘，引起漏电和电气火灾。

过载和短路故障使电气设备和线路不能正常使用，造成财产损失，甚至使整个用电系统瘫痪，严重影响正常施工，还可能引发触电伤害事故。所以对过载、短路故障的危害必须采取有效的预防性措施。

预防过载、短路故障危害的有效措施就是在基本供配电系统中设置过载、短路保护系统。过载、短路保护系统可通过在总配电箱、分配电箱、开关箱中设置过载、短路保护电器中实现。这里需要指出，过载、短路保护系统必须按三级设置，即在总配电箱、分配电箱、开关箱及其各分路中都要设置过载、短路保护电器，并且其过载、短路保护动作参数应逐级合理选取，以实现三级保护的选择性配合。用作过载、短路保护的电器主要有各种类型的断路器和熔断器。其中，断路器以塑壳式断路器为宜；熔断器则应选用具有可靠灭弧分段功能的产品,不得以普通熔丝替代。

三、配电线路与装置设备

(一)配电线路

1. 架空线路的选择

架空线路的选择主要是选择架空线路导线的种类和导线的截面,其选择依据主要是线路敷设的要求和线路负荷计算的电流。

架空线中各导线截面与线路工作制的关系为:三相四线制工作时,N 线和 PE 线截面不小于相线(L 线)截面的 50%;单相线路的零线截面与相线截面相同。

架空线的材质为:绝缘铜线或铝线,优先采用绝缘铜线。

2. 电缆的选择

电缆的选择主要是选择电缆的类型、截面和芯线配置,其选择依据主要是线路敷设的要求和线路负荷计算的计算电流。

电缆中必须包含全部工作芯线和用作保护零线或保护线的芯线。需要三相四线制配电的电缆线路必须采用五芯电缆。

五芯电缆必须包含淡蓝、绿/黄两种颜色绝缘芯线。淡蓝色芯线必须用作 N 线;

绿/黄双色芯线必须用作 PE 线,严禁混用。其中,N 线和 PE 线的绝缘色规定,同样适用于四芯、三芯等电缆。而五芯电缆中相线的绝缘色则一般由黑、棕、白三色中两种搭配。

3. 室内配线的选择

室内配线必须采用绝缘导线或电缆。其选择要求基本与架空线路或电缆线路相同。

除以上三种配线方式外,在配电室里还有一个配电母线问题。由于施工现场配电母线常常采用裸扁铜板或裸扁铝板制作成所谓裸母线,因此其安装时,必须用绝缘子支撑固定在配电柜上,以保持对地绝缘和电磁(力)稳定。母线规格主要由总负荷计算电流确定。考虑到母线敷设有相序规定,母线表面应涂刷有色油漆,三相母线的相序和色标依次为:L_1(A 相)黄色;L_2(B 相)绿色;L_3(C 相)红色。

(二)配电装置

施工现场的配电装置是指施工现场用电工程配电系统中设置的总配电箱(配电柜)、分配电箱和开关箱。为叙述方便起见,以下将总配电箱和分配电箱合称为配电箱。

1. 配电装置的箱体结构

这里所谓配电装置的箱体结构,主要是指适合于施工现场用电工程配电系统使用的配电箱、开关箱的箱体结构。

(1)箱体材料

配电箱、开关箱的箱体一般应采用冷轧钢板或阻燃绝缘材料制作,但不得采用木板制作。

采用冷轧钢板制作时，厚度应为 1.2～2.0mm。其中，开关箱箱体钢板厚度应不小于 1.2mm，配电箱箱体钢板厚度应不小于 1.5mm。箱体钢板表面应做防腐处理并涂面漆。

采用阻燃绝缘板，例如环氧树脂纤维木板、电木板等。其厚度应保证适应户外使用，具有足够的机械强度。

（2）配置电器安装板

配电箱、开关箱内应配置电器安装板，用以安装所配置的电器和接线端子板等。电器安装板应采用金属或非木质阻燃绝缘电器安装板。配电箱、开关箱内的电器（含插座）应先安装在金属或非木质阻燃绝缘电器安装板上，然后方可整体紧固在配电箱、开关箱箱体内。不得将所配置的电器、接线端子板等直接装设在箱体上。

（3）加装 N、PE 接线端子板

①配电箱、开关箱的电器安装板上必须加装 N 线端子板和 PE 线端子板。N 线端子板必须与金属电器安装板绝缘；PE 线端子板必须与金属电器安装板做电气连接。进出线中的 N 线必须通过 N 线端子板连接，PE 线必须通过 PE 线端子板连接。

②配电箱、开关箱的金属箱体，金属电器安装板以及电器正常不带电的金属底座、外壳等必须通过 PE 线端子板与 PE 线做电气连接，金属箱门与金属箱体必须通过采用编织软铜线做电气连接。

③N、PE 端子板的接线端子数应与配电箱的进、出线路数保持一致。

④N、PE 端子板应采用紫铜板制作。

（4）进、出线口

①配电箱、开关箱导线的进、出线口应设置在箱体正常安装位置的下底面，并设固定线卡。

②进、出线口应光滑，以圆口为宜，加绝缘护套。

③导线不得与箱体直接接触。进、出线口应配置固定线卡，将导线加绝缘保护套成束卡固在箱体上。

④移动式配电箱和开关箱的进、出线应采用橡皮护套绝缘电缆，不得有接头。

⑤进、出线口数应与进、出线总路数保持一致。

（5）门锁

配电箱、开关箱箱体应设箱门并配锁，以适应户外环境和用电管理要求。

（6）防雨、防尘

配电箱、开关箱的外形结构应具有防雨、防雪、防尘功能，以适应户外环境和用电安全要求。

2. 配电装置的电器配置

（1）总配电箱的电器配置原则

总配电箱的电器应具备电源隔离、正常接通与分断电路，以及短路、过载、漏电保护功能。

①当总路设置总漏电保护器时,还应装设总隔离开关、分路隔离开关以及总断路器、分路断路器或总熔断器、分路熔断器。若总漏电保护器是同时具备短路、过载、漏电保护功能的漏电断路器,则可不设总断路器或总熔断器。

②当各分路设置分路漏电保护器时,还应装设总隔离开关、分路隔离开关以及总断路器、分路断路器或总熔断器、分路熔断器。若分路所设漏电保护器是同时具备短路、过载、漏电保护功能的漏电断路器,则可不设分路断路器或分路熔断器。

③隔离开关应设置于电源进线端,应采用分断时具有可见分断点并能同时断开电源所有极或彼此靠近的单极的隔离电器,不得采用分断时不具有可见分断点的电器。当采用具有可见分断点的断路器时,可不另设隔离开关。

④熔断器应选用具有可靠灭弧分断功能的产品。

⑤总开关电器的额定值、动作整定值应与分路开关电器的额定值、动作整定值相适应。

此外,总配电箱应装设电压表、总电流表、电度表及其他需要的仪表。装设电流互感器时,其二次回路必须与保护零线有一个连接点,且严禁断开电路。

(2)分配电箱的电器配置原则

分配电箱的电器配置在采用二级漏电保护的配电系统中,分配电箱中不要求设置漏电保护器,但电源隔离开关、过载与短路保护电器必须设置。

①总路应设置总隔离开关,以及总断路器或总熔断器。

②分路应设置分路隔离开关,以及分路断路器或分路熔断器。

③隔离开关应设置于电源进线端,并采用分断时具有可见分断点并能同时断开电源所有极或彼此靠近的单极的隔离电器,不得采用分断时不具有可见分断点的电器。当采用分断时具有可见分断点的断路器时,可不另设隔离开关。

(3)开关箱的电器配置原则

每台用电设备必须有各自专用的开关箱,严禁用同一个开关箱直接控制两台及两台以上用电设备(含插座)。

①开关箱必须装设隔离开关、断路器或熔断器以及漏电保护器。

②当漏电保护器是同时具有短路、过载、漏电保护功能的漏电断路器时,可不装设断路器或熔断器。

③隔离开关应采用分断时具有可见分断点,能同时断开电源所有极的隔离电器,并应设置于电源进线端。当断路器具有可见分断点时,可不另设隔离开关。

(三)用电设备

用电设备是配电系统的终端设备,是最终将电能转化为机械能、光能等其他形式能量的设备。在施工现场中,用电设备就是直接服务于施工作业的生产设备。

施工现场的用电设备基本上可分四大类,即电动建筑机械、手持式电动工具、照明器和消防水泵等。

通常以触电危险程度来考虑,施工现场的环境条件可分三大类。

1. 一般场所

相对湿度不大于75%的干燥场所，无导电粉尘场所，气温不高于30℃场所，有不导电地板（干燥木地板、塑料地板、沥青地板等）场所等均属于一般场所。

2. 危险场所

相对湿度长期处于75%以上的潮湿场所，露天并且能遭受雨、雪侵袭的场所，气温高于30℃的炎热场所，有导电粉尘场所，有导电泥、混凝土或金属结构地板场所，施工中常处于水湿润的场所等均属于危险场所。

3. 高度危险场所

相对湿度接近100%的场所，蒸汽环境场所，有活性化学媒质放出腐蚀性气体或液体场所，具有两个及两个以上危险场所特征（如导电地板和高温，或导电地板和有导电粉尘）的场所等均属于高度危险场所。

四、施工现场用电安全管理

（一）接地（接零）与防雷安全技术

1. 接地与接零

（1）保护零线除应在配电室或总配电箱处做重复接地外，还应在配电线路的中间处和末端处重复接地。保护零线每一重复接地装置的接地电阻值应不大于10Ω。

（2）每一接地装置的接地线应采用两根以上导体，在不同点与接地装置做电气连接。不应用铝导体做接地体或地下接地线。垂直接地体宜采用角钢、钢管或圆钢，不宜采用螺纹钢材。

（3）电气设备应采用专用芯线做保护接零，此芯线严禁通过工作电流。

（4）手持式用电设备的保护零线，应在绝缘良好的多股铜线橡皮电缆内。其截面不应小于$1.5mm^2$，其芯线颜色为绿/黄双色。

（5）Ⅰ类手持式用电设备的插销上应具备专用的保护接零（接地）触头。所用插头应能避免将导电触头误作接地触头使用。

（6）施工现场所有用电设备，除做保护接零外，应在设备负荷线的首端处设置有可靠的电气连接。

2. 防雷

（1）在土壤电阻率低于$200\Omega \cdot m$区域的电杆可不另设防雷接地装置，但在配电室的架空进线或出线处应将绝缘子铁脚与配电室的接地装置相连接。

（2）施工现场内的起重机、井字架及龙门架等机械设备，若在相邻建筑物、构筑物的防雷装置的保护范围以外，应按规定安装防雷装置。

（3）防雷装置应符合以下要求：①施工现场内所有防雷装置的冲击接地电阻值不

应大于 30Ω。②各机械设备的防雷引下线可利用该设备的金属结构体，但应保证电气连接。③机械设备上的避雷针（接闪器）长度应为 1～2m。塔式起重机可不另设避雷针（接闪器）。④安装避雷针的机械设备所用动力、控制、照明、信号及通信等线路，应采用钢管敷设，并将钢管与该机械设备的金属结构体做电气连接。⑤防雷接地机械上的电气设备，所连接的 PE 线必须同时做重复接地，同一台机械电气设备的重复接地和机械的防雷接地可共用同一接地体，但接地电阻应符合重复接地电阻值的要求。

（二）变压器与配电室安全技术

1. 变压器安装与运行

（1）变压器安装

施工用的 10kV 及以下变压器装于地面时，应有 0.5m 的高台，高台的周围应装设栅栏，其高度不应低于 1.7m，栅栏与变压器外廓的距离不应小于 1m，杆上变压器安装的高度应不低于 2.5m，并挂"止步，高压危险"的警示标志。变压器的引线应采用绝缘导线。

（2）变压器的运行

变压器运行中应定期进行检查，主要包括下列内容：①油的颜色变化、油面指示、有无漏油或渗油现象。②响声是否正常，套管是否清洁，有无裂纹和放电痕迹。③接头有无腐蚀及过热现象，检查油枕的集污器内有无积水和污物。④有防爆管的变压器，要检查防爆隔膜是否完整。⑤变压器外壳的接地线有无中断、断股或锈烂等情况。

2. 配电室设置

（1）一般要求：

①配电室应靠近电源，并应设在无灰尘、无蒸汽、无腐蚀介质及振动的地方。

②成列的配电屏（盘）和控制屏（台）两端应与重复接地线及保护零线做电气连接。

③配电室应能自然通风，并应采取防止雨雪和动物进入措施。

④配电屏（盘）正面的操作通道宽度，单列布置应不小于 1.5m，双列布置应不小于 2m；配电屏（盘）后面的维护通道宽度，单列布置或双列面对面布置不小于 0.8m，双列背对背布置不小于 1.5m，个别地点有建筑物结构凸出的地方，则此点通道宽度可减少 0.2m；侧面的维护通道宽度应不小于 1m；盘后的维护通道应不小于 0.8m。

⑤在配电室内设值班室或检修室时，该室距电屏（盘）的水平距离应大于 1m，并应采取屏障隔离。

⑥配电室的门应向外开，并配锁。

⑦配电室内的裸母线与地面垂直距离小于 2.5m 时，应采用遮挡隔离，遮挡下面通行道的高度应不小于 1.9m。

⑧配电室的围栏上端与垂直上方带电部分的净距，不应小于 0.075m。

⑨配电室的顶棚与地面的距离不低于 3m；配电装置的上端距天棚不应小于 0.5m。

⑩母线均应涂刷有色油漆，其涂色应符合规定。

⑪配电室的建筑物和构筑物的耐火等级应不低于3级,室内应配置砂箱和适宜于扑救电气类火灾的灭火器。

(2)配电屏应符合以下要求:

①配电屏(盘)应装设有功、无功电度表,并应分路装设电流、电压表。电流表与计费电度表不应共用一组电流互感器。

②配电屏(盘)应装设短路、过负荷保护装置和漏电保护器。

③配电屏(盘)上的各配电线路应编号,并应标明用途标记。

④配电屏(盘)或配电线路维修时,应悬挂"电器检修,禁止合闸"等警示标志;停、送电应由专人负责。

(3)电压为400/230V的自备发电机组,应遵守下列规定:

①发电机组及其控制、配电、修理室等可分开设置;在保证电气安全距离和满足防火要求情况下可合并设置。

②发电机组的排烟管道必须伸出室外,机组及其控制配电室内严禁存放贮油桶。

③发电机组电源应与外电线路电源连锁,严禁并列运行。

④发电机组应采用三相四线制中性点直接接地系统和独立设置TN-S接零保护系统,并须独立设置,其接地阻值不应大于4Ω。

⑤发电机供电系统应设置电源隔离开关及短路、过载、漏电保护电器。电源隔离开关分断时应有明显可见分断点。

⑥发电机并列运行时,应在机组同期后再向负荷供电。

⑦发电机控制屏宜装设下列仪表:交流电压表、交流电流表、有功功率表、电度表、功率因数表、频率表、直流电流表。

(三)三线路架设安全技术

1. 架空线路架设

(1)架空线必须采用绝缘导线。

(2)架空线应设在专用电杆上,严禁架设在树木、脚手架及其他设施上。

(3)架空线导线截面的选择应符合下列要求:

①导线中的计算负荷电流不大于其长期连续负荷允许载流量。

②线路末端电压偏移不大于其额定电压的5%。

③三相四线制线路的N线和PE线截面不小于相线截面的50%,单相线路的零线截面与相线截面相同。

④按机械强度要求,绝缘铜线截面不小于$10mm^2$,绝缘铝线截面不小于$16mm^2$。

⑤在跨越铁路、公路、河流、电力线路挡距内,绝缘铜线截面不小于$16mm^2$,绝缘铝线截面不小于$25mm^2$。

(4)架空线在一个挡距内,每层导线的接头数不得超过该层导线条数的50%,且一条导线应只有一个接头。在跨越铁路、公路、河流、电力线路挡距内,架空线不得有接头。

（5）架空线路的挡距不得大于35m。

（6）架空线路的线间距不得小于0.3m，靠近电杆的两导线的间距不得小于0.5m。

（7）架空线路横担间的最小垂直距离不得小于规定所列数值；横担宜采用角钢或方木，低压铁横担角钢应规定选用，方木横担截面应按80mm×80mm选用；横担长度应按规定选用。

（8）架空线路与邻近线路或固定物的距离应符合规定。

（9）架字线路宜采用钢筋混凝土杆或木杆。钢筋混凝土杆不得有露筋、宽度大于0.4mm的裂纹和扭曲；木杆不得腐朽，其梢径不应小于140mm。

（10）电杆埋设深度宜为杆长的1/10加0.6m，回填土应分层夯实。在松软土质处宜加大埋入深度或采用卡盘等加固。

（11）直线杆和15°以下的转角杆，可采用单横担单绝缘子，但跨越机动车道时应采用单横担双绝缘子；15°～45°的转角杆应采用双横担双绝缘子；45°以上的转角杆，应采用十字横担。

（12）架空线路绝缘子应按下列原则选择：①直线杆采用针式绝缘子；②耐张杆采用蝶式绝缘子。

（13）电杆的拉线宜采用镀锌钢丝，其截面不应小于3×φ4.0mm。拉线与电杆的夹角应在30°～45°。拉线埋设深度不得小于1m。电杆拉线如从导线之间穿过，应在高于地面2.5m处装设拉线绝缘子。

（14）因受地形环境限制不能装设拉线时，可采用撑杆代替拉线，撑杆埋设深度不得小于0.8m，其底部应垫底盘或石块。撑杆与电杆的夹角宜为30°。

（15）接户线在挡距内不得有接头，进线处离地高度不得小于2.5m。

（16）架空线路必须有短路保护。

采用熔断器做短路保护时，其熔体额定电流不应大于明敷绝缘导线长期连续负荷允许载流量的1.5倍。

采用断路器做短路保护时，其瞬动过流脱扣器脱扣电流整定值应小于线路末端单相短路电流。

（17）架空线路必须有过载保护。

采用熔断器或断路器做过载保护时，绝缘导线长期连续负荷允许载流量不应小于熔断器熔体额定电流或断路器长延时过流脱扣器脱扣电流整定值的1.25倍。

2. 配电线路

（1）配电线路采用熔断器做短路保护时，熔体额定电流应不大于电缆或穿管绝缘导线允许载流量的2.5倍，或明敷绝缘导线允许载流量的1.5倍。

（2）配电线路采用自动开关做短路保护时，其过电流脱扣器脱扣电流整定值，应小于线路末端单相短路电流，并应能承受短路时过负荷电流。

（3）经常过负荷的线路、易燃易爆物邻近的线路、照明线路，应有过负荷保护。

②PE线与N线的连接关系。经过总漏电保护器PE线和N线分开，其后不得再做电气连接。

③PE线与N线的应用和区别。PE线是保护零线，只用于连接电气设备外露可导电部分，在正常工作情况下无电流通过，且与大地保持等电位；N线是工作零线，作为电源线用于连接单相设备或三相四线设备，在正常工作情况下会有电流通过，被视为带电部分，且对地呈现电压。所以，在实用中不得混用或代用。

④PE线的重复接地。重复接地的数量不少于3处，设置重复接地的部位可分为：总配电箱（配电柜）处；各分路分配电箱处；各分路最远端用电设备开关箱处；塔式起重机、施工升降机、物料提升机、混凝土搅拌站等大型施工机械设备开关箱处。

重复接地必须与PE线相连接，严禁与N线相连接，否则N线中的电流将会流经大地和电源中性点工作接地处形成回路，使PE线对地电位升高而带电。PE线重复接地的目的，一是降低PE线的接地电阻，二是防止PE线断线而导致接零保护失效。

⑤PE线的绝缘色。为了明显区分PE线和N线以及相线，按照国家统一标准，PE线一律采用绿/黄双色绝缘线。

⑥PE线所用材质与相线、工作零线（N线）相同时，其最小截面应符合规定。

在施工现场用电工程的用电系统中，作为电源的电力变压器和发电机中性点直接接地的工作接地电阻值，在一般情况下都取不大于4Ω。

2. 漏电保护系统

漏电保护系统的设置要点：

（1）漏电保护器的设置位置。在施工现场基本供配电系统的总配电箱（配电柜）和开关箱首、末二级配电装置中，设置漏电保护器。其中，总配电箱（配电柜）中的漏电保护器可以设置于总路，也可以设置于分路，但不必重叠设置。

（2）实行分级、分段漏电保护原则。实行分级、分段漏电保护的具体体现是合理选择总配电箱（配电柜）、开关箱中漏电保护器的额定漏电动作参数。

3. 过载短路保护系统

当电气设备和线路因其负荷（电流）超过额定值而发生过载故障，或因其绝缘损坏而发生短路故障时，就会因电流过大而烧毁绝缘，引起漏电和电气火灾。

过载和短路故障使电气设备和线路不能正常使用，造成财产损失，甚至使整个用电系统瘫痪，严重影响正常施工，还可能引发触电伤害事故。所以对过载、短路故障的危害必须采取有效的预防性措施。

预防过载、短路故障危害的有效措施就是在基本供配电系统中设置过载、短路保护系统。过载、短路保护系统可通过在总配电箱、分配电箱、开关箱中设置过载、短路保护电器中实现。这里需要指出，过载、短路保护系统必须按三级设置，即在总配电箱、分配电箱、开关箱及其各分路中都要设置过载、短路保护电器，并且其过载、短路保护动作参数应逐级合理选取，以实现三级保护的选择性配合。用作过载、短路保护的电器主要有各种类型的断路器和熔断器。其中，断路器以塑壳式断路器为宜；熔断器则应选用具有可靠灭弧分段功能的产品，不得以普通熔丝替代。

三、配电线路与装置设备

（一）配电线路

1. 架空线路的选择

架空线路的选择主要是选择架空线路导线的种类和导线的截面，其选择依据主要是线路敷设的要求和线路负荷计算的电流。

架空线中各导线截面与线路工作制的关系为：三相四线制工作时，N线和PE线截面不小于相线（L线）截面的50%；单相线路的零线截面与相线截面相同。

架空线的材质为：绝缘铜线或铝线，优先采用绝缘铜线。

2. 电缆的选择

电缆的选择主要是选择电缆的类型、截面和芯线配置，其选择依据主要是线路敷设的要求和线路负荷计算的计算电流。

电缆中必须包含全部工作芯线和用作保护零线或保护线的芯线。需要三相四线制配电的电缆线路必须采用五芯电缆。

五芯电缆必须包含淡蓝、绿/黄两种颜色绝缘芯线。淡蓝色芯线必须用作N线；

绿/黄双色芯线必须用作PE线，严禁混用。其中，N线和PE线的绝缘色规定，同样适用于四芯、三芯等电缆。而五芯电缆中相线的绝缘色则一般由黑、棕、白三色中两种搭配。

3. 室内配线的选择

室内配线必须采用绝缘导线或电缆。其选择要求基本与架空线路或电缆线路相同。

除以上三种配线方式外，在配电室里还有一个配电母线问题。由于施工现场配电母线常常采用裸扁铜板或裸扁铝板制作成所谓裸母线，因此其安装时，必须用绝缘子支撑固定在配电柜上，以保持对地绝缘和电磁（力）稳定。母线规格主要由总负荷计算电流确定。考虑到母线敷设有相序规定，母线表面应涂刷有色油漆，三相母线的相序和色标依次为：L_1（A相）黄色；L_2（B相）绿色；L_3（C相）红色。

（二）配电装置

施工现场的配电装置是指施工现场用电工程配电系统中设置的总配电箱（配电柜）、分配电箱和开关箱。为叙述方便起见，以下将总配电箱和分配电箱合称为配电箱。

1. 配电装置的箱体结构

这里所谓配电装置的箱体结构，主要是指适合于施工现场用电工程配电系统使用的配电箱、开关箱的箱体结构。

（1）箱体材料

配电箱、开关箱的箱体一般应采用冷轧钢板或阻燃绝缘材料制作，但不得采用木板制作。

采用冷轧钢板制作时,厚度应为 1.2～2.0mm。其中,开关箱箱体钢板厚度应不小于 1.2mm,配电箱箱体钢板厚度应不小于 1.5mm。箱体钢板表面应做防腐处理并涂面漆。

采用阻燃绝缘板,例如环氧树脂纤维木板、电木板等。其厚度应保证适应户外使用,具有足够的机械强度。

（2）配置电器安装板

配电箱、开关箱内应配置电器安装板,用以安装所配置的电器和接线端子板等。电器安装板应采用金属或非木质阻燃绝缘电器安装板。配电箱、开关箱内的电器（含插座）应先安装在金属或非木质阻燃绝缘电器安装板上,然后方可整体紧固在配电箱、开关箱箱体内。不得将所配置的电器、接线端子板等直接装设在箱体上。

（3）加装 N、PE 接线端子板

①配电箱、开关箱的电器安装板上必须加装 N 线端子板和 PE 线端子板。N 线端子板必须与金属电器安装板绝缘;PE 线端子板必须与金属电器安装板做电气连接。进出线中的 N 线必须通过 N 线端子板连接,PE 线必须通过 PE 线端子板连接。

②配电箱、开关箱的金属箱体,金属电器安装板以及电器正常不带电的金属底座、外壳等必须通过 PE 线端子板与 PE 线做电气连接,金属箱门与金属箱体必须通过采用编织软铜线做电气连接。

③N、PE 端子板的接线端子数应与配电箱的进、出线路数保持一致。

④N、PE 端子板应采用紫铜板制作。

（4）进、出线口

①配电箱、开关箱导线的进、出线口应设置在箱体正常安装位置的下底面,并设固定线卡。

②进、出线口应光滑,以圆口为宜,加绝缘护套。

③导线不得与箱体直接接触。进、出线口应配置固定线卡,将导线加绝缘保护套成束卡固在箱体上。

④移动式配电箱和开关箱的进、出线应采用橡皮护套绝缘电缆,不得有接头。

⑤进、出线口数应与进、出线总路数保持一致。

（5）门锁

配电箱、开关箱箱体应设箱门并配锁,以适应户外环境和用电管理要求。

（6）防雨、防尘

配电箱、开关箱的外形结构应具有防雨、防雪、防尘功能,以适应户外环境和用电安全要求。

2. 配电装置的电器配置

（1）总配电箱的电器配置原则

总配电箱的电器应具备电源隔离、正常接通与分断电路,以及短路、过载、漏电保护功能。

①当总路设置总漏电保护器时，还应装设总隔离开关、分路隔离开关以及总断路器、分路断路器或总熔断器、分路熔断器。若总漏电保护器是同时具备短路、过载、漏电保护功能的漏电断路器，则可不设总断路器或总熔断器。

②当各分路设置分路漏电保护器时，还应装设总隔离开关、分路隔离开关以及总断路器、分路断路器或总熔断器、分路熔断器。若分路所设漏电保护器是同时具备短路、过载、漏电保护功能的漏电断路器，则可不设分路断路器或分路熔断器。

③隔离开关应设置于电源进线端，应采用分断时具有可见分断点并能同时断开电源所有极或彼此靠近的单极的隔离电器，不得采用分断时不具有可见分断点的电器。当采用具有可见分断点的断路器时，可不另设隔离开关。

④熔断器应选用具有可靠灭弧分断功能的产品。

⑤总开关电器的额定值、动作整定值应与分路开关电器的额定值、动作整定值相适应。

此外，总配电箱应装设电压表、总电流表、电度表及其他需要的仪表。装设电流互感器时，其二次回路必须与保护零线有一个连接点，且严禁断开电路。

（2）分配电箱的电器配置原则

分配电箱的电器配置在采用二级漏电保护的配电系统中，分配电箱中不要求设置漏电保护器，但电源隔离开关、过载与短路保护电器必须设置。

①总路应设置总隔离开关，以及总断路器或总熔断器。

②分路应设置分路隔离开关，以及分路断路器或分路熔断器。

③隔离开关应设置于电源进线端，并采用分断时具有可见分断点并能同时断开电源所有极或彼此靠近的单极的隔离电器，不得采用分断时不具有可见分断点的电器。当采用分断时具有可见分断点的断路器时，可不另设隔离开关。

（3）开关箱的电器配置原则

每台用电设备必须有各自专用的开关箱，严禁用同一个开关箱直接控制两台及两台以上用电设备（含插座）。

①开关箱必须装设隔离开关、断路器或熔断器以及漏电保护器。

②当漏电保护器是同时具有短路、过载、漏电保护功能的漏电断路器时，可不装设断路器或熔断器。

③隔离开关应采用分断时具有可见分断点，能同时断开电源所有极的隔离电器，并应设置于电源进线端。当断路器具有可见分断点时，可不另设隔离开关。

（三）用电设备

用电设备是配电系统的终端设备，是最终将电能转化为机械能、光能等其他形式能量的设备。在施工现场中，用电设备就是直接服务于施工作业的生产设备。

施工现场的用电设备基本上可分四大类，即电动建筑机械、手持式电动工具、照明器和消防水泵等。

通常以触电危险程度来考虑，施工现场的环境条件可分三大类。

1. 一般场所

相对湿度不大于75%的干燥场所,无导电粉尘场所,气温不高于30℃场所,有不导电地板(干燥木地板、塑料地板、沥青地板等)场所等均属于一般场所。

2. 危险场所

相对湿度长期处于75%以上的潮湿场所,露天并且能遭受雨、雪侵袭的场所,气温高于30℃的炎热场所,有导电粉尘场所,有导电泥、混凝土或金属结构地板场所,施工中常处于水湿润的场所等均属于危险场所。

3. 高度危险场所

相对湿度接近100%的场所,蒸汽环境场所,有活性化学媒质放出腐蚀性气体或液体场所,具有两个及两个以上危险场所特征(如导电地板和高温,或导电地板和有导电粉尘)的场所等均属于高度危险场所。

四、施工现场用电安全管理

(一)接地(接零)与防雷安全技术

1. 接地与接零

(1)保护零线除应在配电室或总配电箱处做重复接地外,还应在配电线路的中间处和末端处重复接地。保护零线每一重复接地装置的接地电阻值应不大于10Ω。

(2)每一接地装置的接地线应采用两根以上导体,在不同点与接地装置做电气连接。不应用铝导体做接地体或地下接地线。垂直接地体宜采用角钢、钢管或圆钢,不宜采用螺纹钢材。

(3)电气设备应采用专用芯线做保护接零,此芯线严禁通过工作电流。

(4)手持式用电设备的保护零线,应在绝缘良好的多股铜线橡皮电缆内。其截面不应小于1.5mm^2,其芯线颜色为绿/黄双色。

(5)Ⅰ类手持式用电设备的插销上应具备专用的保护接零(接地)触头。所用插头应能避免将导电触头误作接地触头使用。

(6)施工现场所有用电设备,除做保护接零外,应在设备负荷线的首端处设置有可靠的电气连接。

2. 防雷

(1)在土壤电阻率低于200Ω·m区域的电杆可不另设防雷接地装置,但在配电室的架空进线或出线处应将绝缘子铁脚与配电室的接地装置相连接。

(2)施工现场内的起重机、井字架及龙门架等机械设备,若在相邻建筑物、构筑物的防雷装置的保护范围以外,应按规定安装防雷装置。

(3)防雷装置应符合以下要求:①施工现场内所有防雷装置的冲击接地电阻值不

应大于 30Ω。②各机械设备的防雷引下线可利用该设备的金属结构体,但应保证电气连接。③机械设备上的避雷针(接闪器)长度应为 1~2m。塔式起重机可不另设避雷针(接闪器)。④安装避雷针的机械设备所用动力、控制、照明、信号及通信等线路,应采用钢管敷设,并将钢管与该机械设备的金属结构体做电气连接。⑤防雷接地机械上的电气设备,所连接的 PE 线必须同时做重复接地,同一台机械电气设备的重复接地和机械的防雷接地可共用同一接地体,但接地电阻应符合重复接地电阻值的要求。

(二)变压器与配电室安全技术

1. 变压器安装与运行

(1)变压器安装

施工用的 10kV 及以下变压器装于地面时,应有 0.5m 的高台,高台的周围应装设栅栏,其高度不应低于 1.7m,栅栏与变压器外廓的距离不应小于 1m,杆上变压器安装的高度应不低于 2.5m,并挂"止步,高压危险"的警示标志。变压器的引线应采用绝缘导线。

(2)变压器的运行

变压器运行中应定期进行检查,主要包括下列内容:①油的颜色变化、油面指示、有无漏油或渗油现象。②响声是否正常,套管是否清洁,有无裂纹和放电痕迹。③接头有无腐蚀及过热现象,检查油枕的集污器内有无积水和污物。④有防爆管的变压器,要检查防爆隔膜是否完整。⑤变压器外壳的接地线有无中断、断股或锈烂等情况。

2. 配电室设置

(1)一般要求:

①配电室应靠近电源,并应设在无灰尘、无蒸汽、无腐蚀介质及振动的地方。
②成列的配电屏(盘)和控制屏(台)两端应与重复接地线及保护零线做电气连接。
③配电室应能自然通风,并应采取防止雨雪和动物进入措施。
④配电屏(盘)正面的操作通道宽度,单列布置应不小于 1.5m,双列布置应不小于 2m;配电屏(盘)后面的维护通道宽度,单列布置或双列面对面布置不小于 0.8m,双列背对背布置不小于 1.5m,个别地点有建筑物结构凸出的地方,则此点通道宽度可减少 0.2m;侧面的维护通道宽度应不小于 1m;盘后的维护通道应不小于 0.8m。
⑤在配电室内设值班室或检修室时,该室距电屏(盘)的水平距离应大于 1m,并应采取屏障隔离。
⑥配电室的门应向外开,并配锁。
⑦配电室内的裸母线与地面垂直距离小于 2.5m 时,应采用遮挡隔离,遮挡下面通行道的高度应不小于 1.9m。
⑧配电室的围栏上端与垂直上方带电部分的净距,不应小于 0.075m。
⑨配电室的顶棚与地面的距离不低于 3m;配电装置的上端距天棚不应小于 0.5m。
⑩母线均应涂刷有色油漆,其涂色应符合规定。

⑪配电室的建筑物和构筑物的耐火等级应不低于 3 级,室内应配置砂箱和适宜于扑救电气类火灾的灭火器。

(2)配电屏应符合以下要求:

①配电屏(盘)应装设有功、无功电度表,并应分路装设电流、电压表。电流表与计费电度表不应共用一组电流互感器。

②配电屏(盘)应装设短路、过负荷保护装置和漏电保护器。

③配电屏(盘)上的各配电线路应编号,并应标明用途标记。

④配电屏(盘)或配电线路维修时,应悬挂"电器检修,禁止合闸"等警示标志;停、送电应由专人负责。

(3)电压为 400/230V 的自备发电机组,应遵守下列规定:

①发电机组及其控制、配电、修理室等可分开设置;在保证电气安全距离和满足防火要求情况下可合并设置。

②发电机组的排烟管道必须伸出室外,机组及其控制配电室内严禁存放贮油桶。

③发电机组电源应与外电线路电源连锁,严禁并列运行。

④发电机组应采用三相四线制中性点直接接地系统和独立设置 TN-S 接零保护系统,并须独立设置,其接地阻值不应大于 4Ω。

⑤发电机供电系统应设置电源隔离开关及短路、过载、漏电保护电器。电源隔离开关分断时应有明显可见分断点。

⑥发电机并列运行时,应在机组同期后再向负荷供电。

⑦发电机控制屏宜装设下列仪表:交流电压表、交流电流表、有功功率表、电度表、功率因数表、频率表、直流电流表。

(三)三线路架设安全技术

1. 架空线路架设

(1)架空线必须采用绝缘导线。

(2)架空线应设在专用电杆上,严禁架设在树木、脚手架及其他设施上。

(3)架空线导线截面的选择应符合下列要求:

①导线中的计算负荷电流不大于其长期连续负荷允许载流量。

②线路末端电压偏移不大于其额定电压的 5%。

③三相四线制线路的 N 线和 PE 线截面不小于相线截面的 50%,单相线路的零线截面与相线截面相同。

④按机械强度要求,绝缘铜线截面不小于 $10mm^2$,绝缘铝线截面不小于 $16mm^2$。

⑤在跨越铁路、公路、河流、电力线路挡距内,绝缘铜线截面不小于 $16mm^2$,绝缘铝线截面不小于 $25mm^2$。

(4)架空线在一个挡距内,每层导线的接头数不得超过该层导线条数的 50%,且一条导线应只有一个接头。在跨越铁路、公路、河流、电力线路挡距内,架空线不得有接头。

（5）架空线路的挡距不得大于35m。

（6）架空线路的线间距不得小于0.3m，靠近电杆的两导线的间距不得小于0.5m。

（7）架空线路横担间的最小垂直距离不得小于规定所列数值；横担宜采用角钢或方木，低压铁横担角钢应规定选用，方木横担截面应按80mm×80mm选用；横担长度应按规定选用。

（8）架空线路与邻近线路或固定物的距离应符合规定。

（9）架字线路宜采用钢筋混凝土杆或木杆。钢筋混凝土杆不得有露筋、宽度大于0.4mm的裂纹和扭曲；木杆不得腐朽，其梢径不应小于140mm。

（10）电杆埋设深度宜为杆长的1/10加0.6m，回填土应分层夯实。在松软土质处宜加大埋入深度或采用卡盘等加固。

（11）直线杆和15°以下的转角杆，可采用单横担单绝缘子，但跨越机动车道时应采用单横担双绝缘子；15°~45°的转角杆应采用双横担双绝缘子；45°以上的转角杆，应采用十字横担。

（12）架空线路绝缘子应按下列原则选择：①直线杆采用针式绝缘子；②耐张杆采用蝶式绝缘子。

（13）电杆的拉线宜采用镀锌钢丝，其截面不应小于$3×\phi4.0mm$。拉线与电杆的夹角应在30°~45°。拉线埋设深度不得小于1m。电杆拉线如从导线之间穿过，应在高于地面2.5m处装设拉线绝缘子。

（14）因受地形环境限制不能装设拉线时，可采用撑杆代替拉线，撑杆埋设深度不得小于0.8m，其底部应垫底盘或石块。撑杆与电杆的夹角宜为30°。

（15）接户线在挡距内不得有接头，进线处离地高度不得小于2.5m。

（16）架空线路必须有短路保护。

采用熔断器做短路保护时，其熔体额定电流不应大于明敷绝缘导线长期连续负荷允许载流量的1.5倍。

采用断路器做短路保护时，其瞬动过流脱扣器脱扣电流整定值应小于线路末端单相短路电流。

（17）架空线路必须有过载保护。

采用熔断器或断路器做过载保护时，绝缘导线长期连续负荷允许载流量不应小于熔断器熔体额定电流或断路器长延时过流脱扣器脱扣电流整定值的1.25倍。

2. 配电线路

（1）配电线路采用熔断器做短路保护时，熔体额定电流应不大于电缆或穿管绝缘导线允许载流量的2.5倍，或明敷绝缘导线允许载流量的1.5倍。

（2）配电线路采用自动开关做短路保护时，其过电流脱扣器脱扣电流整定值，应小于线路末端单相短路电流，并应能承受短路时过负荷电流。

（3）经常过负荷的线路、易燃易爆物邻近的线路、照明线路，应有过负荷保护。

（4）装设过负荷保护的配电线路，其绝缘导线的允许载流量，应不小于熔断器熔体额定电流或自动开关延长时过流脱扣器脱扣电流整定值的 1.25 倍。

3．电缆线路敷设

（1）电缆干线应采用埋地或架空敷设，严禁沿地面明设，并应避免机械损伤和介质腐蚀。

（2）电缆在室外直接埋地敷设的深度应不小于 0.6m，并应在电缆上下各均匀铺设不小于 50mm 厚的细砂，然后覆盖砖等硬质保护层。

（3）电缆穿越建筑物、构筑物、道路、易受机械损伤的场所及引出地面从 2m 高度至地下 0.2m 处，应加设防护套管。

（4）埋地敷设电缆的接头应设在地面上的接线盒内，接线盒应能防水、防尘、防机械损伤并应远离易燃、易腐蚀场所。

（5）橡皮电缆架空敷设时，应沿墙壁或电杆设置，并用绝缘子固定，严禁使用金属裸线作绑线。固定点间距应保证橡皮电缆能承受自重所带来的荷重。橡皮电缆的最大弧垂距地不应小于 2.5m。

（6）电缆接头应牢固可靠，并应做绝缘包扎，保持绝缘强度，不应承受张力。

4．室内配线

安装在现场办公室、生活用房、加工厂房等暂设建筑内的配电线路，通称为室内配电线路，简称室内配线。室内配线应遵守下列规定：

（1）室内配线必须采用绝缘导线或电缆。

（2）室内配线应根据配线类型采用瓷瓶、瓷（塑料）夹、嵌绝缘槽、穿管或钢索敷设。潮湿场所或埋地非电缆配线必须穿管敷设，管口和管接头应密封；当采用金属管敷设时，金属管必须做等电位连接，且必须与 PE 线相连接。

（3）室内非埋地明敷主干线距地面高度不得小于 2.5m。

（4）架空进户线的室外端应采用绝缘子固定，过墙处应穿管保护，距地面高度不得小于 2.5m，并应采取防雨措施。

（5）室内配线所用导线或电缆的截面应根据用电设备或线路的计算负荷确定，但铜线截面不应小于 $1.5mm^2$，铝线截面不应小于 $2.5mm^2$。

（6）钢索配线的吊架间距不宜大于 12m。采用瓷夹固定导线时，导线间距不应小于 35mm，瓷夹间距不应大于 800mm；采用瓷瓶固定导线时，导线间距不应小于 100mm，瓷瓶间距不应大于 1.5m；采用护套绝缘导线或电缆时，可直接敷设于钢索上。

五、施工现场危险因素防护与措施

（一）施工现场危险因素防护

施工现场与电气安全相关的危险因素主要有外电线路、易燃易爆物、腐蚀介质、机械损伤，以及强电磁辐射的电磁感应和有害静电等。

1. 外电线路防护

在施工现场周围往往存在一些高、低压电力线路，这些不属于施工现场的外接电力线路统称为外电线路。外电线路一般为架空线路，个别现场也会遇到电缆线路。由于外电线路的位置原已固定，因而其与施工现场的相对距离也难以改变，这就给施工现场作业安全带来了一个不利影响因素。如果施工现场距离外电线路较近，往往会因施工人员搬运物料、器具，尤其是金属料具或操作不慎意外触及外电线路，从而发生触电伤害事故。因此，当施工现场邻近外电线路作业时，为了防止外电线路对施工现场作业人员可能造成的触电伤害事故，施工现场必须对其采取相应的防护措施，这种对外电线路触电伤害的防护称为外电线路防护，简称外电防护。

外电防护的技术措施有绝缘、屏护、安全距离、限制放电能量和24V及以下安全特低电压。上述的五项基本措施具有普遍适用的意义。但是对于施工现场外电防护这种特殊的防护，基本上不存在安全特低电压和限制放电能量的问题。因此其防护措施主要应是做到绝缘、屏护、安全距离。

2. 易燃易爆物与腐蚀介质防护

（1）易燃易爆物防护

电气设备周围不得存放易燃易爆物，防止因电火花或电弧引燃易燃易爆物品，当电气设备周围的易燃易爆物无法清除和回避时，要根据防护类别采取绝热隔温及阻燃隔弧、隔爆等措施，可设置阻燃隔离板和采用防爆电机、电器、灯具等。

（2）污源和腐蚀介质防护

电气设备现场周围不得存放能对电气设备造成腐蚀作用的酸、碱、盐等污源和介质，电气设备现场周围的污源和腐蚀介质无法清除和回避时，应采取有针对性的隔离接触措施。如在污源和腐蚀介质相对集中的场所，应采用具有相应防护结构、适应相应防护等级的电气设备，采用具有能防雨、防雪、防尘功能的配电装置，导线连接点做防水绝缘包扎，地面上的用电设备采取防止雨水、污水侵蚀措施，酸雨、酸雾和沿海盐雾多的地区采用相应的耐腐电缆代替绝缘导线等。

3. 机械损伤防护

为防止配电装置、配电线路和用电设备可能遭受的机械损伤，可采取以下防护措施：①配电装置、电气设备应尽量设在避免各种高处坠物物体打击的位置，如不能避开则应在电气设备上方设置防护棚。②塔式起重机起重臂跨越施工现场配电线路上方应有防护隔离设施。③用电设备负荷线不得拖地放置。④电焊机二次线应避免在钢筋网面上拖拉和踩踏。⑤穿越道路的用电线路应采取架空或者穿管埋地等保护措施。⑥加工废料和施工材料堆场要远离电气设备、配电装置和线路。

4. 电磁感应与静电防护

（1）电磁感应防护

有的施工现场离电台、电视台等电磁波源较近，受电磁辐射作用，在施工机械、铁架等金属部件上感应出对人体有害电压。为了防止强电磁波辐射在塔式起重机吊钩或吊索上产生对地电压的危害，可采取以下防护措施：①地面操作者穿绝缘胶鞋，戴绝缘手套。②吊钩用绝缘胶皮包裹或在吊钩与吊索间用绝缘材料隔离。③挂装吊物时，将吊钩挂接临时接地线。

（2）静电防护

静止电荷聚集到一定程度，会对人体造成伤害。这是因为当人体接触到带静电的物体时，就会有电荷在人体和带电体之间瞬间转移，在转移的过程中，依静电的聚集量和转移程度，人会有针刺、麻等感觉，甚至造成身体颤抖等。

为了消除静电对人体的危害，应对聚集在机械设备上的静电采取接地泄漏措施。通常的方法是将能产生静电的设备接地，使静电被中和，接地部位与大地保持等电位。

（二）安全用电措施和电气防火措施

为了保障施工现场用电安全，除设置合理的用电系统外，还应结合施工现场实际编制并实施相配套的安全用电措施和电气防火措施。

1. 安全用电措施

（1）安全用电技术措施要点

①选用符合国家强制性标准印证的合格设备和器材，不用残缺、破损等不合格产品。

②严格按经批准的用电组织设计构建临时用电工程，用电系统要有完备的电源隔离及过载、短路、漏电保护。

③按规定定期检测用电系统的接地电阻，相关设备的绝缘电阻和漏电保护器的漏电动作参数。

④配电装置装设端正严实牢固，高度符合规定，不拖地设置，不随意改动；进线端严禁插头、插座做活动连接，进出线上严禁搭、挂、压其他物体；移动式配电装置迁移位置时，必须先将其前一级隔离开关分闸断电，严禁带电搬运。

⑤配电线路不得明设于地面，严禁行人踩踏和车辆碾压；线缆接头必须连接牢固，并做防水绝缘包扎，严禁裸露带电线头；不得拖拉线缆，严禁徒手触摸和严禁在钢筋、地面上拖拉带电线路。

⑥用电设备应防止溅水和浸水，已溅水和浸水的设备必须停电处理，未断电时严禁徒手触摸；用电设备移位时，严禁带电搬运，严禁拖拉其负荷线。

⑦照明灯具的选用必须符合使用场所环境条件的要求，严禁将220V碘钨灯做行灯使用。

⑧停、送电作业必须遵守以下规则：a.停、送电指令必须由同一人下达；b.停电部位的前级配电装置必须分闸断电，并悬挂停电标志牌；c.停、送电时应由一人操作，一人监护，并穿戴绝缘防护用品。

编制电气防火措施也应从技术措施和组织措施两个方面考虑，并且也要符合施工现场实际。

（2）安全用电组织措施要点
①建立用电组织技术制度。
②建立技术交底制度。
③建立安全自检制度。
④建立电工安装、巡检、维修、拆除制度。
⑤建立安全培训制度。

2. 电气防火措施
（1）电气防火技术措施要点
①合理配置用电系统的短路、过载、漏电保护电器。
②确保 PE 线连接点的电气连接可靠。
③在电气设备和线路周围不堆放并清除易燃易爆物和腐蚀介质或做阻燃隔离防护。
④不在电气设备周围使用火源，特别是在变压器、发电机等场所严禁烟火。
⑤在电气设备相对集中场所，如变电所、配电室、发电机室等场所配置可扑灭电器着火的灭火器材。
（2）电气防火组织措施要点
①建立易燃易爆物和腐蚀介质管理制度。
②建立电气防火责任制，加强电气防火重点场所烟火管制，并设置禁止烟火标志。
③建立电气防护教育制度，定期进行电气防火知识宣传教育，提高各类人员电气防火意识和电气防火知识水平。
④建立电气防火检查制度，发现问题，及时处理，不留任何隐患。
⑤建立电气火警预报制，做到防患于未然。
⑥建立电气防火领导体系及电气防火队伍，学会和掌握扑灭电气火灾的组织和方法。

第二节 水利水电工程安全风险管理

一、水利水电施工安全评价与指标体系

（一）施工安全评价

1. 施工特点

水利水电工程施工与我们常见的建筑工程施工如公路建设、桥梁架设、楼体工程等有很多相似之处。例如，工程一般针对钢筋、混凝土、沙石、钢构、大型机械设备等进

行施工，施工理论和方法也基本相同，一些工具器械也可以通用。同时相比于一般建筑工程施工而言，水利水电工程施工也有一些自身特点。

（1）水利水电工程多涉及大坝、河道、堤坝、湖泊、箱涵等建设工程，环境和季节对工程的施工影响较大，并且这些影响因素很难进行预测并精确计算，这就为施工留下很大的安全隐患。

（2）水利水电工程施工范围较广，尤其是线状工程施工，施工场地之间的距离一般较远，造成了各施工场地之间的沟通联系不便，使得整个施工过程的安全管理难度加大。

（3）水利水电工程的施工场地环境多变，且多为露天环境，很难对现场进行有效的封闭隔离，施工作业人员、交通运输工具、机械工程设备、建筑材料的安全管理难度增加。

（4）施工器械、施工材料质量也良莠不齐，现场的操作带来的机械危害也时有发生。

（5）由于施工现场环境恶劣，招聘的工人普遍文化教育程度不高，专业知识水平不足，也缺乏必要的安全知识和保护意识，这也为整个项目的施工增加了安全隐患。

综上所述，水利水电工程施工过程中存在着大量安全隐患，我们要增加安全意识，提高施工工艺的同时更应该采取科学的手段与方法对工程进行安全评价，发现安全隐患，及时发布安全预警信息。

2. 安全评价内容

安全评价起源于20世纪30年代，以实现安全为宗旨，应用安全系统的工程原理和方法，识别和分析工程、系统、生产和管理行为、社会活动中存在的危险和有害因素，预测判断发生事故和造成职业危害的可能性及其严重性，提出科学、合理、可行的安全风险管理对策建议。在国外，安全评价也称为风险评估或危险评估，它是基于工程设计和系统的安全性，应用安全系统的工程原理和方法，对工程、系统中存在的危险和有害因素进行辨识与分析，判断工程和系统发生事故和职业危害的可能性及其严重性，从而提供防范措施和管理决策的科学依据。

安全评价既需要以安全评价理论为支撑，又需要理论与实际经验相结合，两者缺一不可。对施工进行安全评价目的是判断和预测建设过程中存在的安全隐患以及可能造成的工程损失和危险程度，针对安全隐患提早做出安全防护，为施工提供安全保障。

3. 安全评价的特点和原则

（1）安全评价的特点

安全评价作为保障施工安全的重要措施，其主要特点如下：

①真实性

进行安全评价时所采用的数据和信息都是施工现场的实际数据，保障了评价数据的真实性。

②全面性

对项目的整个施工过程进行安全评价，全面分析各个施工环节和影响因素，保障了评价的信息覆盖全面性。

③预测性

传统的安全管理均是事后工程，即事故发生后再分析事故发生的原因，进行补救处理。但是有些事故发生后造成的损失巨大且大多很难弥补，因此我们必须做好全过程的安全管理工作，针对施工项目展开安全评价就是预先找出施工或管理中可能存在的安全隐患，预测该因素可能造成的影响及影响程度，针对隐患因素制定出合理的预防措施。

④反馈性

将施工安全从概念抽象成可量化的指标，并与前期预测数据进行对比，验证模型和相关理论的正确性，完善相关政策和理论。

（2）安全评价的原则

安全评价是为了预防、减少事故的发生，为了保障安全评价的有效性，对施工过程进行安全评价时应遵循以下原则：

①独立性原则

整个安全评价过程应公开透明，各评估专家互不干扰，保障了评价结果的独立性。

②客观性原则

各评价专家应是与项目无利益相关者，使其每次对项目打分评价均站在项目安全的角度，以保障评价结果的客观性。

③科学性原则

整个评价过程必须保障数据的真实性和评价方法的适用性，及时调整评价指标权重比例，以保障评价结果科学性。

（3）安全评价的意义

安全评价是施工建设中的重要环节，与日常安全监督检查工作不同，安全评价通过分析和建模，对施工过程进行整体评价，对造成损害的可能性、损失程度及应采取的防护措施进行科学的分析和评价，其意义体现在以下几个方面：

①有利于建立完整的工程建设信息底账，为项目决策提供理论依据。随着社会现代信息化水平的不断提高，工程须逐步完善工程建设信息管理，完善现有的评价模型和理论，为相关政策、理论的发展提供大数据支持，建立完善的信息底账意义重大，影响深远。

②对项目前期建设进行反馈，及时采取防护措施，使得项目建设更规范化、标准化。我国安全施工的基本方针是"安全第一，预防为主，综合治理"，对施工进行安全评价，弥补前期预测的不足，预防安全事故的发生，使得工程朝着安全、有序的方向发展，有助于完善工程施工的标准。

③减少工程建设浪费，避免资金损失，提高资金利用率和项目的管理水平。对施工过程进行安全评价不仅能及时发现安全隐患，更能预测隐患所能带来的经济损失，如果损失不可避免，及早发现可以合理地选择减少事故的措施，将损失降至最低，提高资金的利用率。

4. 安全评价方法

（1）定性分析法

①专家评议法

专家评议法是多位专家参与，根据项目的建设经验、当前项目建设情况以及项目发展趋势，对项目的发展进行分析、预测的方法。

②德尔菲法

德尔菲法也称为专家函询调查法，基于该系统的应用，采用匿名发表评论的方法，即必须不与团队成员之间相互讨论，与团队成员之间不发生横向联系，只与调查员之间联系，经过几轮磋商，使专家小组的预测意见趋于集中，最后做出符合市场未来发展趋势的预测结论。

③失效模式和后果分析法

失效模式和后果分析法是一种综合性的分析技术，主要用于识别和分析施工过程中可能出现的故障模式，以及这些故障模式发生后对工程的影响，从而制定出有针对性的控制措施以有效地减少施工过程中的风险。

（2）定量分析法

①层次分析法

层次分析法（简称 AHP 法）是在进行定量分析的基础上将与决策有关的元素分解成方案、原则、目标等层次的决策方法。

②模糊综合评价法

模糊综合评价法是一种基于模糊数学的综合评价方法。该方法根据模糊数学的隶属度理论的方法把定性评价转化为定量评价，即用模糊数学对受到多种因素制约的事物或对象做出一个总体的评价。

③主成分分析法

主成分分析法（PCA）也被称为主分量分析，在研究多元问题时，变量太多会增加问题的复杂性的分析，主成分分析法（PCA）是用较少的变量去解释原来资料中最原始的数据，将许多相关性很高的变量转化成彼此相互独立或不相关的变量，是利用降维的思想，将多变量转化为少数几个综合变量。

（二）评价指标体系的建立

1. 指标体系建立原则

影响水利水电工程施工安全的因素很多，在对这些评价元素进行选取和归类时，应遵循以下建立原则：

（1）系统性原则。各评价指标要从不同方面体现出影响水利水电工程施工安全的主要因素，每个指标之间既要相互独立，又存在彼此之间的联系，共同构成评价指标体系的有机统一体。

（2）典型性原则。评价指标的选取和归类必须具有一定的典型性，尽可能地体现出水利水电工程施工安全因素的一个典型特征。另外，指标数量有限，更要合理分配指标的权重。

（3）科学性原则。每个评价指标必须具备科学性和客观性，才能正确反映客观实际系统的本质，能反映出影响系统安全的主要因素。

（4）可量化原则。指标体系的建立是为了对复杂系统进行抽象以达到对系统定量的评价，评价指标的建立也通过量化才能精确地展现系统的真实性，各指标必须具有可操作性和可比性。

（5）稳定性原则。建立评价体系时，所选取的评价指标应具有稳定性，受偶然因素影响波动较大的指标应予以排除。

2. 评价指标的建立影响

水利水电工程施工安全的指标多种多样，经过调研，将影响安全的指标体系分为四类：人的风险、机械设备风险、环境风险、项目风险。

（1）人的风险

在对水利水电工程施工安全进行评价时，人的风险是每个评价方法都必须考虑的问题。研究表明，由于人的不安全行为而导致的事故占80%以上，水利水电工程施工大多是在一个有限的场地内集中了大量的施工人员、建筑材料和施工机械机具。施工过程人工操作较多，劳动强度较大，很容易由于人为失误酿成安全事故。

①企业管理制度

由于我国现阶段水利水电工程施工安全生产体制还有待完善，施工企业的管理制度很大程度上直接决定了施工过程中的安全状况，管理制度决定了自身安全水平的高低以及所用分包单位的资质，其完善程度直接影响到管理层及员工的安全态度和安全意识。

②施工人员素质

施工人员作为工程建设的直接实施者，其素质水平直接制约着施工的成效，施工人员的素质主要包括文化素质、经验水平、宣传教育、执行能力等。施工人员受文化教育的情况很大程度上影响着施工操作规范性以及对安全的认识水平；水利水电工程施工的特点决定了施工过程的烦琐，面对复杂的施工环境，施工人员的经验水平直接影响到能不能对施工现场的危险因素进行快速、准确的辨识；整个施工队伍人员素质良莠不齐，对安全的认识水平也普遍不高，提高施工单位的宣传教育力度才能大大增加人员的安全意识；安全施工规章、制度最终要落实到具体施工过程中才能取得预期的效果。

③施工操作规范

施工人员必须经过安全技术培训，熟知和遵守所在岗位的安全技术操作规程，并应定期接受安全技术考核，针对焊接、电气、空气压缩机、龙门吊、车辆驾驶以及各种工程机械操作等岗位人员必须经过专业培训，获得相关操作证书后方能上岗。

④安全防护用品

加强安全防护用品使用的监督管理，防止安全帽、安全带、安全防护网、绝缘手套、口罩、绝缘鞋等不合格的防护用品进入施工场地，根据《建筑法》《安全生产法》及地方相关法规规定在一些场景下必须配备安全防护用具，否则不允许进入施工场地。

（2）机械设备风险

水利水电工程施工是将各种建筑材料进行整合的系统过程，在施工过程中需要各种机械设备的辅助，机械设备的正确使用也是保障施工安全的一个重要方面。

①脚手架工程

脚手架既要满足施工需要，又要为保证工程质量和提高工效创造条件，同时还应为组织快速施工提供工作面，确保施工人员的人身安全。脚手架要有足够的牢固性和稳定性，保证在施工期间对所规定的荷载或在气候条件的影响下不变形、不摇晃、不倾斜，能确保作业人员的人身安全；要有足够的面积满足堆料、运输、操作和行走的要求；构造要简单，搭设、拆除并且搬运要方便，使用要安全。

②施工机械器具

施工过程使用的机械设备、起重机械（包含外租机械设备及工具）应采取多种形式的检查措施，消除所有损坏机械设备的行为，消除影响人身健康和安全的因素和使环境遭到污染的因素，以保障施工安全和施工人员的健康，形成保证体系，明确各级单位安全职责。

③消防安全设施

在施工场地内安设消防设施，适时展开消防安全专项检查，对存在安全隐患的地方发出整改通知书，制订整改计划，限期整改。定期进行防火安全教育，检查电源线路、电器设备、消防设备、消防器材的维护保养情况，检查消防通道是否畅通等。

④施工供电及照明

高低压配电柜、动力照明配电箱的安装必须符合相关标准要求，电气管线保护要采用符合设计要求的管材，特殊材料管之间连接要采用丝接方式。电缆设备和灯具的安装要满足施工规范，做好防雷设施。

（3）环境风险

由水利水电工程施工的特点可知，施工环境对施工安全作业也有很大影响，施工环境又是客观存在的，不会以人的意志为转移，因此面对复杂的施工环境，只能采取相应的控制措施，尽量削弱环境因素对安全工作的不利影响。

①施工作业环境

施工作业环境对人员施工有着很大影响，当环境适宜时人们会进入较好的工作状态；相反，当人们处于不舒适的环境时，会影响工人的作业效率，甚至导致意外事故的发生。

②物体打击

作业环境中常见的物体打击事故主要有以下几种：高空坠物、人为扔杂物伤人、起重吊装物料坠落伤人、设备运转飞出物料伤人、放炮乱石伤人等。

③施工通道

施工通道是建筑物出入口位置或者在建工程地面入口通道位置，该位置可能发生的伤亡事故有火灾、倒塌、触电、中毒等，在施工通道建设时要防止坍塌、流沙、膨胀性围岩等情况，该位置的施工为了防止物体坠落产生的物体打击事故，防护材料及防护范围均应满足相关标准。

（4）项目风险

在进行水利水电工程施工安全评价时，项目本身的风险也是不可忽略的重要因素，项目本身影响施工安全的因素也是多种多样。

①建设规模

建设规模由小变大使得施工难度增大，危险因素也随之变化，会出现多种不安全因素。跨度的增大、空间增高会使施工的复杂程度成倍增加，也会大大增加施工难度，容易造成安全隐患。

②地质条件

施工场地地质条件复杂程度对施工安全影响很大，如土洞、岩溶、断层、断裂等，严重影响施工打桩建基的选型和施工质量的安全。如果对施工场地岩土条件认识不足，可能会造成在施工中改变桩型、严重的质量安全隐患和巨大的经济损失。

③气候环境

对于水利水电工程施工，从基础到完工整个工程的70%都在露天环境下进行，并且施工周期一般较长，工人要能承受高温寒冷等各种恶劣天气，根据施工地的气候特征选择不同的评价因素，常见的有高温、雷雨、大雾、严寒等。

④地形地貌

我国地域广阔，具有平原、高原、盆地、丘陵、山地等多种地形地貌。对地形地貌进行分析是因地制宜开展水利水电工程施工安全评价的基础工作之一。

⑤涵位特征

在箱涵施工时，不可避免地要跨越沟谷、河流、人工渠道等。涵位特征的选择也决定了它的功能、造价和使用年限，进行安全评价时要查看涵位特征是否因地制宜，综合考虑所在地的地形地貌、水文条件等。

⑥施工工艺

水利水电工程施工过程中，由于机械设备需要大范围使用，一些施工工艺本身的复杂性，使得操作本身具有一定的危险性，因此施工工艺的成熟度及相关人员技术掌握情况有必要加强。

二、水利水电工程施工安全管理系统

（一）系统分析

目前，水利水电工程施工安全管理对于信息存储仍然采用纸介质方式，这就使存储介质的数据量大，资料查找不方便，给数据分析和决策带来不便。信息交流方面，由于各种工程信息主要记载在纸上，使工程项目安全管理相关资料都需要人工传递，这影响了信息传递的准确性、及时性、全面性，使各单位不能随时了解工程施工情况。因此，各级政府部门、行业部门、建设及监理单位、施工企业以及施工安全方面的专家学者应该协同工作，形成水利水电工程安全管理的"五位一体"的体制。利用计算机云技术管理各种施工安全信息(文本、图片、照片、视频,以及有关安全的法律法规、政策、标准、应急预案、典型案例等),通过信息共享,政府及主管部门随时检查监督,而安全监理可根据日常监理如实反映整体安全施工的情况,专家可以对安全管理信息进行高层判断、评判和潜在风险识别,施工企业则可以及时得到反馈和指导,劳动者也可以及时得到安全指导信息,学习安全施工的有关知识,与现场安全监管有机结合,最终实现全方位、全过程、全时段的施工安全管理。

(二)系统架构

软件结构的优劣从根本上决定了应用系统的优劣,良好的架构设计是项目成功的保证,能够为项目提供优越的运行性能,本系统的软件结构根据目前业界的统一标准构建,为应用实施提供了良好的平台。系统采用了 B/S 实施方案,既可以保证系统的灵活性和简便性,又可以保证远程客户访问系统,使用统一的界面作为客户端程序,方便远程客户访问系统。本系统服务器部分采用三层架构,由表现层、业务逻辑层、数据持久层构成,具体实现采用 J2EE 多个开源框架组成,即 Struts^2、Hibernate 和 Spring,业务层采用 Spring,表示层采用 Struts^2,而持久层则采用 Hibernate,模型与视图相分离,利用这三个框架各自的特点与优势,将它们无缝地整合起来并应用到项目开发中,这三个框架分工明确,充分降低了开发中的耦合度。

(三)系统功能

1. 系统主界面

启动数据库和服务器,在任何一台联网的计算机上打开浏览器,地址栏输入服务器相应的 URL,进入登录界面。为防止恶意用户利用工具进行攻击,页面采用了随机验证码机制,验证图片由服务器动态生成。用户点击安全资料链接可进入安全资料模块,进行资料的查阅;也可点击进行用户注册。会员用户输入用户名、密码、验证码,信息正确后进入系统。任何用户注册后须经业主方审核通过后才能登录系统。

2. 法规与应急管理

水利水电工程施工是一个危险性高且容易发生事故的行业。水利水电工程施工中人员流动较大、露天和高处作业多、工程施工的复杂性及工作环境的多变性都导致施工现场安全事故频发。因此,非常有必要按照相关的法律法规进行系统化的管理。此模块主要用于存储与管理各种信息资源,包括法规与标准(存储水利水电工程施工安全评价管理参考的相关法律、行政法规、地方性法规、部委规章、国家标准、行业标准、地方标准)、应急预案参考(提供各类应急预案、急救相关知识、相关学术文章、相关法律法规、管理制度与操作规程,为确保事故发生后,能迅速有效地开展抢救工作,最大限度地降低员工及相关方安全风险)。用户可根据需求,方便地检索所需的资料,为各种用户提供施工安全方面的文件资料,用户可在法规与应急管理模块的菜单栏中根据不同的分类查找自己需要的资料,点击后在右侧内容区域进行显示。

3. 评价体系模块

不同角色用户登录后，由于权限不同，看到的页面也是不同的。系统主要设置了四个用户角色，分别是业主、施工单位、监理、专家。

（1）评价类别（一级分类）管理

评价体系模块主要由业主负责，包括对施工工程进行评价的评价方法及其相对应的指标体系。主要有参考依据、类别管理、项目管理、检查内容管理以及神经网络数据样本管理等部分。

评价类别主要是一级类别的划分，用户可根据不同行业标准以及参考依据进行自行划分，本系统主要包括安全管理、施工机具、桩机及起重吊装设备、施工用电、脚手架工程、模板工程、基坑支护、劳动防护用品、消防安全、办公生活区在内的10个一级评价指标，用户还可以根据施工安全评价指标进行类别的添加、修改、删除。页面打开后默认显示全部类别，如内容较多，可通过底部的翻页按钮查看。

通过点击上面的添加按钮，可弹出窗口进行类别的添加。其中内容不能为空，显示次序必须为整数数字，否则不能提交。显示次序主要是用来对类别进行人工排序，数字小的排在前面。类别刚添加时，分值为0，当其中有二级项目时（通过项目管理进行操作），其分值会更新为其包含的二级项目分值的总和。用户在某一类别所在的行用鼠标左键单击，可选中这一类别。在类别选中的状态下，点击修改或删除按钮可进行相应的操作。如未选中类别而直接操作，则会弹出对话框，提示相关信息。

对于一级分类下还有二级项目内容的情况，此分类是不允许直接删除的，须在二级项目管理页面中将此分类下的所有数据清空后才行，即当其分值为0时，方可删除。

（2）评价项目（二级分类）管理

评价项目属于类别（一级分类）的子模块。如"安全管理"属于一级分类，即类别模块，其下包含"市场准入""安全机构设置及人员配备""安全生产责任制""安全目标管理""安全生产管理制度"等多个评价项目。

在默认情况下，项目管理页面不显示任何记录，用户须点击搜索按钮进行搜索。所属类别为一级分类，从已添加的一级分类中选取，检查项目由用户手工输入，可选择这两项中的任何一项进行搜索；当"所属类别"和"检查项目"都不为空时，搜索条件是且的关系。在检查结果中，用户可以用鼠标选中相应记录，进行修改、删除，方法同一级分类操作。也可点击添加按钮，添加新的项目。

（3）评价内容管理

评价内容的操作主要是为评价项目（二级分类）添加具体内容，用户选择类别和项目后，可点击添加按钮进行评价内容的添加。经过对不同工程的各种评价内容进行分类、总结归纳，一共划分出三种考核类型：是非型、多选型、文本框型。

（4）检查内容管理

检查内容管理负责对施工单元进行评价，是评价体系的核心内容，只有选择科学、实用、有效的评价方法，才能真正实现施工企业安全管理的可预见性以及高效率，实现水利水电工程施工安全管理从事后分析型转向事先预防型。经过安全评价，施工企业才能建立起安全生产的量化体系，改善安全生产条件，提高企业安全生产管理水平。本系统为检查内容管理方面提供了打分法、定量与定性相结合、模糊评价法、神经网络预测法以及网络分析法等多种评价方法。定性分析方法是一种从研究对象的"质"或对类型方面来分析事物，描述事物的一般特点，揭示事物之间相互关系的方法。定量分析方法是为了确定认识对象的规模、速度、范围、程度等数量关系，解决认识对象"是多大""有多少"等问题的方法。系统通过专家调查法对水利水电工程施工过程中的定性问题，如边坡稳定问题、脚手架施工方案等进行评价。由于专家不能随时随地在施工现场，可以将施工现场的有关资料上传到系统，通过本系统做到远程评价。定量评价是现场监理根据现场数据对施工安全中的定量问题，如安全防护用品的佩戴及使用、现场文明用电情况等进行具体精细的评价。一般来说，定量比定性具体、精确且具可操作性。但水利水电工程施工安全评价不同于一般的工作评价，有些可以定量评价，有些不能或很难量化。因此，对于不能量化的成果，就要选择合适的评价方法使其评价结果公正。

运用定性定量相结合的方法，在评价过程中将专家依靠经验知识进行的定性分析与监理基于现场资料的定量判断结合在一起，综合两者的结论，辅助形成决策。评价人员可以通过多种方式进行评价，充分展示自己的经验、知识，还可以自主搜索和使用必要的资源、数据、文档、信息系统等，辅助自己完成评价工作。

4. 工程管理模块

工程管理模块主要是业主对整个工程的管理、施工单位对所管辖标段的管理。此模块主要包括标段管理、施工单元管理、施工单元考核内容管理、评价得分详情、模糊评价结果及神经网络评价结果等部分。不同的角色用户在此模块中具有的权限是不同的。

（1）标段管理

此模块分为两部分：一部分是业主对标段的管理；另一部分是施工单位对标段的管理。

①业主对标段进行管理

此模块是业主特有的功能，主要用于将一个工程划分为多个标段，交由不同的施工单位去管理。业主可为工程添加标段，也可修改标段信息，或删除标段。选中一个标段后，点击其中的"查看资料"将会弹出新页面，显示此标段的"所有信息"，这些信息是由施工单位负责维护的，其中施工单位是从已有用户中选择，是否开放有"开放"（开放给施工单位管理）和"关闭"（禁止施工单位对其操作）两个选项，所有数据不能为空。

②施工单位对标段进行管理

施工单位登录主界面后，会进入标段管理界面。如果某施工单位负责对多个标段的施工，则首先选择要管理的标段，选择后可进入标段管理主界面，如施工单位只负责一个标段，则直接进入标段管理主界面。施工单位可通过菜单栏对相应信息进行管理，总体分为两类。

第一，企业资质安全证件。这部分主要是负责管理有关安全管理的各种证件（企业资质证、安全生产合格证），用户第一次点击企业资质安全证件时，系统会提示上传相关信息并转入上传页面。施工单位可在此发布图片、文件信息，并做文字说明。点击提交即可发布。点击右上角的编辑，可进入编辑页面，对信息进行修改和删除。

第二，信息的发布与管理。除企业资质安全证件以外的信息，全部归入信息发布与管理进行发布管理。主要包含规章制度和操作规程（安全生产责任制考核办法，部门、工种队、班组安全施工协议书，安全管理目标，安全责任目标的分解情况，安全教育培训制度，安全技术交底制度，安全检查制度，隐患排查治理制度，机械设备安全管理制度，生产安全事故报告制度，食堂卫生管理制度，防火管理制度，电气安全管理制度，脚手架安全管理制度，特种作业持证上岗制度，机械设备验收制度，安全生产会议制度，用火审批制度，班前安全活动制度，加强分包、承包方安全管理制度等文本，各工种的安全操作规程，已制定的生产安全事故应急救援预案、防汛预案、安全检查制度、隐患排查治理制度、安全生产费用管理制度），工人安全培训记录，施工组织设计及批复文件，工程安全技术交底表格，危险源管理的相关文件（包括危险源调查、识别、评价并采取有效控制措施），施工安全日志（翔实的），特种作业持证上岗情况，事故档案，各种施工机具的验收合格书，施工用电安全管理情况，脚手架管理（包括施工方案、高脚手架结构计算书及检查情况）。点击"信息发布"，选择栏目后可发布文字、图片、文件、视频等信息。

（2）施工单元管理

施工单元代表着标段的不同施工阶段，此模块主要由施工单位负责，业主也具有此功能，同时比施工单位多了评价核算功能。施工单位可在此页面增加新的施工单元，也可修改、删除单元资料。同时，在菜单栏点击，可以发布此施工单元有关的文字、图片、视频等信息。施工单位只能管理自己标段的单元信息，而业主可以对所有标段的施工单元进行操作（但不能为施工单位发布单元信息），同时可对各施工单元进行评价结果核算。业主可选择打分法核算、模糊评价核算、神经网络核算中的一种方法进行核算，核算后结果会显示在列表中。

5. 安全预警模块

安全预警机制是一种针对防范事故发生制定的一系列有效方案。预警机制顾名思义就是预先发布警告的制度。

此模块主要是由专家向施工单位发布安全预警信息，提醒施工单位做好相应工作。由专家选择相应标段，进行信息发布。业主对不同标段预警信息的删除与修改。施工单位登陆标段管理主界面后，首先显示的就是标段信息和预警信息。

三、水利水电工程风险管理目的和意义

随着我国国民经济的发展，我国的工程建设项目越来越多，投资规模逐年增加，新技术、新工艺、新设备的不断研发利用，导致项目工程建设过程中面临的各种风险也日渐增多。有的风险会造成工期的拖延；有的风险会造成施工质量低劣，从而严重影响建筑物的使用功能，甚至危害到人民生命财产的安全；有的风险会使企业经营处于破产

边缘。

减少风险的发生或降低风险的损失，将风险造成的不利影响降到最低程度，需要对工程项目建设进行有效的风险管理和控制，使科技发展与经济发展相适应，更有效地控制工程项目的安全、投资、进度和质量计划，更加合理地利用有限的人力、物力和财力，提高工程经济效益，降低施工成本。加强建设工程项目的风险管理与控制工作将成为有效加强项目工程管理的重要课题之一。

中国是世界上水能资源最丰富的国家，水利水电工程是通过对大自然加以改造并合理利用自然资源产生良好效益的工程，通常是指以防洪、发电、灌溉、供水、航运以及改善水环境质量为目标的综合性、系统性工程，它包括高边坡开挖、坝基开挖、大坝混凝土浇筑、各种交通隧洞、导流洞和引水洞、灌浆平洞等的施工以及水力发电机组的安装等施工项目。在水电工程施工建设过程中，受到各种不确定因素的影响，只有成功地进行风险识别，才能更好地做好项目管理，要及时发现、研究项目各阶段可能出现的各种风险，并分清轻重缓急，要有侧重点。针对不同的风险因素采取不同的措施，保证工程项目以最小的风险损失得到最大的投资效益。

风险管理理论在20世纪80年代中期进入我国后，在二滩水电站、三峡水利枢纽工程、黄河小浪底水利枢纽工程项目都已成功地进行了运用。在水电站施工过程中加强现场安全风险管理，提高施工人员的安全风险意识，运用科学合理的分析手段，加强水电项目工程建设中风险因素监控力度，采取有针对性的控制手段，能够有效提高水电项目的投资效益，保证水利水电工程项目的顺利实施，提高我国水利水电工程建设的设计与项目管理水平。

随着风险管理专题研究工作的不断深入进行，工程项目的安全风险意识也不断增强。在项目建设过程中，熟练运用风险识别技术，认真开展风险评估与分析，对存在的风险事件及时采取应对措施，减少或降低风险损失。科学、合理地利用现有的人力、物力和财力，确保项目投资的正确性，树立工程项目决策的全局意识和总体经营理念，对保证国民经济长期、持续、稳定协调地发展，提高我国的项目风险管理水平和企业的整体效益具有重要的实际意义。

四、水利水电工程风险管理的特点

水利水电工程建设是按照水利水电工程设计内容和要求进行水利水电工程项目的建筑与安装工程。由于水利水电工程项目的复杂性、多样性，项目及其建设有其自身的特点及规律，风险产生的因素也是多种多样的，各种因素之间又错综复杂，水电生产行业有不同于其他行业的特殊性，从而导致水电行业风险的多样性和多层次性。因此，水利水电工程与其他工程相比，具有以下显著特征：第一，多样性。水利水电建设系统工程包括水工建筑物、水轮发电机组、水轮机组辅助系统、输变电及开关站、高低压线路、计算机监控及保护系统等多个单位工程。第二，固定性。水利水电工程建设场址固定，不能移动，具有明显的固定性。第三，独特性。与工民建设项目相比，水利水电工程项目体型庞大、结构复杂，而且建造时间、地点、地形、工程地质、水文地质条件、材料供应、技术工艺和项目目标各不相同，每个水电工程都具有独特的唯一性。第四，水利水电工程主要承担发水利水电工程建设施工安全生产管理研究电、蓄水和泄洪任务，施工队伍需要具备国家认定的专业资质，并且按照国家规程规范标准进行施工作业。第五，水利水电工程的地质条件相对复杂，必须由专业的勘察设计部门进行专门的设计研究。第六，水利水电工程建设要根据水流条件及工程建设要求进行施工作业，对当地的水环境影响较大。第七，水利水电工程建设基本是露天作业，易受外界环境因素影响。为了保证质量，在寒冬或酷暑季节须分别采取保暖或降温措施。同时，施工流域易受地表径流变化、气候因素、电网调度、电网运行及洪水、地震、台风、海啸等其他不可抗力因素的影响。第八，水利水电工程建设道路交通不便，施工准备任务量大，交叉作业多，施工干扰较大，防洪度汛任务繁重。第九，对环境的巨大影响。大容量水库、高水头电站的安全生产管理工作，直接关系到施工人员和下游人民群众的生命和财产安全。

　　水电生产的以上特点，决定了水电安全生产风险因素具有长期性、复杂性、瞬时性、不可逆转性、对环境影响的巨大性、因素多维性等特性。

参考文献

[1] 闫文涛，张海东. 水利水电工程施工与项目管理 [M]. 长春：吉林科学技术出版社，2020.

[2] 张兵，史洪飞，吴祥朗. 水利水电工程勘测设计施工管理与水文环境 [M]. 北京：北京工业大学出版社，2020.

[3] 刘志强，季耀波，孟健婷. 水利水电建设项目环境保护与水土保持管理 [M]. 昆明：云南大学出版社，2020.

[4] 孙玉玥，姬志军，孙剑. 水利工程规划与设计 [M]. 长春：吉林科学技术出版社，2020.

[5] 张子贤，王文芬. 水利工程经济 [M]. 北京：中国水利水电出版社，2022.

[6] 贾志胜，姚洪林. 水利工程建设项目管理 [M]. 长春：吉林科学技术出版社，2020.

[7] 刘伟东，孙永亮，龚丽飞. 水利工程与混凝土施工 [M]. 长春：吉林科学技术出版社，2020.

[8] 刘景才，赵晓光，李璇. 水资源开发与水利工程建设 [M]. 长春：吉林科学技术出版社，2019

[9] 张永昌，谢虹. 基于生态环境的水利工程施工与创新管理 [M]. 郑州：黄河水利出版社，2020.

[10] 潘永胆，汤能见，杨艳. 水利水电工程导论 [M]. 北京：中国水利水电出版社，2020.08.

[11] 唐涛. 水利水电工程 [M]. 北京：中国建材工业出版社，2020.

[12] 张逸仙，杨正春，李良琦. 水利水电测绘与工程管理 [M]. 北京：兵器工业出版社，2019

[13] 王增平. 水利水电设计与实践研究 [M]. 北京：北京工业大学出版社，2022.

[14] 李登峰，李尚迪，张中印. 水利水电施工与水资源利用 [M]. 长春：吉林科学技术出版社，2022.

[15] 刘焕永，席景华，刘映泉. 水利水电工程移民安置规划与设计 [M]. 北京：中国水利水电出版社，2021.

[16] 王玉梅. 水利水电工程管理与电气自动化研究 [M]. 长春：吉林科学技术出版社，2021.08.

[17] 吴淑霞，史亚红，李朝琳. 水利水电工程与水资源保护 [M]. 长春：吉林科学技术出版社，2021.

[18] 韩羽，杨健，张勇. 水利水电工程地质勘探与水电站工程设计技术研究 [M]. 北京：文化发展出版社，2021.

[19] 贺芳丁，从容，孙晓明. 水利工程设计与建设 [M]. 长春：吉林科学技术出版社，2021.

[20] 夏祖伟，王俊，油俊巧. 水利工程设计 [M]. 长春：吉林科学技术出版社，2020.

[21] 褚峰，刘罡，傅正. 水文与水利工程运行管理研究 [M]. 长春：吉林科学技术出版社，2022.

[22] 刘永强. 水利水电工程施工组织设计 [M]. 南京：河海大学出版社，2021.

[23] 陈忠，董国明，朱晓啸. 水利水电施工建设与项目管理 [M]. 长春：吉林科学技术出版社，2022.

[24] 沈英朋，杨喜顺，孙燕飞. 水文与水利水电工程的规划研究 [M]. 长春：吉林科学技术出版社，2022.

[25] 程令章，唐成方，杨林. 水利水电工程规划及质量控制研究 [M]. 北京：文化发展出版社，2021.

[26] 崔永，于峰，张韶辉. 水利水电工程建设施工安全生产管理研究 [M]. 长春：吉林科学技术出版社，2022.

[27] 罗晓锐，李时鸿，李友明. 水利水电工程施工新技术应用研究 [M]. 长春：吉林科学技术出版社，2022.

[28] 宋宏鹏，陈庆峰，崔新栋. 水利工程项目施工技术 [M]. 长春：吉林科学技术出版社，2022.

[29] 李战会. 水利工程经济与规划研究 [M]. 长春：吉林科学技术出版社，2022.

[30] 崔丽君. 水利工程生态环境效应研究 [M]. 长春：吉林科学技术出版社，2022.

[31] 张晓涛，高国芳，陈道宇. 水利工程与施工管理应用实践 [M]. 长春：吉林科学技术出版社，2022.

[32] 邓艳华. 水利水电工程建设与管理 [M]. 沈阳：辽宁科学技术出版社，2022.